全国高等职业教育“十三五”规划教材

煤矿开采与掘进

主　编　胡贵祥

中国矿业大学出版社

内 容 提 要

本书较系统地阐述了井田开拓、矿山压力控制、采区准备、巷道掘进、采煤工艺制定等基本理论和方法，介绍了可供借鉴的先进技术及经验。本书在选材和内容编排上力求体现新理论、新技术、新设备和新方法。

本书是高职高专矿井通风与安全专业的通用教材，也可作为企业在职人员培训教材及供煤炭生产技术管理人员参考。

图书在版编目(CIP)数据

煤矿开采与掘进 / 胡贵祥主编. —徐州：中国矿业大学出版社，2018.5(2024.8 重印)

ISBN 978-7-5646-3994-5

Ⅰ.①煤… Ⅱ.①胡… Ⅲ.①煤矿开采—教材②煤巷—巷道掘进—教材 Ⅳ.①TD82②TD263.2

中国版本图书馆 CIP 数据核字(2018)第 119308 号

书　　名　煤矿开采与掘进
主　　编　胡贵祥
责任编辑　耿东锋
出版发行　中国矿业大学出版社有限责任公司
（江苏省徐州市解放南路　邮编 221008）
营销热线　(0516)83885370　83884103
出版服务　(0516)83995789　83884920
网　　址　http://www.cumtp.com　**E-mail**:cumtpvip@cumtp.com
印　　刷　苏州市古得堡数码印刷有限公司
开　　本　787 mm×1092 mm　1/16　**印张** 15.5　**字数** 385 千字
版次印次　2018 年 5 月第 1 版　2024 年 8 月第 2 次印刷
定　　价　32.00 元
（图书出现印装质量问题，本社负责调换）

前　言

随着我国国民经济的快速发展，我国煤炭资源勘探、建井、开采、装备、安全等技术不断取得突破，煤矿生产集中化程度、生产效率不断提高。落后产能的小型煤矿迅速被淘汰，通过简约化的生产系统、先进的装备和开采技术以及有效的灾害预防与治理技术的应用，通过不断改善矿山职工安全作业环境，完善矿山安全机制建设和信息化建设，不断培养高素质矿山职工队伍，逐步建立了煤矿生产的本质安全。

本教材在编写过程中，本着深入浅出、理论与实践相结合，注重实践技能培养，理论上必须、够用，内容上先进、实用的原则，阐述了井田开拓、矿山压力、采区准备、巷道掘进、采煤工艺等基本理论和方法，介绍了煤矿建设和生产的新技术、新装备和煤炭开采技术的发展趋势。

本教材是高职高专矿井通风与安全专业的通用教材，也可作为企业在职人员培训教材及供煤炭生产技术管理人员参考。

本教材由甘肃能源化工职业学院胡贵祥担任主编并编写了前言、项目一；甘肃能源化工职业学院杨昌臻编写了项目二；河南工业和信息化职业学院刘广超编写了项目三；河南工业和信息化职业学院张耀辉编写了项目四任务一、任务二、任务三、任务四；长治职业技术学院申俊超编写了项目五；河南工业和信息化职业学院孙志明编写了项目六和项目四任务五、任务六。全书由胡贵祥统稿。

由于编者水平有限，书中难免存在错误或疏漏之处，恳请读者批评指正。

编　者

2018 年 2 月

目　录

项目一　井田开拓

任务一　煤田及井田划分

知识要点

煤田、井田的概念；井田划分的基本原则；井田内再划分的方法；阶段内的布置方式；矿井储量、生产能力和服务年限。

技能目标

能识读井田开采范围平面图和勘探线剖面图；能根据已知地质条件确定井田的划分方法并进行井田内再划分。

任务导入

煤田是在地质历史发展过程中，由含碳物质沉积自然形成的大面积连续含煤地带，煤田的范围一般相当大，大的煤田面积可达数千平方千米，煤炭储量可达数千亿吨。为了有计划地进行地下煤炭开采，需要将煤田划分为若干个独立部分分别建设矿井进行开采，划归一个矿井开采的那部分煤田称为井田。一个井田的范围往往比较大，井田内煤层埋藏特征变化比较多，因此，必须将井田沿走向和倾斜方向划分成若干个更小的部分，这样才能够有顺序地进行煤炭资源开采，此即为井田内的再划分。

任务分析

井田划分时，应在熟悉已知地质资料（地质说明书和地质图纸）、掌握了基本概念的基础上，根据划分的原则及煤层赋存情况提出若干个煤田划分为井田，井田划分为阶段，阶段再划分为采区（盘区）、带区的划分方案，经技术经济分析比较后选择合理可行的划分方案并确定主要参数，以便有计划、按顺序、合理地将煤田划分为适宜开采的块段进行开采。

本任务要求掌握以下知识：

(1) 煤田、井田、阶段、开采水平等基本概念。

(2) 煤田划分为井田的方法。

(3) 井田内再划分的方法。

(4) 阶段内的主要布置方式。

相关知识

一、井田划分的方法

1. 利用自然条件划分

井田划分时，应尽量利用大断层等自然条件作为井田边界，或利用河流、铁路、城镇下面留设的安全煤柱作为井田边界，以减少煤柱损失，提高资源采出率。在地形复杂的地区，如地表为沟谷、丘陵、山岭的地区，划定的井田范围和边界要便于选择合理的井筒位置及布置工业场地。如图 1-1 所示。

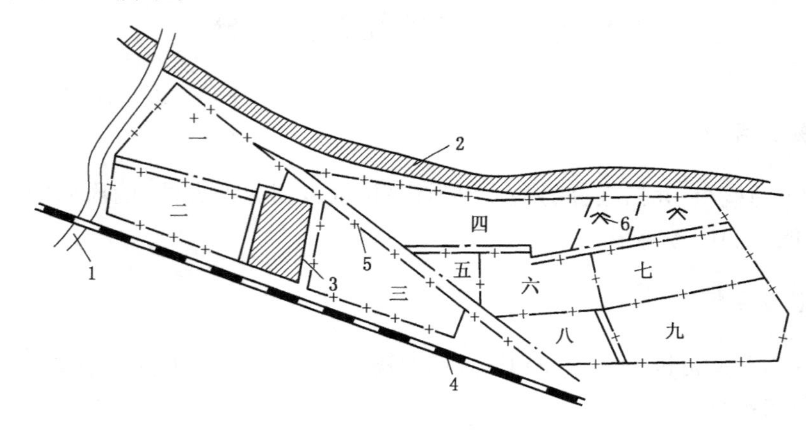

图 1-1　利用自然条件划分井田

1——河流；2——煤层露头；3——城镇；4——铁路；5——大断层；6——小煤窑；
一、二、三、四、五、六、七、八、九——划分的井田

2. 人为划分

除了利用自然条件划分之外，在其他条件不受限制时，井田的境界可人为采用垂直划分、水平划分或按煤组划分的方法来确定。

(1) 垂直划分

相邻矿井以某一垂直面为界，沿境界线两侧各留井田边界煤柱，称为垂直划分。井田沿走向两端，一般采用垂直划分，如图 1-2 所示。近水平煤层井田无论是沿走向还是沿倾向，一般都采用垂直划分法，如图 1-3 所示。

(2) 水平划分

以一定标高的水平面为界，并沿该水平面煤层底板等高线留置井田边界煤柱，这种方法称作水平划分。水平划分多用于倾斜和急倾斜煤层井田的上下部边界的划分。如图 1-2 中，三矿井田上部及下部边界就是分别以－300 m 和－600 m 等高线为界的。

(3) 按煤组划分

按煤层(组)间距的大小来划分矿界，即把煤层间距较小的相邻煤层划归一个矿井开采，把层间距较大的煤层(组)划归另一个矿井开采。这种方法一般用于煤层或煤组间距较大、煤层赋存浅的煤田。如图 1-4 所示，一矿与二矿即为按煤组划分矿界。

井田划分时，无论用何种方法，都应做到井田境界整齐，避免犬牙交错，给开采造成困难。

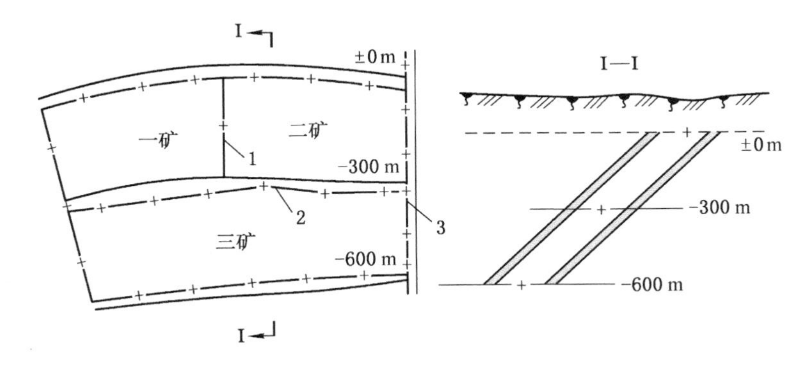

图 1-2 井田边界划分方法

1——垂直划分；2——水平划分；3——以断层为界划分

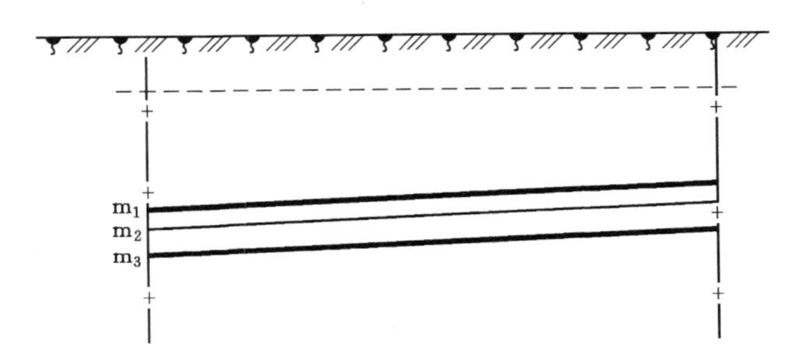

图 1-3 近水平煤层井田边界划分方法

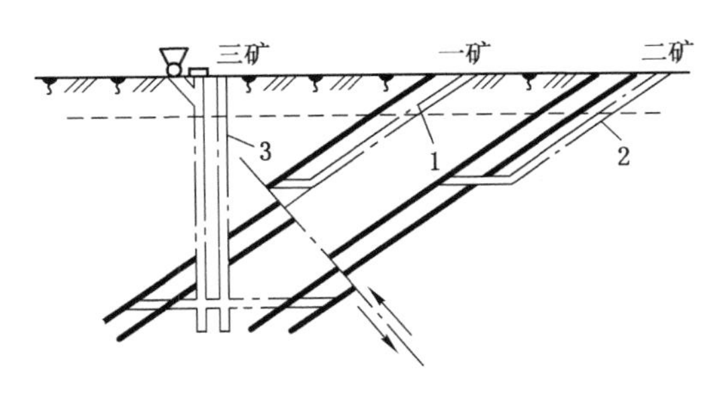

图 1-4 按地质构造划分矿界

1，2——浅部按煤组划分；3——深部按地质构造划分

3. 井田尺寸

井田尺寸应与矿井生产能力相适应，保证矿井有足够的储量。一般情况下，为便于合理安排井下生产，井田走向长度应大于倾向长度。如井田走向长度过短，则难以保证矿井各个开采水平有足够的储量和合理的服务年限，造成矿井生产接替紧张。井田走向长度过长，又会给矿井通风、井下运输带来困难。我国现阶段合理的井田走向长度一般为：小型矿井不小于 1 500 m；中型矿井不小于 4 000 m；大型矿井不小于 7 000 m；特大型矿井可达 10 000～15 000 m。

二、井田划分为阶段

一个井田的范围相当大，其走向长度可达数千米到万余米，倾向长度也可达数千米，因此，必须将井田划分成若干个更小的部分，才能够有顺序地进行开采。

（一）阶段

在井田范围内，沿煤层的倾斜方向，按一定标高把煤层划分的若干个平行于走向的长条部分，称为一个阶段。阶段的走向长度即为井田的走向长度，阶段上下部边界的垂直距离称为阶段垂高，阶段的倾斜长度为阶段斜长，如图 1-5 所示。

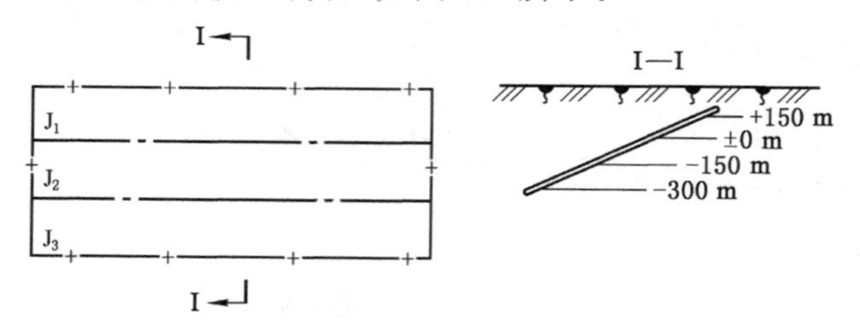

图 1-5 井田划分为阶段

J_1——第一阶段；J_2——第二阶段；J_3——第三阶段

每个阶段都有独立的运输和通风系统。一般在阶段的下部边界开掘阶段运输大巷（兼作进风巷），在阶段上部边界开掘阶段回风大巷，为整个阶段的运输和通风服务。

（二）开采水平

通常将设有井底车场、阶段运输大巷并且担负全阶段运输任务的水平，称为开采水平，简称水平。水平通常用标高（m）来表示，如图 1-5 中的±0 m、－150 m、－300 m 等，在矿井生产中，为说明水平位置、顺序，相应地称为±0 水平、－150 水平、－300 水平等，或称为第一水平、第二水平、第三水平。

阶段与水平二者既有联系又有区别。区别在于阶段表示的是井田范围中的一部分，强调的是煤层开采范围和储量；而水平强调的是巷道布置。二者的联系是利用水平上的巷道去开采阶段内的煤炭资源。

根据煤层赋存条件和井田范围的大小，一个井田可用一个水平开采，称为单水平开拓；也可用两个或两个以上的水平开采，称为多水平开拓。

单水平开拓如图 1-6 所示，井田划分为两个阶段。900 m 水平以上的阶段，开采过程中煤由上向下运输到开采水平，称为上山阶段；900 m 水平以下的阶段，开采过程中煤由下向上运输到开采水平，称为下山阶段。这个 900 m 水平既为上山阶段服务，又为下山阶段服务，称为单水平上下山开拓。

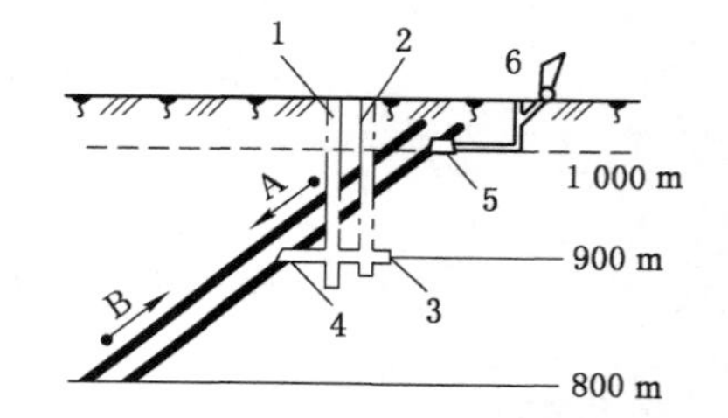

图 1-6 单水平上下山开拓

1——主井；2——副井；3——井底车场；4——阶段运输大巷；5——阶段回风大巷；6——回风井；A——上山阶段；B——下山阶段

单水平上下山开拓方式适用于开采煤层倾角较小、倾斜长度不大的井田。

多水平开拓，可分为多水平上山开拓、多水平上下山开拓和多水平混合式开拓。

多水平上山开拓如图 1-7（a）所示，井田设三个开采水平，每个水平只为一个上山阶段服务。每个阶段开采的煤均向下运输到相应的水平，由各水平经主井提升至地面。这种开拓方式一般用于开采煤层倾角较大的井田。

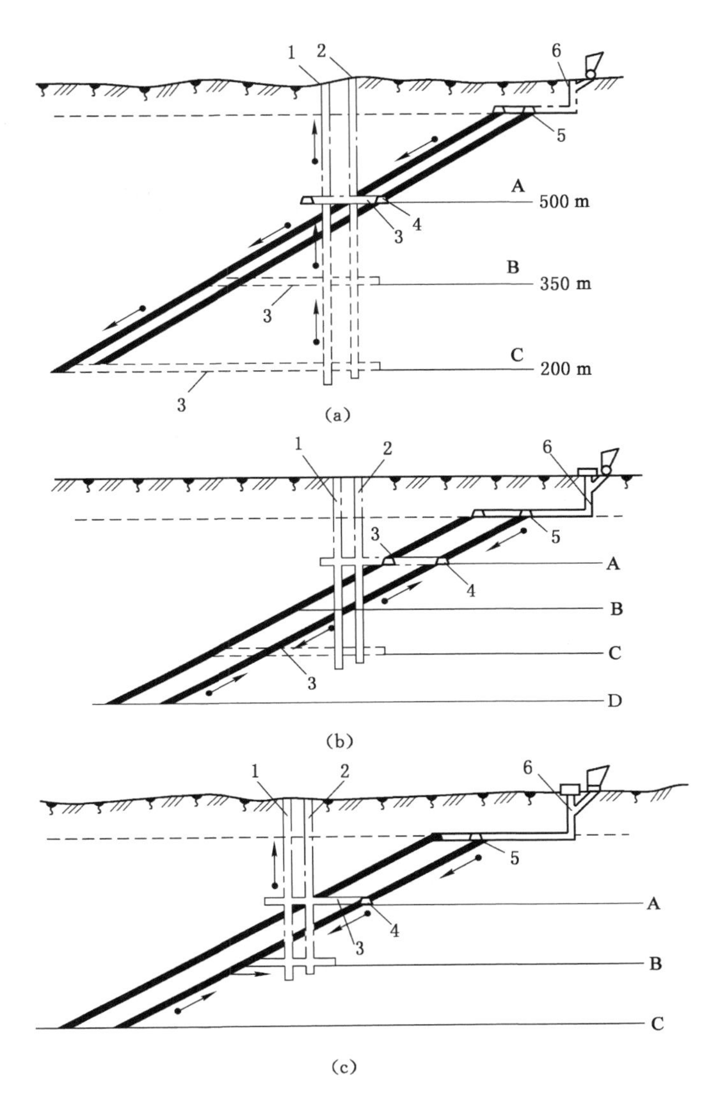

图 1-7 多水平开拓

1——主井；2——副井；3——井底车场；4——阶段运输大巷；5——阶段回风大巷；6——回风井；
A——第一水平；B——第二水平；C——第三水平；D——第四水平

多水平上下山开拓如图 1-7(b)所示，每个水平均为两个阶段服务。这种开拓方式比多水平上山开拓减少了开采水平数目及井巷工程量，但增加了下山开采。一般用于煤层倾角较小、倾斜长度较大的井田。

多水平混合式开拓如图 1-7(c)所示，第一水平只开采一个上山阶段，第二水平开采上、下山两个阶段。这种开拓方式既发挥了单一阶段布置方式的优点，又适当地减少了井巷工程量和运输量。当深部储量不多，单独设开采水平不合理，或最下一个阶段因地质情况复杂不能设置开采水平时，可采用这种开拓方式。

（三）阶段内的再划分

井田划分为阶段后，阶段的范围仍然较大，为了便于开采，通常需要再划分。阶段内的划分一般有采区式、分段式和带区式三种方式。

1. 采区式划分

阶段或开采水平内沿走向划分的具有独立生产系统的开采块段称为采区。如图 1-8 所示，井田沿倾斜方向划分为 3 个阶段，每个阶段又沿走向划分为 4 个采区。

采区的走向长度一般由 500 m 到 2 000 m 不等。采区的斜长与阶段斜长相等，一般为 600～1 000 m。

在采区范围内，如采用走向长壁采煤法，还要沿煤层倾斜方向将采区划分为若干个长条部分，每一个长条部分称为区段。

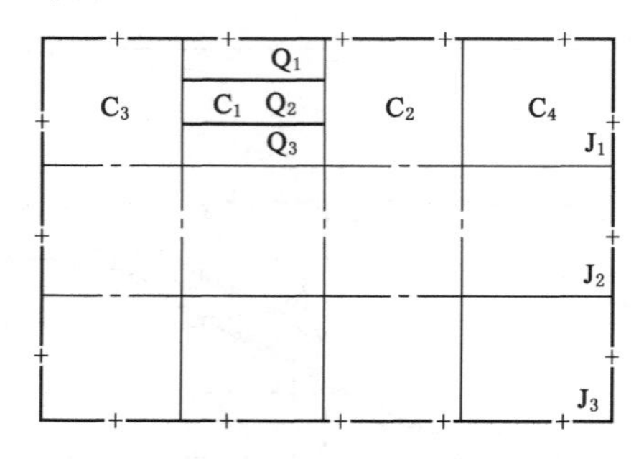

图 1-8 采区式划分

— — — — —采区边界；— + — + —井田边界

J_1,J_2,J_3——第一、二、三阶段；C_1,C_2,C_3,C_4——第一、二、三、四采区；

Q_1,Q_2,Q_3——第一、二、三区段

2. 分段式划分

在阶段范围内不划分采区，而是沿倾斜方向将煤层划分为若干走向长条带，每个长条带称为分段，每个分段沿斜长布置一个采煤工作面，这种划分称为分段式。采煤工作面由井田中央向井田边界连续推进，或者由井田边界向井田中央连续推进，如图 1-9 所示。

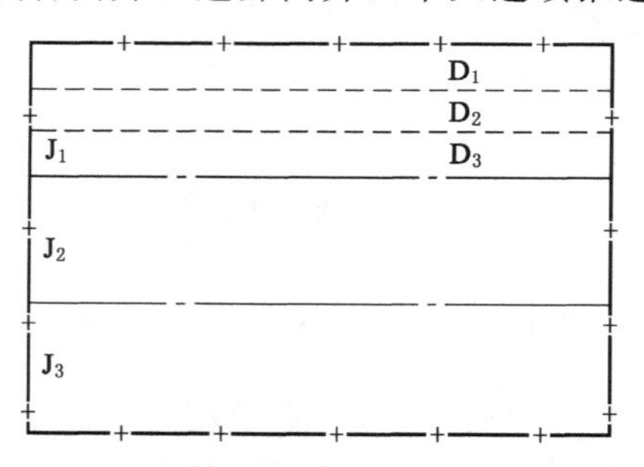

图 1-9 分段式划分

J_1,J_2,J_3——第一、二、三阶段；D_1,D_2,D_3——第一、二、三分段

分段式划分仅适用于地质构造简单、走向长度较小的井田。

3. 带区式划分

它是指在阶段内沿煤层走向划分为若干个具有独立生产系统的带区，带区内又划分成若干个倾斜分带，每个分带布置一个采煤工作面，如图 1-10 所示。分带内，采煤工作面可由阶段的下部边界向阶段的上部边界推进(仰斜)，或者由阶段的上部边界向下部边界推进(俯

斜）。一个带区一般由 2～6 个分带组成。

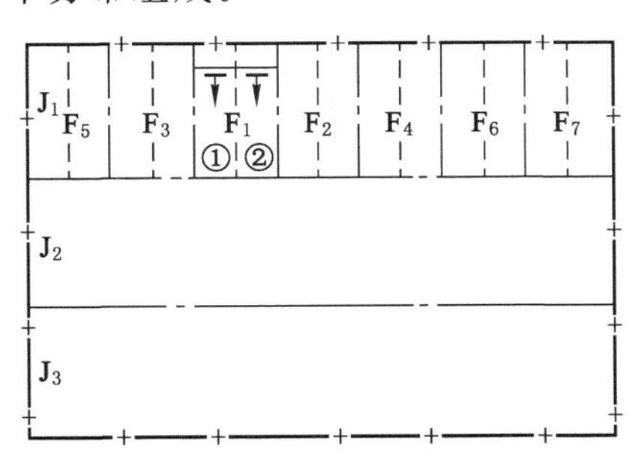

图 1-10 带区式划分

J_1，J_2，J_3——阶段；F_1，F_2，…，F_7——带区；①，②——分带

在煤层倾角较小的条件下可采用带区式划分。

（四）近水平煤层井田划分

近水平煤层采区称盘区。倾斜长壁分带开采的采区称带区。盘区内巷道布置方式及生产系统与采区布置基本相同；划分为带区时，则与阶段内的带区式布置基本相同。

三、矿井储量

矿井储量是指井田内可开采煤层的埋藏总量。通过对矿井储量分级和分类，可表明煤炭的质量、地质情况被查明的程度、储量的可靠性以及可以被开采和利用的价值。

（一）矿井资源/储量

矿井初步可行性研究、可行性研究和初步设计，应分别根据井田详查和勘探地质报告提供的“推断的”“控制的”“探明的”资源量，按国家现行的标准《固体矿产资源/储量分类》（GB/T 17766—1999）及《煤、泥炭地质勘查规范》（DZ/T 0215—2002）的有关规定划分矿井资源/储量类型，计算“矿井地质资源量”“矿井工业资源/储量”“矿井设计资源/储量”“矿井设计可采储量”。见表 1-1。

表 1-1 **固体矿产资源/储量分类**

	查明矿产资源			潜在矿产资源
	探明的	控制的	推断的	预测的
经济的	可采储量(111)			
	基础储量(111b)			
	预可采储量(121)	预可采储量(122)		
	基础储量(121b)	基础储量(122b)		
边际经济的	基础储量(2M11)			
	基础储量(2M21)	基础储量(2M22)		
次边际经济的	资源量(2S11)			
	资源量(2S21)	资源量(2S22)		
内蕴经济的	资源量(331)	资源量(332)	资源量(333)	资源量(334)?

说明：表中所用编码（111～334），第 1 位数表示经济意义：1＝经济的，2M＝边际经济的，2S＝次边际经济的，3＝内蕴经济的，?＝经济意义未定的；第 2 位数表示可行性评价阶段：1＝可行性研究，2＝预可行性研究，3＝概略研究；第 3 位数表示地质可靠程度：1＝探明的，2＝控制的，3＝推断的，4＝预测的；b＝未扣除设计、采矿损失的可采储量

（二）储量分类

以井田地质勘探报告的基础资料为依据，经过可行性评价和按经济意义分类的矿井资源/储量，分为“矿井地质资源量”“矿井工业资源/储量”“矿井设计资源/储量”“矿井设计可采储量”四类。

（1）矿井地质资源量：是指地质勘查报告提供的查明的井田煤炭资源量（包括探明的、控制的、推断的内蕴经济的资源量）。它所表达的是井田地质勘查程度和矿井煤炭资源丰富程度的总体概念。

（2）矿井工业资源/储量：是指地质资源量经可行性评价后，其经济意义在边际经济及以上的基础储量及推断的内蕴经济的资源量乘以可信度系数之和。

（3）矿井设计资源/储量：是指工业资源/储量减去永久性煤柱的损失量。

（4）矿井设计可采储量：是矿井设计资源/储量减去工业场地和主要井巷煤柱量后乘以采区采出率。

计算矿井设计资源/储量时，应从工业资源/储量中减去工业场地、井筒、井下主要巷道等保护煤柱煤量乘以采区采出率。计算矿井设计可采储量应从设计资源/储量中减去工业场地、主要井巷保护煤柱量，其煤柱留设要求和计算方法，必须符合现行《建筑物、水体、铁路及主要井巷煤柱留设与压煤开采规范》的有关规定。

（三）国家对煤炭资源采出率的规定

煤炭资源采出率是在一定范围内煤炭储量的采出比例。在矿井开采过程中，不可能把全部煤炭资源开采出来，由于各种原因会损失掉一部分储量。储量损失可分为设计损失和实际损失。

1. 设计损失

在设计中，考虑采煤方法及保证安全生产的需要，会永远遗留在井下的这一部分储量损失为设计损失。主要有以下几种：

（1）全矿性损失：包括工业场地煤柱、防水煤柱、矿界隔离煤柱、井巷保护煤柱、地质构造损失煤柱及采区设计损失等。

（2）采区损失：包括采煤工作面设计损失和与采煤方法有关的损失。

（3）采煤工作面损失：包括开采中煤层赋存变化及开采工艺过程中的损失。

2. 实际损失

实际损失指在开采过程中实际产生的煤量损失。这部分损失主要是管理和技术方面的原因造成的。

国家对矿井的采区采出率规定如下：

（1）特殊和稀缺煤类（指具有某种煤质特征、特殊性能和重要经济价值，资源储量相对较少的煤种，包括肥煤、焦煤、瘦煤和无烟煤等）应符合下列规定：厚煤层不应小于78%，其中采用一次采全高的厚煤层不应小于83%；中厚煤层不应小于83%；薄煤层不应小于88%。

（2）其他煤类应符合下列规定：厚煤层不应小于75%，其中采用一次采全高的厚煤层不应小于80%；中厚煤层不应小于80%；薄煤层不应小于85%。

（3）采煤工作面的采出率应符合下列规定：厚煤层不应小于93%；中厚煤层不应小于95%；薄煤层不应小于97%。

（四）矿井生产能力

1. 基本概念

矿井生产能力亦称井型，是指矿井设计生产能力，即设计中规定的矿井在一年内采出的煤炭数量。有些生产矿井需要对矿井的各个生产环节重新进行核定，核定后的年生产能力称为矿井核定生产能力。

我国煤矿，按其设计生产能力划分为四类：

（1）特大型矿井：10.00 Mt/a及以上；

（2）大型矿井（Mt/a）：1.20、1.50、1.80、2.40、3.00、4.00、5.00、6.00、7.00、8.00、9.00；

（3）中型矿井（Mt/a）：0.45、0.60、0.90；

（4）小型矿井（Mt/a）：0.09、0.15、0.21、0.30。

新建矿井不应出现介于两种设计生产能力的中间类型。

2. 矿井生产能力的确定

矿井设计生产能力应按年工作日330 d计算，每天提煤时间应为18 h，每天工作制度地面应按“三八”制，井下应按“四六”制。

大型矿井的产量大、装备水平高、生产集中、效率高、服务年限长，是我国煤炭工业的骨干。

确定矿井设计生产能力应符合下列规定：

（1）应以一个开采水平保证矿井设计生产能力，并应进行第一开采水平或不少于20 a的配产。

（2）矿井配产应符合安全生产要求的合理开采顺序，不应采厚丢薄。

（3）全矿井同时生产的采煤工作面个数，煤（岩）与瓦斯（二氧化碳）突出矿井不应超过两个工作面（不包括开采保护层的工作面个数），其他矿井宜以1～2个工作面保证矿井生产能力。大型或特大型矿井，当井田储量丰富，下部厚煤层被上覆薄及中厚煤层所压，长期难以达产时，最多不应超过3个工作面。

（五）矿井服务年限

矿井服务年限是指按矿井可采储量、设计生产能力，并考虑储量备用系数计算出的矿井开采年限。

矿井服务年限、生产能力与井田储量之间有以下关系：

$$T = \frac{Z_k}{AK} \tag{1-1}$$

式中 Z_k——矿井可采储量，万t；

T——矿井设计服务年限，a；

A——矿井设计生产能力，万t/a；

K——储量备用系数，一般取1.3～1.5。

矿井生产能力及服务年限的大小，体现了矿井开采强度。在设计矿井时，矿井服务年限应与矿井生产能力相适应。一般说，井型大的矿井，基建工程量大，装备水平高，基本建设投资多，吨煤投资高，为了发挥投资的效果，矿井的服务年限应长一些。小型矿井的装备水平低，投资较少，服务年限可以短一些。随着煤炭开采技术的发展，煤炭科学技术更新步伐加快，设备更新周期逐步缩短，矿井服务年限有缩短的趋势。我国对各类井型的矿井和水平服务年限要求参见表 1-2。

表 1-2　　我国设计规范规定的新建矿井服务年限

矿井设计生产能力 /Mt・a^{-1}	矿井设计服务年限 /a	第一开采水平设计服务年限/a		
		煤层倾角＜25°	煤层倾角 25°～45°	煤层倾角＞45°
10.00 及以上	70	35	—	—
3.00～9.00	60	30	—	—
1.20～2.40	50	25	20	15
0.45～0.90	40	20	15	15
0.21～0.30	25	—	—	—
0.15	15	—	—	—
0.09	10	—	—	—

任务实施

本任务要求在熟悉井田内地质和煤层赋存的基本状况后，根据井田划分的方法对开采的井田进行划分训练。井田内再划分，首先根据提供的基础资料画出所选择井田开采范围的平面图；再结合井田开采范围内地质钻孔的相关资料，作井田的主要断面的剖面图(2～3个)。熟悉井田内煤层赋存的基本状况后，根据井田内再划分的原则对开采的井田进行再划分训练。

思考与练习

1. 解释名词概念：煤田、井田、阶段、采区、开采水平、矿井储量、矿井生产能力、矿井服务年限。
2. 井田划分的方法是怎样的？
3. 按设计年生产能力的大小如何对井型进行划分？
4. 收集邻近矿区的地质资料，学生分组进行井田划分为阶段和井田内再划分的训练。

任务二　矿井巷道与矿井生产系统

知识要点

矿井巷道的概念；各类矿井巷道的名称、特点和用途；地面生产系统及井下生产系统。

技能目标

能在矿井巷道布置平、剖面图上指认矿井巷道并陈述生产系统。

任务导入

煤矿生产是通过一套完整的矿井生产系统来完成的，矿井生产系统既要把采掘出的煤炭和矸石运送到地面，同时，还要将井下生产必需的动力、材料、设备和工作人员输送至所需地点，将井下有害气体和涌水排至地面，保证井下采煤、掘进、运输、提升、排水和通风等工作安全有效进行。这些矿井生产系统都是通过从地面开掘到井下的一系列矿井巷道来完成的。

任务分析

构成矿井生产系统的巷道从地面延伸到井下，为了保证矿井生产的系统性、安全性和可靠性，每一个矿井都至少有两个以上的地面出口。井下巷道断面形状、尺寸和空间位置各异，巷道间相互连通，各段巷道根据空间位置和用途不同分别命名。本任务通过对各类巷道的名称及用途的介绍，使读者达到熟悉矿井主要生产系统及流程的目的。必须掌握如下知识：

（1）开拓巷道、准备巷道、回采巷道、石门等概念。

（2）各类矿井巷道的名称、作用、分类和空间布置。

（3）矿井主要生产系统。

相关知识

一、矿井巷道

矿井开采需要在地下煤岩层中开凿大量的井巷和硐室。图 1-11 所示为矿井巷道系统。图中井巷按其作用和服务的范围不同，可分为开拓巷道、准备巷道和回采巷道三种类型；按其空间位置不同，可分为垂直巷道、水平巷道和倾斜巷道。

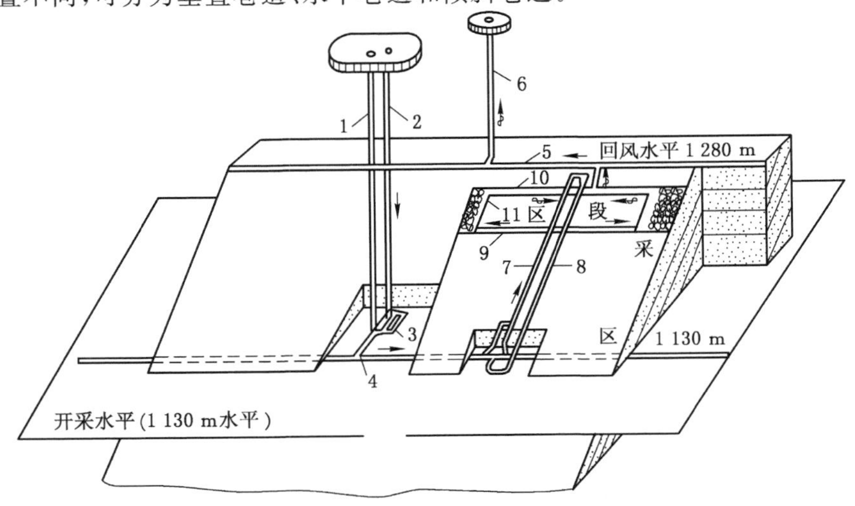

图 1-11　矿井巷道系统示意图

1——主井；2——副井；3——井底车场；4——阶段运输大巷；5——阶段回风大巷；6——回风井；7——输送机上山；8——轨道上山；9——区段运输平巷；10——区段回风平巷；11——采煤工作面

（一）开拓巷道、准备巷道和回采巷道

（1）为全矿井、一个水平或若干采区服务的巷道，称为开拓巷道。如井筒、井底车场、主要石门、运输大巷和回风大巷、回风井等。开拓巷道是从地面到采区的通路，这些通路在一个较长时期内为全矿井或阶段服务，服务年限一般在 10～30 a 及以上。由开拓巷道构成完整的矿井生产系统。

（2）为一个采区或数个区段服务的巷道，称为准备巷道。如采区上（下）山、采区车场、采区硐室等。准备巷道是在采区范围内从已开掘好的开拓巷道起到达区段的通道。准备巷道服务年限一般在 3～5 a 及以上。由准备巷道构成采区的生产系统。

（3）仅为采煤工作面生产服务的巷道叫作回采巷道。如区段运输平巷、区段回风平巷、开切眼。回采巷道服务年限较短，一般在 1 a 左右。回采巷道的作用在于切割出新的采煤工作面并进行生产。

（二）垂直巷道、水平巷道和倾斜巷道

1. 垂直巷道

（1）立井：有出口直接通达地面的垂直巷道叫作立井，又称竖井，一般位于井田中部。担负全矿煤炭提升任务的叫主立井；担负人员升降和材料、设备、矸石等辅助提升任务的为副立井。

（2）暗立井：装有提升设备，没有直接通达地面出口的立井叫暗立井。暗立井通常用于上下两个水平之间的联系，即将下水平的煤炭提升到上一个水平，将上一个水平中的材料、设备和人员等转运到下水平。担负自上而下溜放煤炭任务的暗立井称为溜井。

2. 倾斜巷道

（1）斜井：有出口直接通达地面的倾斜巷道。主要担负全矿井煤炭提升任务的斜井叫主斜井；只担负矿井通风、行人、运料等辅助提升任务的斜井叫副斜井；主要作为回风（兼作安全出口），一般布置在井田浅部的斜井叫风井。

（2）暗斜井：没有直接通达地面的出口、用作相邻的上下水平联系的倾斜巷道，其任务是将下部水平的煤炭转运到上部水平，将上部水平的材料、设备等转运到下部水平。

（3）上山：没有直接出口通往地面，位于开采水平以上，为本水平或采区服务的倾斜巷道。上山中安设输送机运送煤炭的称为输送机上山；铺有轨道，用绞车运输物料的称轨道上山；专为通风（兼行人）的上山，称为通风上山。服务于采区的上山叫作采区上山，服务于阶段的称为主要（或阶段）上山。

（4）下山：位于开采水平以下，为本水平或采区服务的倾斜巷道。主要用于从下向上运煤、矸石等，从上向下运材料、设备，其他与上山相同。

3. 水平巷道

（1）平硐：有出口直接通到地表的水平巷道。一般以一条主平硐担负全矿运煤、出矸、运送材料与设备、进风、排水、供电和行人等任务。专作通风用的平硐称为通风平硐。

（2）石门：和煤岩层走向垂直或斜交的水平岩石巷道。服务于全阶段、一个采区、一个区段的石门，分别称为阶段石门（又称主石门或集中石门）、采区石门、区段石门。运输用的石门称运输石门，通风用的石门称为通风石门，如阶段运输石门、采区回风石门等。

（3）煤门：开掘在煤层中并与煤层走向垂直或斜交的水平巷道。煤门的长度取决于煤层的厚度，只有在特厚煤层中才有必要掘进煤门。

(4) 平巷:没有出口直接通达地表,沿煤层走向开掘的水平巷道。开掘在岩层中的叫岩石平巷,开掘在煤层中的叫煤层平巷。根据平巷的用途,可将平巷分为运输平巷、通风(进风或回风)平巷等。按平巷服务范围,将为全阶段、分段、区段服务的平巷分别称为阶段平巷(习惯上也称阶段大巷)、分段平巷、区段平巷等,如阶段运输大巷、区段回风平巷等。

二、矿井生产系统

矿井生产系统分井下生产系统和地面生产系统。

(一) 井下生产系统

井下生产系统主要包括运煤系统、通风系统、运料排矸系统、排水系统、动力供应系统、矿山救援系统等。

图 1-12 为井下生产系统示意图,其主要生产系统如下。

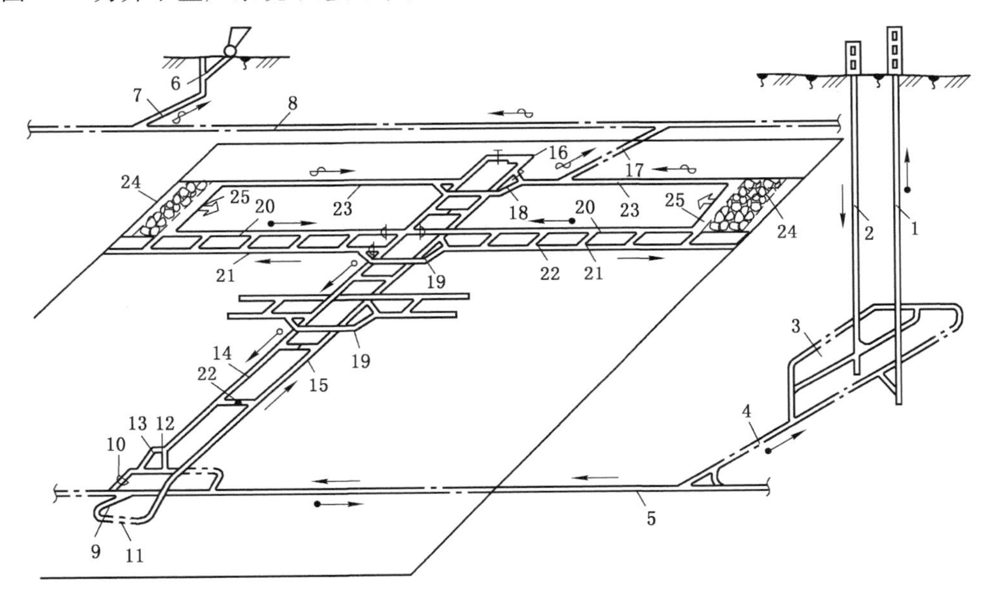

图 1-12 井下生产系统示意图

1——主井;2——副井;3——井底车场;4——主要运输石门;5——阶段运输大巷;6——回风井;7——回风石门;8——回风大巷;9——采区运输石门;10——采区下部车场;11——采区下部材料车场;12——采区煤仓;13——行人进风巷;14——采区输送机上山;15——采区轨道上山;16——上山绞车房;17——采区回风石门;18——采区上部车场;19——采区中部车场;20——区段运输平巷;21——下区段回风平巷;22——联络巷;23——区段回风平巷;24——开切眼;25——采煤工作面

1. 运煤系统

从采煤工作面(25)破落下的煤炭,经区段运输平巷(20)带式输送机、采区输送机上山(14)带式输送机送到采区煤仓(12),在采区下部车场(10)内装车,经运输大巷(5)、主要运输石门(4)、运送到井底车场煤仓,由主井(1)箕斗提升到地面。

2. 通风系统

新鲜风流从地面经副井(2)进入井下,经井底车场(3)、主要运输石门(4)、运输大巷(5)、采区下部材料车场(11)、采区轨道上山(15)、采区中部车场(19)、区段运输平巷(20)进入采煤工作面(25)。清洗工作面后,污风经区段回风平巷(23)、采区回风石门(17)、回风大巷

(8)、回风石门(7),从回风井(6)排入大气。

3. 运料排矸系统

采煤工作面所需材料和设备,用矿车由副井(2)罐笼下放到井底车场(3),经主要运输石门(4)、运输大巷(5)、采区运输石门(9)、采区下部材料车场(11)、由上山绞车房(16)绞车牵引,经采区轨道上山(15)进入采区上部车场(18),经区段回风平巷(23),再运到采煤工作面(25)。采煤工作面回收的材料、设备和掘进工作面运出的矸石,用矿车经由与运料系统相反的方向运至地面。

4. 排水系统

采掘工作面积水,由区段运输平巷、采区上山排到采区下部车场,经水平运输大巷、主要运输石门等巷道的排水沟,自流到井底车场水仓。其他地点的积水排到水平大巷后,自流到井底水仓。集中到井底水仓的矿井积水,由中央水泵房排到地面。

5. 动力供应系统

动力供应系统包括电力供应系统和压缩空气供应系统。

煤矿采、掘、运机械,基本上都采用电力作为动力。由于煤矿是井下作业,用电环境中有多种爆炸性气体和煤尘等,因此,在可靠性、安全性等方面,比地面企业的供电要求更高。井下电力供应一般由专用电缆从地面变电所经井下中央变电所、采区变电所送到各用电设备。

在我国煤矿企业中,除电能外,压缩空气是比较重要的动力源。目前,煤矿使用着各种风动机具,如风镐、凿岩机、混凝土喷射机等。它们主要不是用电力驱动,而是由压缩空气作为动力。生产压缩空气的机器,称为空气压缩机,压缩空气由专用管道从地面空气压缩机送到井下各风动设备。压缩空气站位置宜靠近用风负荷中心,设备布置应符合下列规定:

(1) 矿井地面应设置空气压缩机站,集中布置不宜超过 6 台。

(2) 瓦斯矿井中,送气距离较远时,可在井下主要运输巷道附近新鲜风流通过处增设压缩空气站,但每台空气压缩机的能力不宜大于 20 m^3/min,数量不宜超过 3 台。

(3) 压缩空气站内宜设 1 台备用空气压缩机;当分散设置的压缩空气站之间有管道连接时,应统一设置备用空气压缩机。

(4) 井下压缩空气站的固定式空气压缩机和储气罐应分设在两个硐室内。

(二) 地面生产系统

地面生产系统的主要任务是煤炭经过运输提升到地面后的加工和外运,还要完成矸石排放,动力供给,材料、设备供应等工作。地面生产系统通常包括地面提升系统、运输系统、排矸系统、选煤系统和管道线路系统等。此外,还有变电所、压风机房、锅炉房、机修厂、矿灯房、浴室及行政福利大楼等专用建筑物。对于水采矿井,地面还需设置高压泵房、脱水楼和煤泥沉淀池等。这些生产系统和设备、建筑物所占用的地面场地,称为地面工业场地。

1. 地面生产系统类型

(1) 无加工设备的地面生产系统:这种生产系统适用于原煤不需要进行加工,或拟送往中央选煤厂去加工的煤矿。原煤提升到地面以后,经由煤仓或储煤场直接装车外运。

(2) 设有选矸设备的地面生产系统:这种生产系统适用于对原煤只需要选去大块矸石的煤矿,或者在生产焦煤的煤矿中,由于大块矸石较多,而选煤厂又离矿较远,为了避免矸石运输的浪费和减轻选煤厂的负担,需在矿井地面设置选矸设备。

(3) 设有筛分厂的地面生产系统:这种生产系统适用于生产动力煤和民用煤的煤矿。

最终筛分的粒度应根据煤质、粒度组成和用户要求，经技术经济比较后确定，并应符合现行国家标准《煤炭产品品种和等级划分》(GB/T 17608—2006)的规定。

(4) 设有选煤厂的地面生产系统：这种生产系统适用于产量较大，煤质符合选煤要求的矿井。

2. 地面排矸运料系统

矿井在建设和生产期间，由于掘进和回采，都要使用或补充大量的材料、更换和维修各种机电设备，同时还有大量的矸石运出矿井，特别是开采薄煤层时，矸石的排出量有时可达矿井年产量的20%以上。因此，地面生产系统应合理地确定排矸系统和材料运输线路。

(1) 矸石场的选址及类型

由于矸石易散发灰尘，有的还有自然发火危险，在选择矸石场地时，一般选择在工业场地、居民区的下风方向，并且地形上有利于堆放矸石，尽量不占或少占良田。当矸石有自燃可能时，矸石场地边缘与主要建筑物应保持足够的安全距离。

矸石场按照矸石的堆积形式可分为平堆矸石场和高堆矸石场两种。当地面工业场地及其附近地形起伏不平，且矸石无自然发火危险时，可利用矸石将场地附近的洼地、山谷填平，覆土还田。这种方式堆放矸石的场地，称平堆矸石场。这种矸石场的缺点是地形变化大，机械设备需要经常移动，工作起来不方便。目前采用较广泛的是高堆矸石场，这种矸石场堆积矸石的高度一般为25～30 m，矸石堆积的自然坡角为40°～45°。高堆矸石场的布置紧凑，设备简单，但矸石场的占地面积大，且矸石堆附近灰尘较多。

(2) 材料、设备的运输

矿井正常生产期间，需要及时供应各种材料、设备，维修各种机电设备。这些物料主要经由副井上下，因此，材料、设备的运输系统都必须以副井为中心。一般由副井井口至机修厂和材料库等，都铺有运输窄轨铁路。运往井下的材料设备，装在矿车或材料车上，由电机车牵引到井口，再通过副井送到井下。井下待修的机电设备，也装在矿车或平板车上，由副井提升到地面，由电机车牵引送往机修厂。

3. 地面管线系统

为了保证矿井生产及生活的需要，地面工业场地内还需设上下水道、热力管道、压缩空气管道、地下电缆、瓦斯抽放管路、灌浆管路等。这些管道线路布置是否合理，对矿井生产、环境美化都有一定影响。

任务实施

通过矿井巷道模型或实地观察生产矿井巷道，熟悉矿井主要井巷的名称、形式、用途及同周围巷道的空间关系，建立起矿井巷道的空间概念；通过教学软件或运用图纸熟练掌握矿井主要生产系统过程及设备。

思考与练习

1. 掌握主要井巷的名称及用途：开拓巷道、准备巷道、回采巷道、立井、斜井、平硐、主井、副井、石门、上山、下山、运输大巷。

2. 熟悉矿井主要生产系统过程及各系统主要设备。

任务三　井田开拓方式

知识要点

立井开拓、斜井开拓、平硐开拓和综合开拓的概念；不同开拓方式的特点及适用条件。

技能目标

能利用矿井模型指述不同开拓方式特点、生产系统及应用条件；能利用矿图指述开拓方式特点及生产系统；能够根据所给地质资料确定井田的开拓方式；熟悉井筒的装备及基本要求。

任务导入

井田开拓方式是指井下巷道的形式、数量、位置及其相互联系和配合，主要包括井筒形式、水平划分及阶段内的布置方式。

井田开拓方式按井筒形式可分为立井开拓、斜井开拓、平硐开拓和综合开拓四类；按开采水平数目可分为单水平开拓和多水平开拓两类；按阶段内的布置方式可分为采区式、分段式和带区式三类。在开拓方式的构成因素中，井筒形式占有着突出的地位，因此常以井筒形式为依据，对井田开拓方式进行分类。井田开拓方式应根据矿井地形地貌条件、井田地质条件、煤层赋存条件、开采技术条件、装备条件、地面外部条件、设计生产能力等因素，经多方案比较后确定。

任务分析

当煤层赋存条件和地形条件适宜时，应采用平硐开拓方式。

煤层赋存较浅，表土层不厚，且井筒穿过的地层涌水量较小时，应采用斜井开拓方式；当主井垂深不大于 500 m，经技术经济论证合理时，宜采用斜井开拓方式或综合开拓方式。

煤层赋存深、表土层厚、水文地质条件复杂、井筒需用特殊工法施工时，宜采用立井开拓方式。

井田面积大、资源/储量丰富或瓦斯含量高的矿井，条件适宜时，可采用分区开拓、集中出煤方式。

相关知识

一、立井开拓方式

主、副井均为立井的开拓方式称为立井开拓。立井开拓对井田地质条件适应性很强，是我国广泛采用的一种开拓方式。由于煤层赋存条件和开采技术水平的不同，立井开拓分为立井单水平采区式开拓、立井单水平带区式开拓、立井多水平采区式开拓等。

（一）立井单水平带区式开拓

图 1-13 所示为立井单水平带区式开拓示意图。井田内有一层可采煤层，煤层为近水

平，没有大的地质构造变化。采用条带式倾斜长壁采煤法进行开采。

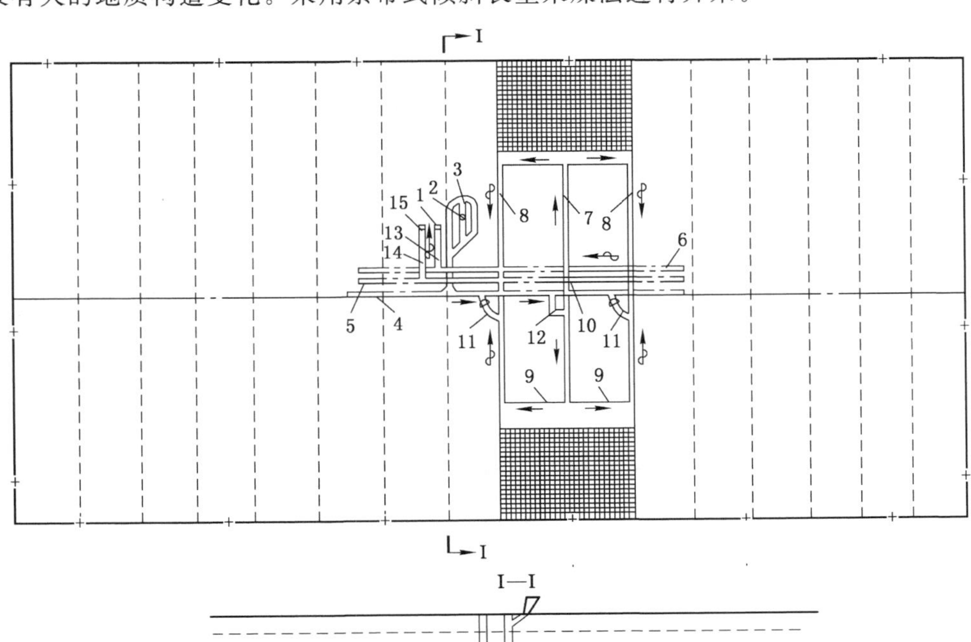

图 1-13　立井单水平带区式开拓方式

1——主井；2——副井；3——井底车场；4——轨道运输大巷；5——带式输送机运输大巷；6——回风大巷；7——分带运输巷；8——分带回风巷；9——采煤工作面；10——带区煤仓；11——运料斜巷；12——行人进风斜巷；13——回风石门；14——带式输送机石门；15——井底煤仓

1．井巷开掘顺序

在井田中央从地面开凿主井(1)和副井(2)，当掘至开采水平标高后，开掘井底车场(3)、轨道运输大巷(4)和输送机运输大巷(5)、回风大巷(6)、回风石门(13)、运煤石门(14)，当阶段运输大巷向两翼开掘一定距离后，由大巷掘分带行人进风斜巷(12)、运料斜巷(11)进入煤层，然后沿煤层掘分带运输斜巷(7)、煤仓(10)、分带回风巷(8)，掘至边界后，沿煤层走向掘进开切眼，在开切眼内安装采煤设备后，即可由井田边界向运输大巷方向回采。

在图 1-13 中成对地布置两个采煤工作面，两个工作面共用一条分带运输斜巷，两个工作面中的煤相向运输。这种工作面布置方式称为对拉工作面。

2．主要生产系统

运输系统：采煤工作面采出的煤经分带运输巷(7)运至带区煤仓(10)，经输送机运输大巷(5)运至井底车场，通过主井提至地面。井下所需物料及设备经副井(2)下放至井底车场(3)，经轨道运输大巷(4)至分带材料车场，经运料斜巷(11)、分带回风巷(8)，运到采煤工作面。

通风系统：新鲜风流由地面经副井(2)、井底车场(3)、轨道运输大巷(4)、行人进风斜巷

(12),由分带运输巷(7)分两股进入两个工作面。清洗工作面后的污风由各自的分带回风巷(8)至总回风巷(6),再经总回风石门(13)进入主井排出地面。

3. 特点及适用条件

立井开拓方式具有长度短、断面大、断面利用率高、运行时间短、较易解决深井辅助提升和通风问题等优点,尤其对有含水厚表土层、水文地质条件复杂、需采用特殊法施工的矿井,具有明显优势。但是上山阶段的分带回风是下行风,应加强通风管理,防止瓦斯积聚。这种方式一般适用于煤层倾角小于12°、地质构造简单、煤层埋藏较深的矿井。

(二) 立井多水平采区式开拓

图1-14为采区式开拓方式示意图。图中只表示了第一水平的巷道布置系统,可视为立井多水平采区式开拓方式。

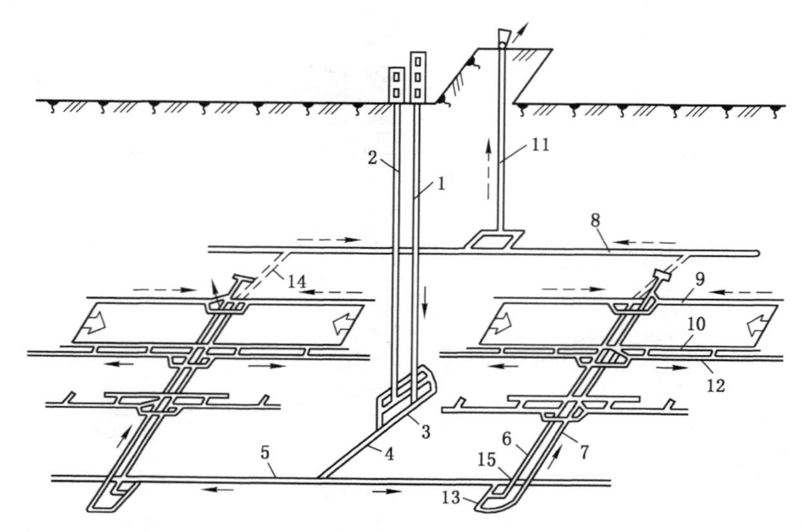

图1-14 立井采区式开拓方式

1——主井;2——副井;3——井底车场;4——主石门;5——运输大巷;6——采区输送机上山;7——采区轨道上山;8——回风大巷;9——上区段回风平巷;10——上区段运输平巷;11——回风井;12——下区段回风平巷;13——采区运输石门;14——采区回风石门;15——采区煤仓

1. 井巷开掘顺序

主井(1)和副井(2)由地面开掘到开采水平后,掘进井底车场(3)和主石门(4),通达运输大巷布置层位后,向井田两翼掘进运输大巷(5),掘到采区上山道位置后,掘进采区运输石门(13)和采区煤仓(15),向上掘进采区输送机上山(6)和采区轨道上山(7)。在开掘上述井巷的同时,开掘回风井(11)、回风大巷(8)及采区回风石门(14),并与采区上山道连通形成通风系统。然后掘出区段回风平巷(9)、区段运输平巷(10)及开切眼。完成生产系统和设备安装后,采煤工作面即可投入生产。在上区段生产的同时,要及时准备下区段巷道和开切眼,以保证采煤工作面正常接续。

2. 主要生产系统

运输系统:工作面采出的煤,经区段运输平巷(10)、运输上山(6)到采区煤仓(15),在煤仓下部装入矿车后,经运输大巷(5)、主石门(4)运至井底车场煤仓,由主井(1)提至地面。工作面所需设备、材料由副井(2)下放到井底车场(3),经主石门(4)、运输大巷(5)、采区运输石门(13)、轨道上山(7)、区段回风平巷(9)送至工作面。

通风系统：新鲜风流由副井(2)进入，经井底车场(3)、主石门(4)、运输大巷(5)、采区运输石门(13)、轨道上山(7)、区段运输平巷(10)至工作面，清洗工作面后的污风经区段回风平巷(9)、采区回风石门(14)、回风大巷(8)由回风井(11)排出地面。

采区式开拓可布置几个采区同时生产，生产能力和增产潜力大。但巷道布置、运输系统比较复杂，井巷工程量大，占用设备多，投资大。这种开拓方式主要应用于大中型矿井。

(三) 立井井筒主要装备

采用立井开拓时，一般开掘一对井筒(主井和副井)。立井井筒采用圆形断面，其断面尺寸应根据提升容器类型、数量、最大外形尺寸，井筒的装备方式，梯子间、管路、电缆布置，安全间隙及所需通过风量确定。我国大中型煤矿立井的井筒内装备参见表1-3。

表1-3 立井井筒装备表

矿井生产能力/$Mt \cdot a^{-1}$	主井井筒装备	副井井筒装备
0.3	一对双层单车(1 t)罐笼	一对单层单车(1 t)罐笼
0.6	一对6 t箕斗	一对双层单车(1 t)罐笼
0.9	一对9 t箕斗	一对双层单车(1.5 t)罐笼
1.2	一对12 t箕斗	一对双层单车(3 t)罐笼
1.5	一对16 t箕斗	一对双层单车(3 t)罐笼
1.8	一对16 t箕斗	一对双层单车(3 t)罐笼，一对双层单车(3 t)罐笼带重锤
2.4	两对12 t箕斗	一对双层双车(1.5 t)罐笼，一对双层单车(5 t)罐笼带重锤
3.0	两对16 t箕斗	一对双层双车(1.5 t)罐笼，一对双层单车(5 t)或双层双车(1.5 t)罐笼带重锤

对于小型煤矿的立井，可根据生产能力的大小和辅助运输量的多少，主副井各装备一对单层单车(1 t)罐笼，或只装备一个井筒(单层单车或双层单车)，提煤、提矸、运料、升降人员共用一套提升设备，进行混合提升。但这种方式只用于生产能力很小的矿井。

二、斜井开拓方式

主副井均为斜井的开拓方式称为斜井开拓。按井田内划分和阶段内的布置方式不同，斜井开拓可以有多种方式。这里以斜井多水平分段式开拓为例进行介绍。

(一) 片盘斜井开拓

斜井多水平分段式开拓又称片盘斜井开拓，是将井田沿倾斜按一定标高划分为若干个分段，自地面沿煤(岩)层开掘斜井，然后依次开采各个分段的开拓方式。如图1-15所示，井田内有一层缓倾斜可采煤层，沿煤层倾斜分为若干个片盘，每个片盘布置一个采煤工作面，井田两翼同时开采。

1. 井巷掘进顺序

在井田走向中央沿煤层开掘一对斜井，到达第一片盘的下部边界。斜井(1)为主井，用于运煤和回风；斜井(2)为副井，用于提升矸石，运送材料和人员，兼作进风。两井筒每隔一

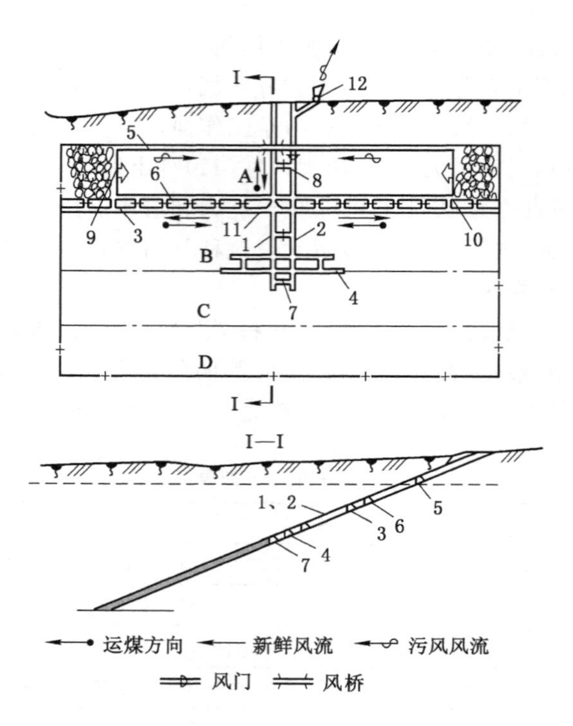

图 1-15 片盘斜井开拓

1——主井；2——副井；3——第一分段运输平巷；4——第二分段运输平巷；5——第一分段回风平巷；6——副巷；7——井底水仓；8，10——联络巷；9——采煤工作面；11——第一片盘车场；12——通风机；A，B，C，D——片盘序号

定距离用联络巷(8)连通。在第一片盘下部从井筒开掘第一片盘甩车场。

在第一片盘的下部边界和上部边界分别开掘第一片盘运输平巷(3)及回风平巷(5)、副巷(6)，每隔一定距离掘联络巷(10)将运输平巷(3)与副巷(6)连通。当运输平巷(3)和回风平巷(5)掘至井田边界时，由运输平巷向回风平巷掘开切眼。在开切眼内安装采煤设备后，即可由井田边界向井筒方向后退开采。

为了保证矿井连续生产，采第一片盘时，要及时准备第二片盘。第一片盘未采完前就应将斜井延深到第二片盘下部，并掘出第二片盘的全部巷道。一般情况下，第一片盘的运输平巷可作为第二片盘的回风平巷，由上而下逐个开采各片盘。

2. 主要生产系统

运煤系统：工作面(9)采出的煤，经副巷(6)、联络巷(10)至片盘运输平巷(3)、井底车场(11)，由主井(1)提升至地面。材料设备由副井(2)下放，经回风巷(5)运往工作面上出口。

通风系统：新鲜风流由副井(2)进入，经两翼运输平巷(3)、副巷(6)进入工作面。清洗工作面后的污风，经回风巷(5)、主井(1)排出地面。为避免新鲜风流与污风掺混和风流短路，需在进风与回风巷相交处设置风桥。为避免运输平巷内的新风沿副井向上流动，产生风流短路，在副井内应安设风门。

3. 特点及适用条件

和立井开拓方式相比，斜井开拓不仅具有井筒施工和装备简单、提运环节较少、系统较便捷等优点，而且由于带式输送机和辅助运输设备的发展，主井提运系统能力大，可实现煤流系统的连续化运输，副井系统可实现由地面至采区直达运输。缺点是：矿井内不能布置较多的工作面；井筒需要经常延深，容易出现掘进与生产相互干扰；遇到断层、褶曲时很难保证矿井正常生产。煤层赋存较浅、表土层不厚，且井筒穿过的地层涌水量较小时，应采用斜井开拓；当主井垂深不大于 500 m，经技术经济论证合理时，宜采用斜井开拓。

（二）斜井井筒的布置层位

采用斜井开拓时，根据井田地质地形条件和煤层赋存情况，斜井井筒可沿煤层或岩层布置，也可穿层布置。

沿煤层斜井施工技术简单，建井速度快，工程量少，初期投资小，且能补充地质资料。但井筒容易受采动影响，维护困难，煤柱损失大，不利于矿井防火，井筒坡度易受煤层底板起伏影响，不利于井筒提升。主要适用于煤层赋存稳定，倾角变化小，煤质坚硬及地质构造简单的矿井。

当不适应开掘煤层斜井时，可将斜井布置在煤层底板稳定的岩层中，距煤层底板垂直距离一般不小于 15～20 m。沿岩层斜井有利于井筒维护，容易保持斜井的坡度一致，但岩石工程量大，施工技术复杂，建井工期长。

当斜井倾角与煤层倾角不一致时，可采用穿层布置，即斜井从煤层顶板或底板穿入煤层。从顶板穿入煤层的斜井称为顶板穿岩斜井，如图 1-16 所示，一般适用于煤层倾角较小的煤层。从煤层底板穿入煤层的斜井称为底板穿岩斜井，如图 1-17 所示，一般适用于开采倾角较大的煤层。

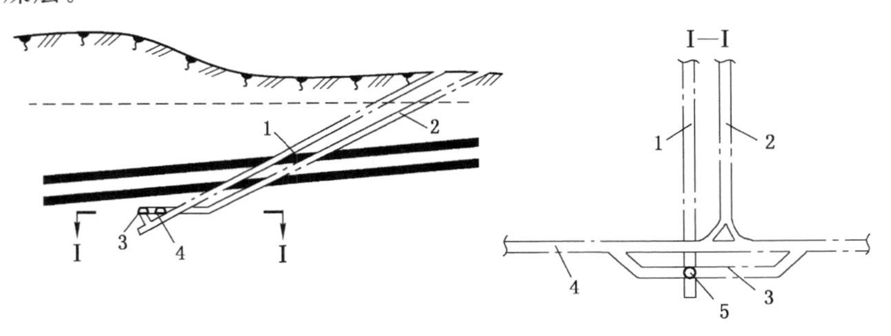

图 1-16　顶板穿岩斜井

1——主井；2——副井；3——井底车场；4——运输大巷；5——井底煤仓

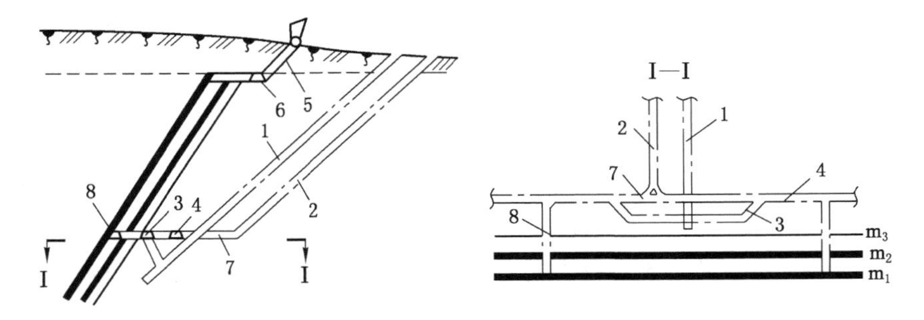

图 1-17　底板穿岩斜井

1——主井；2——副井；3——井底车场；4——运输大巷；5——回风井；
6——回风大巷；7——副井井底车场；8——采区石门

当采用斜井开拓，但井筒无法与煤层倾斜方向一致时，可用反斜井开拓，如图 1-18 所示。与上述两种穿岩斜井相比较，反斜井的井筒较短，但要向井田深部延伸时，需用暗斜井开拓。采用反斜井时，反斜井以下煤层斜长不宜过大，开采水平数目不宜过多。

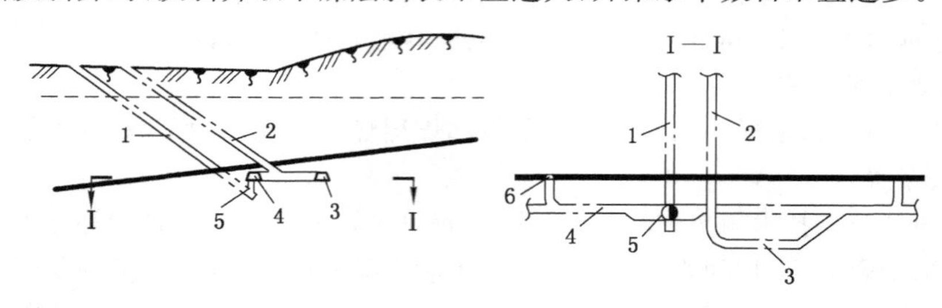

图 1-18 反斜井

1——主井；2——副井；3——井底车场；4——运输大巷；5——井底煤仓；6——采区石门

（三）井筒装备及坡度

采用斜井开拓时，一般布置一对斜井。井筒装备由提升方式而定，提升方式受井筒的倾角和矿井生产能力的影响。

生产能力很小的小型斜井，可以只装备一个井筒，采用单钩串车提升。

生产能力不大的中小型斜井，可以装备两个井筒，主井用双钩串车提升，副井用单钩串车提升，井筒倾角小时可用无极绳提升。

对中型斜井，主井可采用箕斗提升，也可采用带式输送机提升，副井则采用串车提升。

大型斜井的主井多装备带式输送机提升，副井可采用双钩串车提升。

对生产能力很大的特大型斜井，主井应采用强力带式输送机提升，为解决通风和辅助运输困难问题，可装备两个副井。在开采倾角很小、埋藏深度浅的煤层时，利用无轨胶轮车运输，可使辅助运输能力得到很大的提高。

斜井提升方式不同，对井筒倾角的要求也不同。采用串车提升时，井筒倾角不宜超过 25°。采用箕斗提升时，为了提高提升效率，一般选 25°～35°。采用一般带式输送机提升时，井筒倾角一般不超过 17°，当采用大倾角带式输送机时，井筒倾角可达 25°以上。井筒采用无极绳提升时，井筒倾角一般小于 15°。无轨胶轮车运输的井筒倾角一般不大于 10°。

三、平硐开拓方式

从地面利用水平巷道进入煤体的开拓方式称为平硐开拓。平硐开拓常见于一些山岭、丘陵地区，井田内的划分及巷道布置等与立井、斜井开拓方式基本相同。

（一）平硐开拓特点

平硐开拓一般以一条主平硐开拓井田，主平硐担负运煤、排矸、运送材料设备及人员、进风、排水、敷设管线电缆及行人等多项任务。在井田上部开掘回风平硐或风井，用于全矿井的回风。平硐开拓方式具有施工简单、建井工期短、投资省、综合经济效益好等优点。

在高原和山区，当外部建设条件和煤层赋存条件适宜时，应采用平硐开拓方式。

（二）平硐开拓类型及特点

按平硐与煤层走向的相对位置不同，平硐分为走向平硐、垂直平硐和斜交平硐；按平硐所在标高不同，平硐分为单平硐和阶梯平硐。

1. 走向平硐

平行于煤层走向布置的平硐,称为走向平硐,如图 1-19 所示。

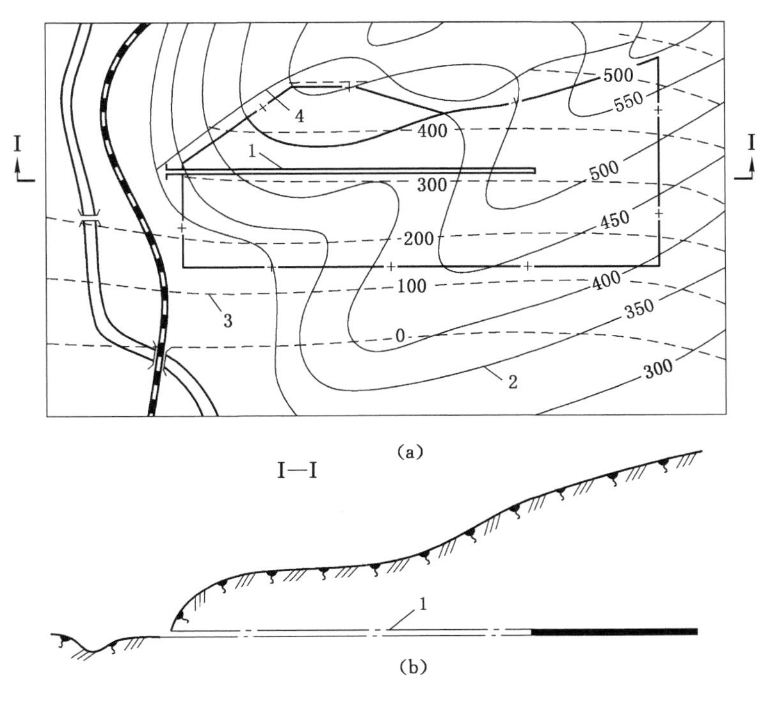

图 1-19　走向平硐开拓

1——主平硐;2——地形等高线;3——煤层底板等高线;4——煤层露头线

由图 1-19 可知,平硐沿煤层走向开掘,把煤层分为上、下山两个阶段,具有单翼井田开采的特点。

采用走向平硐开拓时,主平硐一般布置在煤层底板岩层中,当煤层为薄及中厚煤层,且围岩稳定时,也可沿煤层布置。平硐沿煤层掘进施工容易,还能补充煤层的地质资料。

2. 垂直或斜交平硐

垂直或斜交于煤层走向布置的平硐,称为垂直或斜交平硐。如图 1-20 所示为垂直平硐。

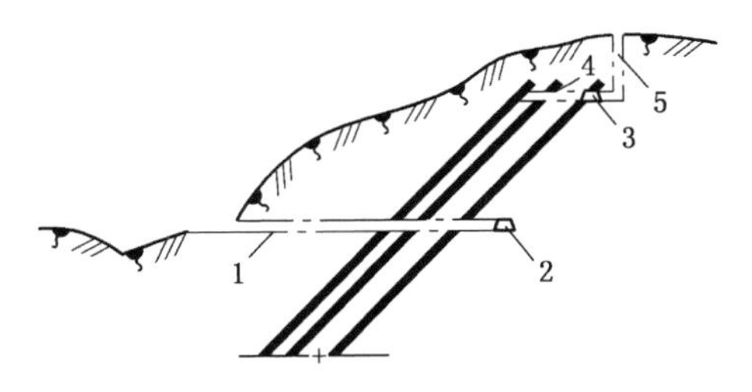

图 1-20　垂直平硐开拓

1——主平硐;2——运输大巷;3——回风大巷;4——回风石门;5——回风井

根据地形条件,平硐可由煤层顶板进入或由煤层底板进入煤层。平硐将井田沿走向分成两部分，故具有双翼井田开拓的特点。

与走向平硐相比较，垂直平硐具有双翼井田开拓运输费用低、巷道维护时间短、矿井生产能力大、通风容易、便于管理等特点，并便于选择平硐口的位置。但是岩石工程量大，建井期长，初期投资大。

3. 阶梯平硐

当地形高差较大，主平硐水平以上煤层垂高过大时，可将主平硐水平以上煤层划分为数个阶段，每个阶段布置各自的平硐，这种平硐开拓方式称阶梯平硐开拓，如图1-21所示。

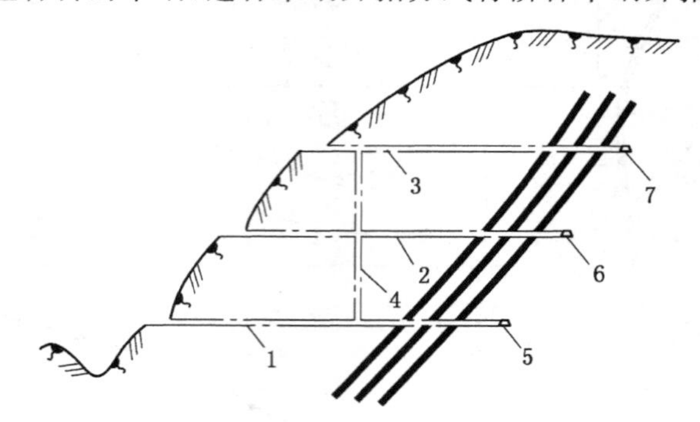

图1-21 阶梯平硐开拓

1,2,3——阶梯平硐；4——集中溜煤眼；5,6,7——运输大巷

阶梯平硐开拓方式的特点是：可分期建井，分期移交生产，便于通风和运输，但地面生产系统分散，装运系统复杂，占用设备多，不易管理。这种开拓方式适用于上山部分过长，布置辅助水平有困难，地形条件适宜，工程地质条件简单的井田。

四、综合开拓

主、副井筒采用不同的井硐形式进行开拓的称为综合开拓方式。根据井田的具体条件，井筒(硐)形式可组合成斜井-立井、平硐-立井、平硐-斜井等多种方式。

(一) 斜井-立井综合开拓

斜井-立井开拓方式综合了斜井和立井的优点。如图1-22所示为斜井-立井开拓方式。

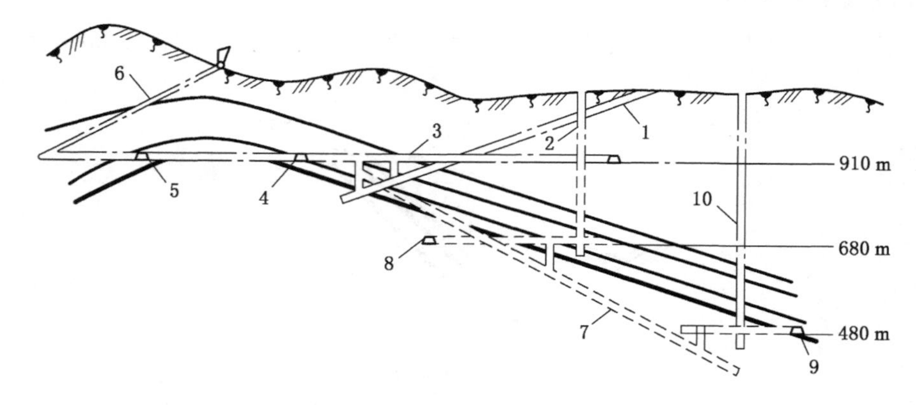

图1-22 斜井-立井开拓

1——主斜井；2——副立井；3——第一水平主石门；4——第一水平一大巷；5——第一水平二大巷；6——回风斜井；7——暗斜井；8——第二水平运输大巷；9——第三水平运输大巷；10——第三水平副立井

斜井作主井，主要是利用斜井可采用强力带式输送机，提升能力大及井筒易于延深的特点，用立井作副井提升速度快，提升量大，通风容易。这种开拓方式在条件适宜的情况下是建设特大型矿井的技术发展方向。国内外一些大型生产矿井的改建和新井设计很多都采用了这种主斜井、副立井相结合的开拓方式。

（二）平硐-立井综合开拓

平硐-立井综合开拓是采用平硐作主井、立井作副井的开拓方式。采用平硐开拓只需开一条主平硐，对于某些瓦斯涌出量大、主平硐很长的矿井，井下需要的风量大，长平硐通风阻力大，难以保证矿井通风的需要，条件适宜时，可以开一条副立井进风、升降人员、提矸和作为深部煤层的辅助提升。图 1-23 所示为平硐-立井综合开拓示意图。

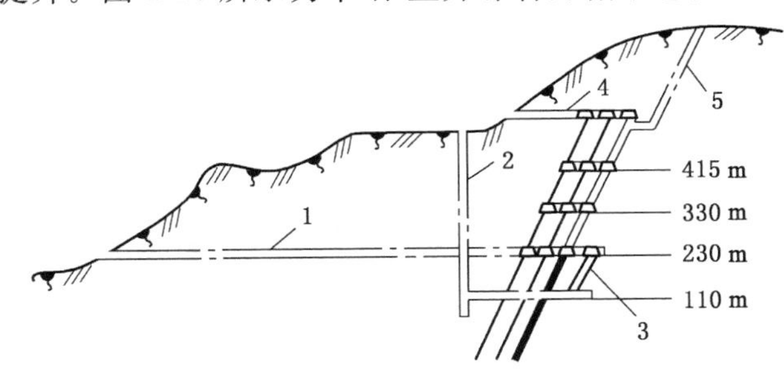

图 1-23　平硐-立井开拓

1——主平硐；2——副立井；3——暗斜井；4——回风小平硐；5——回风井

这种开拓方式既发挥了平硐的优越性，也利用了立井辅助提升能力大的优势，可解决通风困难和井田深部辅助提升问题。

（三）平硐-斜井综合开拓

图 1-24 所示为平硐-斜井开拓方式。该井田内有两层煤，煤层倾角小，煤层埋藏稳定。主平硐(1)担负整个矿井井下运输、进风及排水等任务；另开掘斜井(2 和 4)用作回风井，兼作安全出口。两层煤用暗斜井(3)连通，上煤层的煤通过暗斜井运到下煤层后，再由主平硐外运。

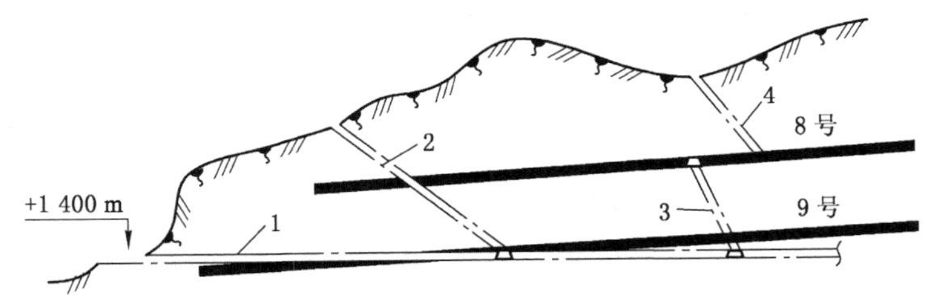

图 1-24　平硐-斜井开拓

1——主平硐；2——回风斜井；3——暗斜井；4——回风斜井

综合开拓的主要目的是根据井田环境、开采条件等，充分利用不同井硐形式的优势，按照实际情况对井硐形式进行最佳组合，满足矿井生产的需要。

任务实施

(1) 提供立井多水平采区式开拓、立井单水平带区式开拓、片盘斜井开拓、斜井单水平采区式开拓、斜井多水平采区式开拓、平硐开拓、斜井-立井综合开拓、平硐-斜井综合开拓等方式教学模型或矿图。

(2) 学生分组相互手指口述不同开拓方式的井巷开掘顺序及主要生产系统，掌握巷道名称、用途、空间关系，教师进行点评。

(3) 实地参观生产矿井主要开拓巷道，熟悉提升系统及井筒的主要装备。

(4) 提供地质资料，学生根据所给图纸及地质、煤层赋存条件进行确定井田的开拓方式训练。

思考与练习

1. 根据主、副井筒的形式，井田开拓有哪几种形式？各适用什么条件？
2. 平硐开拓有何优缺点及适用条件？
3. 斜井开拓与立井开拓相比，有何优缺点及适用条件？

任务四 开拓巷道布置

知识要点

井筒数目及位置；开采水平的划分；水平运输大巷和回风大巷。

技能目标

能够依据井田地质资料和地面地形地貌确定井筒的位置；能根据煤层赋存情况进行开采水平的划分；能依据具体条件确定运输大巷和回风大巷的基本位置。

任务导入

开拓巷道担负着矿井整个生产周期内的服务任务，其服务年限长达数十年之久。合理确定开采水平主要参数及开拓巷道位置是井田设计的重要内容。开采水平的划分与井田内阶段的划分有密切联系，根据井田内开采煤层的多少和煤层倾角的大小，井田内可设一个或几个开采水平。而井筒(硐)和大巷不仅是整个开采水平的煤炭、材料、设备和人员的运输通道，而且还用于矿井通风、排水、敷设各种管线等。开拓巷道布置是否合理，直接影响到建井期的长短、开拓工程量的大小、井巷维护的难易、矿井生产管理的集中程度等。因此，必须正确确定开拓巷道的布置方式及位置。

任务分析

矿井开采水平设置和井筒(硐)的确定是井田开拓的基本问题，是井田开拓方式的具体实施，即在开采水平的基础上，确定主井、副井、风井和开采水平大巷的布置，以构成矿井完整的生产系统。开采水平主要参数及开拓巷道位置的确定，应保证矿井建设和生产安全高效，并有足够的储量和服务年限，以获得良好的技术经济效果。

相关知识

一、井筒(硐)的数目和位置

(一) 井筒数目

根据《煤矿安全规程》,每个矿井必须至少有两个能行人的通达地面的安全出口。井筒数目是根据矿井提升任务的大小和通风需要等因素确定的。一个井田可采用两个井筒、三个井筒或多个井筒。

1. 两个井筒开拓

两个井筒分别为主井和副井,一般主井担负提煤和回风,副井担负升降人员、材料、设备、矸石等辅助提升和进风。主、副两个井筒开拓,工程量少、投资省,但漏风多,通风费用大,一般用于低瓦斯的中小型矿井。

2. 三个井筒开拓

三个井筒开拓包括主井、副井和风井,主井提煤,副井辅助提升和进风,风井回风。三个井筒开拓的优点是有利于通风,主副井与风井对头掘进贯通,可缩短工期。在主、副井停止提升进行安装时,风井可以使井下掘进继续进行。目前大型矿井多采用这种方式。

3. 多个井筒开拓

多个井筒开拓,是除主、副井外,为满足矿井通风的需要,另开掘两个或两个以上的风井,一般适用于特大型矿井井田分区域开拓的情况。

(二) 井筒位置

井筒的位置是与井筒的形式、用途密切联系的。井筒形式确定后,需要正确选择井筒位置。井筒是连接地面和井下的重要通道,主副井筒位置一经确定和施工后,井口周围要布置地面工业场地,在其下部设置井底车场,进行开采部署,在整个矿井服务期间极难更改。

1. 地面合理的提升井口位置

在选择地面合理的提升井口位置时应根据下列原则,经综合比较后确定:

(1) 应有利于第一水平开采,并应兼顾其他水平,同时应有利于井底车场和主要运输大巷布置。

(2) 应有利于首采区布置在井筒附近的开采条件好、资源/储量丰富、勘查程度高的块段,且应不迁村或少迁村。

(3) 条件适宜时,井筒落底位置宜位于井田储量中央。

(4) 井筒位置应避开厚表土层、厚含水层、断层破碎带、陷落柱、溶洞、煤(岩)与瓦斯(二氧化碳)突出煤层或软弱岩层,不应穿过采空区。

(5) 工业场地应具有较好的工程地质条件,并应避开法定保护的文物古迹、军事管理区、风景生态区、内涝低洼区和采空区及对工程抗震不利地段,且不应受岩崩、滑坡、泥石流和洪水等灾害威胁。

(6) 工业场地应不占基本农田,少占或不占耕地、森林和林地,少压煤。确实难以避免占用基本农田的,应执行国家土地保护、利用、复垦的政策和程序。

(7) 宜靠近水源、电源,煤的运输方向宜顺畅,运输通道宜较短,道路布置应合理。

2. 地下合理的井筒位置

井筒地下位置应使井巷掘进工程量、井下运输工程量、井巷维护工程量较少,通风安全条件好，煤柱损失少，有利于井下的开采部署。

(1) 井筒沿井田走向的位置

井筒沿井田走向的有利位置应在资源/储量分布的中央或靠近井田中央，以此形成两翼资源/储量比较均衡的双翼井田，这样可使沿井田走向的井下运输工作量最小；两翼风量分配比较均衡，总通风线路短，通风阻力较小，通风费用较低；两翼分担产量比较均衡，各水平两翼开采结束的时间比较接近，有利于采区接替。

(2) 井筒沿煤层倾斜的位置

斜井开拓时，井筒沿煤层倾斜的有利位置主要是有合适的层位和倾角。

立井开拓时，井筒沿煤层倾斜的位置如图 1-25 所示。井筒设于井田中部 B 处，可使石门总长度较短、沿石门的运输工作量较少；井筒位置设于 A 处时，总的石门工程量虽然稍大，但初期(第一水平)工程量及投资较少、建井期较短；井筒设于 C 处的初期工程量最大，沿石门的运输工作量也大，但如煤系基底有含水很大的岩层，不允许井筒穿过，它可以延深井筒到深部，对开采井田深部及向下扩展有利。从保护井筒和工业场地煤柱损失看，愈靠近浅部，煤柱的尺寸愈小，愈近深部，则煤柱损失愈大。

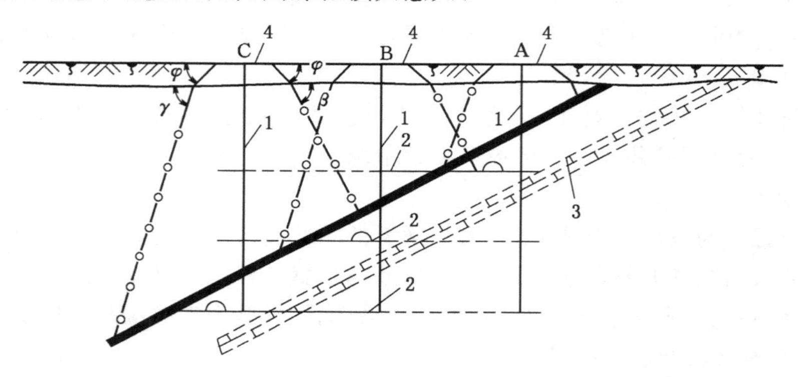

图 1-25　立井井筒沿煤层倾斜位置的几个原则方案

1——井筒；2——石门；3——富含水岩层；4——需保护的场地范围

对单水平开采缓倾斜煤层的井田，井筒应布置在井田中部，或者使上山部分斜长略大于下山部分，这样有利于井下运输。对多水平开采缓斜或倾斜煤层群的矿井，如煤层的可采总厚度大，为减少保护井筒和工业场地煤柱损失及适当减少初期工程量，可考虑使井筒设在沿倾斜中部靠上方的适当位置，并应使保护井筒煤柱不占初期投产采区。对开采急斜煤层的矿井，井筒位置因重点考虑煤柱损失，井筒宜靠近煤层浅部，甚至布置在煤系底板(图 1-26)。对开采近水平煤层的矿井，应结合地形等因素，尽可能使井筒靠近资源/储量中央。对煤系基底有丰富含水层的矿井，既要考虑井筒到最终深度仍不穿过丰富含水层，又要考虑初期工程量和基建投资，还应考虑煤柱损失。应根据具体条件，结合是否采用下山开采等因素合理确定。

为使井筒的开掘和使用安全可靠，减少其掘进的困难及便于维护，应使井筒通过的岩层及表土层具有较好的水文、围岩和地质条件，还应使井底车场有较好的围岩条件，便于大容积硐室的掘进和维护。为便于井筒的掘进和维护，井筒不应设在受地质破坏比较剧烈的地带及受采动影响的地区。

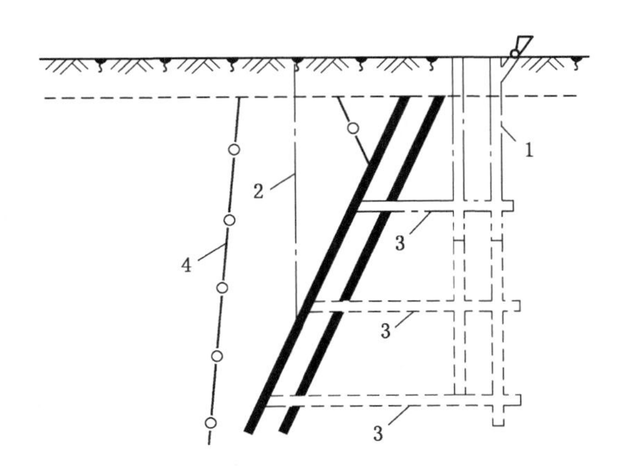

图 1-26　急倾斜煤层开拓的井筒位置

1——井筒位于煤层底板；2——井筒位于煤层顶板；3——阶段石门；4——工业场地煤柱边界线

选择井筒位置既要力求做到使地面布置合理，又要注意对井下开采有利，还要便于井筒的开掘和维护，而这些要求又与矿井的地质、地形、水文、煤层赋存情况等因素密切联系。一般情况下，如地面工业场地选择不太困难，应首先考虑井下开采有利的位置；如井田地面为山峦起伏、地形复杂的山区，则应首先考虑地面运输和工业场地的有利位置，并兼顾井下开采的合理性。

（三）风井布置

风井布置除应考虑地面因素、地下因素外，主要取决于矿井通风系统。按进风与回风井的相对位置不同，有下列几种布置方式。

1. 中央并列式

进风井与回风井都位于井田中央的同一个工业场地内，两个井筒开拓时，副井作为进风井，主井为回风井；3 个井筒开拓时，则主、副井进风，单独布置回风井。这种布置方式称为中央并列式，如图 1-27 所示。其优点是工业场地布置集中，管理方便，井筒保护煤柱少，缺点是通风路线长，通风阻力大，井下漏风多。故一般用于井田范围较小，生产能力不大的低瓦斯矿井。

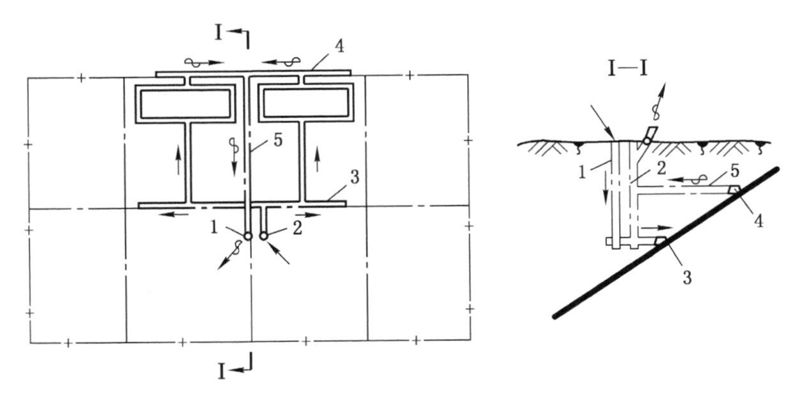

图 1-27　中央并列式通风示意图

1——主井；2——副井；3——主要运输大巷；4——主要回风大巷；5——回风石门

2. 中央边界式(中央分列式)

主、副井位于井田中央,副井兼作进风井,回风井设在井田上部边界的中部,这种方式称为中央边界式,如图 1-28 所示。这种方式的优点是通风路线短,通风阻力小,井下漏风少,回风井位于上部边界,工程量增加不多。其缺点是工业场地比较分散,保护井筒煤柱较多,当矿井转入深部开采后,需要维护较长的上山回风道。这种方式适用于煤层赋存不太深的缓倾斜煤层矿井或煤层赋存较深、瓦斯涌出量大的矿井。

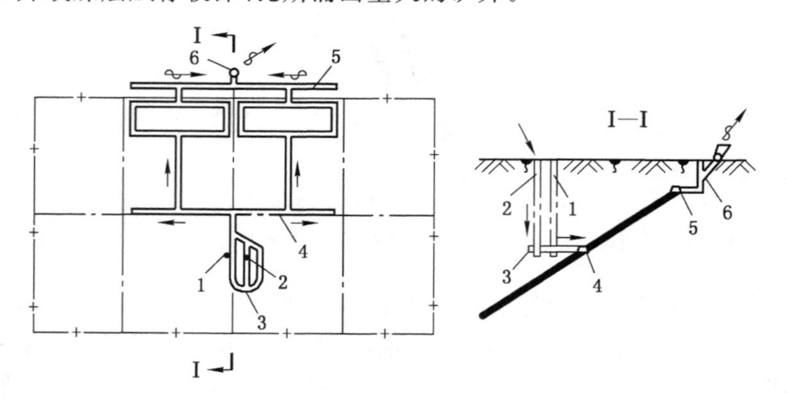

图 1-28 中央边界式通风示意图

1——主井;2——副井;3——井底车场;4——主要运输大巷;5——主要回风大巷;6——回风井

3. 对角式通风

主、副井设在井田中央,副井兼作进风井,回风井设在井田两翼的上部边界,呈对角式布置,这种方式称为对角式通风,如图 1-29 所示。其优点是通风路线长度变化小,风压比较稳定,有利于通风机工作。但风井数目较多,所需通风设备多,工业场地分散,主、副井与风井贯通需要较长的时间。因此,这种方式适用于对通风要求很严格的矿井,如高瓦斯矿井、煤层易于自燃的矿井、有煤和瓦斯突出危险的矿井。

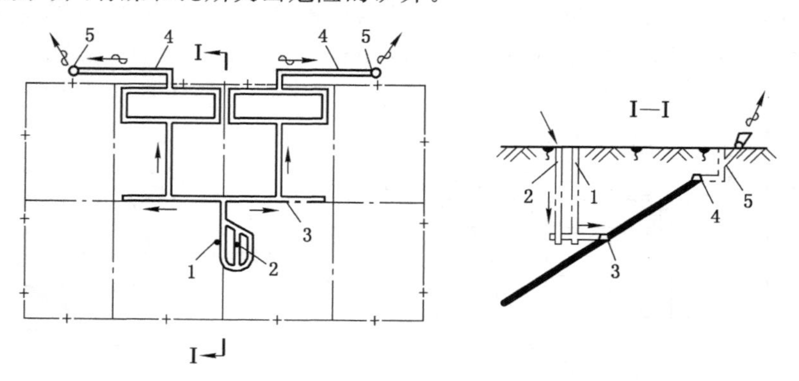

图 1-29 对角式通风示意图

1——主井;2——副井;3——运输大巷;4——回风大巷;5——回风井

4. 采区风井通风

采区风井通风是回风井设在各采区,如图 1-30 所示。这种方式通风路线短,采区通风方便,风阻小,建井时还可以从几个采区同时施工,以加快矿井建设速度。但这种方式所需通风设备多,工业场地分散。故仅适用于井田上部距地表近、采(盘)区范围较大的矿井。

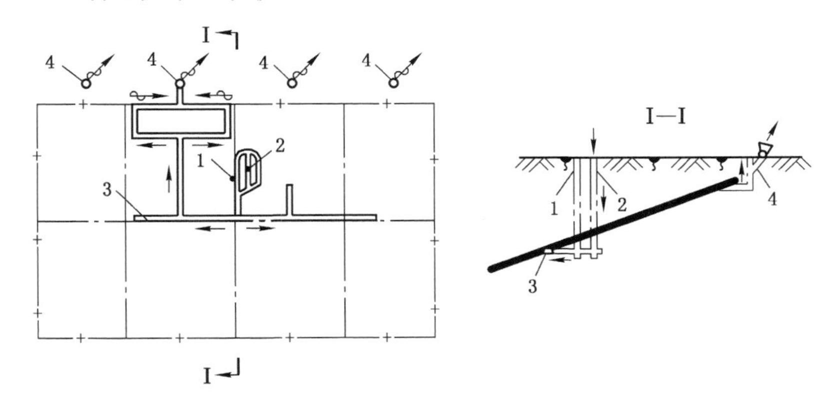

图 1-30　采区风井通风

1——主井;2——副井;3——运输大巷;4——回风井

二、开采水平设置

(一) 开采水平划分及水平垂高的确定

矿井开采水平划分或阶段垂高应根据煤层赋存条件、地质条件、开采技术条件、资源/储量和生产能力等因素,经综合比较确定。

1. 开采水平的划分

开采水平的划分与井田内阶段的划分有密切联系,根据矿井井田斜长(垂高)的大小、开采煤层的多少和煤层倾角的大小,井田内可设一个或几个开采水平。

开采水平的尺寸以水平垂高表示。水平垂高是指该水平开采范围的垂直高度。若一个开采水平只开采一个上山阶段,阶段的垂高就是水平的垂高。若一个水平开采上下山各一个阶段,水平垂高就应是这两个阶段的垂高之和。

对开采近水平煤层的矿井,井田内煤层的斜长可能很长,但其垂高并不大。如开采煤层不多、上下可采煤层的间距不大,可以采用单水平开拓。如开采煤层数目较多,上下可采煤层的间距较大,就要划分煤组,各煤组分别设置开采水平,实行多水平开拓。

2. 阶段垂高的确定

合理的水平垂高应以合理的斜长为依据,并使开采水平有合理的服务年限,有利于矿井水平和采区的接替,还要有较好的技术经济效果。确定阶段垂高应考虑以下因素:

(1) 采区运输

阶段划分为采区是普遍应用的一种准备方式。采区上山的运输方式和设备运输能力对阶段斜长有很大的影响。

对缓倾斜和倾斜煤层,当上山用带式输送机或溜槽运煤时,上山斜长(即阶段斜长)一般不因运煤而受到限制。对急倾斜煤层,采用自溜运煤,过高的溜眼在掘进和维护上都比较困难,并且大高度溜煤眼容易冲毁支护,造成堵眼事故,故溜槽有效长度不宜超过 200 m,溜眼的高度一般不宜超过 70~100 m。

采区一般均采用一段单钩串车绞车提升,上山斜长受绞车卷筒容绳量限制。卷筒直径太大时,在井下运输、安装都不方便,采区绞车卷筒直径一般不大于 1.6 m。

(2) 合理的区段数目

为了能保证采区正常生产和接替，需要确定合理的区段数。阶段斜长取决于沿倾斜布置的区段数目和区段的斜长。区段数目太多会导致阶段斜长过大，给辅助提升和运输造成困难，在我国目前的技术条件下，根据煤层倾角，区段数目一般取 3～5 个。区段斜长是依据采煤工作面长度来确定的，采煤工作面长度随工作面机械化程度提高而增长，一般为 100～250 m。

(3) 保证开采水平有合理的服务年限及足够的储量

开拓一个水平要掘进许多巷道，基建投资较大，为了充分发挥这些设施和投资的效果，应有合理的水平服务年限。井型越大，开采水平的工程量也越大，投资也越多，水平服务年限应越长。开拓延深一个新水平一般需要 3～5 a，从上水平过渡到下水平也需要 2～3 a 及以上，故水平接替时间一般需 5～8 a。为了避免水平接替紧张，必须有足够的可采储量以保证水平有合理的服务年限。

(4) 要在经济上有利

合理的水平垂高，应能获得较好的经济效果，使吨煤投资和生产费用最低。通常针对矿井具体条件提出几个阶段垂高方案，进行技术分析和经济比较，最后选择费用最低、生产效果最好的水平垂高方案作为最终方案。

我国现行设计规范规定：当矿井划分为阶段开采时，其阶段垂高宜为缓倾斜、倾斜煤层 200～350 m；急倾斜煤层 100～250 m。

(二) 下山开采的应用

为扩大开采水平的开采范围，有时除在开采水平以上布置上山采区外，还可在开采水平以下布置下山采区，进行下山开采。

1. 上下山开采的比较

上山开采和下山开采在采煤工作面生产方面没有多大的差别，但在采区运输、提升、通风、排水和掘进等方面却有许多不同之处，其比较如图 1-31 所示。

(1) 运输方面：上山开采时，煤向下运输，上山的运输能力大，输送机的铺设长度较长，倾角较大时还可采用自溜运输，运输费用较低，但从全矿看，它有折返运输。下山开采时，向上运煤，没有折返运输，总的运输工作量较少。

(2) 排水方面：上山开采时，井下涌水可直接流入井底水仓，排水系统简单。下山开采时，总的排水工作量和排水费用较高。

(3) 掘进方面：下山掘进的装载、运输、排水等工序比较复杂，因而掘进速度较慢、效率较低、成本较高，尤其当下山坡度大、涌水量大时，下山掘进更为困难。而上山掘进则方便得多。

(4) 通风方面：上山开采时，新鲜风流由进风上山进入采区，清洗工作面后的污风经回风上山进入回风大巷，新鲜风和污风均向上流动，沿倾斜方向的风路较短。而下山开采时，新鲜风流由进风下山进入采区，清洗工作面后的污风经回风下山到回风道，风流在进风下山和回风下山内流动的方向相反，漏风较大，采区范围内沿倾斜方向的风路长，在通风最困难时，约比上山采区长一倍，通风管理比较复杂。

下山开采的主要优点是充分利用原有开采水平的井巷和设施，节省开拓工程量和基建投资，可延长水平服务年限，推迟矿井下一水平延深的期限。

虽然上山开采在生产技术上较下山开采优越，但在一定的条件下，应用下山开采，在经

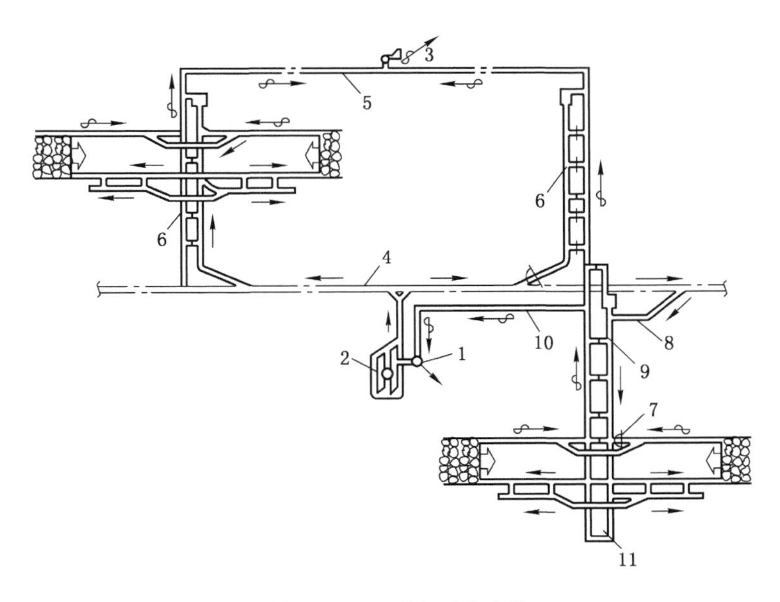

图 1-31　上下山开采比较

1——主井；2——副井；3——回风井；4——运输大巷；5——总回风巷；6——采区上山；7——下山采区中部车场；8——下山采区上部车场；9——采区下山；10——大巷配风巷(作为下山采区总回风道)；11——下山采区水仓

济上则是有利的。

2. 下山开采的应用条件

(1) 对倾角小于 16°的缓倾斜煤层，瓦斯及水的涌出量不太大时。

(2) 当井田深部受自然条件限制，储量不多、深部境界不一、设置开采水平有困难或不经济时，可在最终水平以下设一下山采区。

(3) 对多水平开采的矿井，由于开采强度大、水平接替紧张，可布置下山采区。

随着矿井开采技术的发展和大倾角带式输送机的逐步应用，下山开采适用的范围将进一步扩大。

(三) 辅助水平的应用

当煤层露头不一或煤层倾角变化大，造成部分区域上(下)山斜长过长时，可在该区域设辅助水平。辅助水平往往生产能力小、服务年限短，与主水平大巷相联系。

辅助水平设有阶段大巷，担负阶段运输、通风、排水等项任务，但不设井底车场，大巷运出的煤需转运到开采水平，由开采水平的井底车场再运至地面。辅助水平大巷离井筒较近时，也可设简易材料车场，担负运料、通风或排水任务。

辅助水平能加大开采水平垂高，但设置辅助水平又增加了井下的运输环节，使生产系统复杂化，所以应用较少。

三、水平大巷布置

(一) 运输大巷

沿煤层走向布置，为开采水平或一个阶段运输服务的水平巷道称为运输大巷。根据矿井生产能力和矿井地质条件的不同，大巷可选用不同的运输方式和设备。目前我国煤矿井下运输大巷运输方式主要有轨道运输和带式输送机运输。

1. 轨道运输大巷

轨道运输大巷利用电机车牵引矿车运输，根据运输量的大小可布置单轨或双轨。井下轨道运输轨距一般为 600 mm 和 900 mm 两种。牵引机车有架线式电机车、蓄电池电机车及柴油机机车。载重车均为矿车，矿车有固定式、底卸式、侧卸式及前倾式等多种形式。

采用轨道运输时，选用架线电机车或蓄电池电机车主要决定于矿井瓦斯等级。一般低瓦斯矿井大巷运输采用架线电机车，高瓦斯矿井采用矿用安全型蓄电池机车。

轨道运输对大巷的一般要求如下：

一是大巷的断面要能满足运输、通风、行人和管缆敷设的需要，要满足《煤矿安全规程》对风速的要求。当矿井产量大、瓦斯涌出量大、需要风量大时，可以布置一条大断面巷道或两条断面较小的巷道。

二是大巷的方向应与煤层的走向大体一致。当煤层因褶曲、断层等地质构造影响，局部走向变化较大时，为了便于电机车行驶，提高列车运行速度，节约开拓工程量，应使大巷尽量取直。但应注意，不要因取直巷道而造成大巷维护不利及煤层开采上的困难(如距煤层过近、穿至开采煤层的顶板等)。

三是大巷的坡度要有利于运输和流水。采用电机车运输的矿井，一般使大巷向井底车场方向有 0.3%～0.5%的下坡。对井下涌水量很大的矿井，或采用水砂充填采煤法、大巷流水含泥量较多的矿井，为利于疏水及防止流水中泥砂沉淀、淤塞水沟，大巷坡度可取上限。

大巷采用矿车运煤的主要特点是：可同时解决运煤、运送人员和物料、排矸问题；运输能力大，机动性强；可满足不同煤种煤炭分运的要求；能适应长距离运输，且运输费用低。但也存在运输不连续，大型矿井列车调度紧张，会对正常连续生产产生不利影响等问题。

2. 带式输送机运输大巷

带式输送机适合大输送量、长距离运输，但应考虑其投资、运行费用等综合因素，并不是越大越长越好。带宽的选择与巷道宽度、胶带价格及机架耗钢量直接有关。因此，在确保输送能力的前提下，应综合考虑带式输送机的带宽、运距、运行速度、倾角等因素，经技术经济比较后确定。

运输大巷带式输送机设备的设置应根据运距、运输能力及前后期建设的具体要求等因素，经技术经济比较后确定。带式输送机运输和矿车运输的运行要求和特点见表 1-4。

表 1-4 矿车与带式输送机运输的运行要求和特点

矿车	带式输送机
要求巷道断面大、允许巷道分岔多； 适应变化方向的巷道网； 要求巷道坡度一致； 要求巷道围岩移近量小； 能满足多煤种、多品种煤的分运； 可满足煤、矸、材料运输要求； 可随运量加大增加运输设备； 运行灵活性大； 煤尘小、排热量小、排放瓦斯量小	巷道断面小、运量大； 要求巷道直； 要求给煤点比较集中； 巷道可以起伏不平； 对分采分运不够适应； 大巷须另设辅助运输系统； 适应巷道有早期压力变化； 易实现自动化、运输连续化； 运行故障少； 运量大、均匀

一般带式输送机运行寿命，胶带为 8～10 a，机架为 25～30 a。

铺设带式输送机的大巷要求巷道取直，当大巷不能成一直线时，可布置成数段折线。采用带式输送机运煤的大巷，其方向及坡度尽可能与轨道大巷一致。

带式输送机不仅可实现煤炭运输的连续化、控制的集中化和自动化，而且有运输能力大、生产均衡、运输环节少、安全度高等优点。因此近十年来在新建、扩建矿井中应用更为广泛，有些生产矿井也由矿车运输改为带式输送机运输，并获得了显著的经济技术效果。条件适宜的矿井，煤炭运输应选用带式输送机。

（二）运输大巷的布置方式

运输大巷的布置方式有单层布置、集中布置和分组集中布置三种。

1. 单层大巷布置

单层大巷布置是自井底车场开掘主要石门后，分煤层设置运输大巷，运输大巷只为一个煤层服务。如图 1-32 所示，井田内有层间距较大的两层可采煤层 m_1 和 m_2，在 m_1 和 m_2 煤层分别开掘运输大巷，以主石门和井底车场相连。

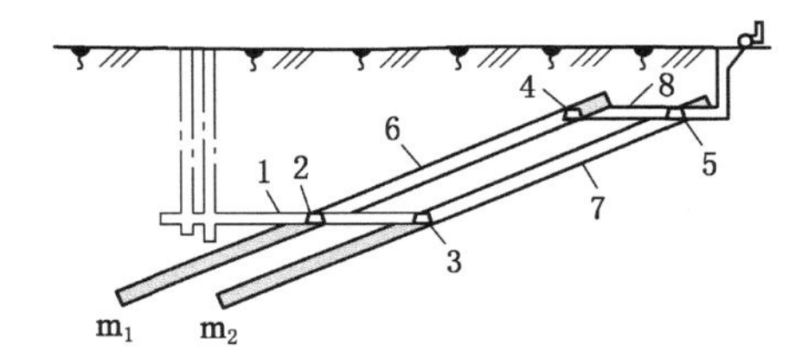

图 1-32　单层大巷布置示意图

1——主要石门；2——m_1 煤层运输大巷；3——m_2 煤层运输大巷；4——m_1 煤层回风大巷；5——m_2 煤层回风大巷；6——m_1 煤层采区上山；7——m_2 煤层采区上山；8——主要回风石门

这种布置方式的优点是在各可采煤层中都布置大巷，相应地在各煤层单层准备采区，就每一个采区来说，工程量较小；各分煤层大巷之间只开一条主石门，石门工程量不大；由于建井时可首先进行上部煤层的开拓和准备，初期工程量较少；沿煤层掘进大巷，施工技术及装备均较简单，初期投资较少，建井速度较快。这种布置方式的缺点是：每个煤层均布置大巷，总的开拓工程量较大，相应的轨道、管线的占用量也较多；各煤层布置采区，总的采区数目多，生产采区比较分散，因而井下运输、装载也分散，生产管理也不方便；由于大巷的数目多，总的维护工程量大。当只开采一层煤，或多煤层开采，煤层间距大，集中布置在技术上有困难、经济上不合理时，可采用这种方式。

大巷间的联系方式随煤层倾角而定，对倾斜煤层和急倾斜煤层可用主要石门联系；对于近水平煤层，采用主要石门联系工程量很大、技术经济不合理时，可以采用主要溜井或暗井联系。

2. 集中大巷布置

集中大巷布置是在开采近距离煤层群时，只开掘一条水平集中运输大巷，为井田内所有煤层服务。各煤层以采区石门与集中大巷联系，如图 1-33 所示，各煤层采出的煤经采区石门、集中大巷、主要石门到井底车场。

这种方式的优点是开采水平内只布置一条集中运输大巷，故总的大巷开拓工程量、占用的轨道管线均较少；大巷一般布置在煤组底板岩层或最下部较坚硬的薄及中厚煤层中，维护

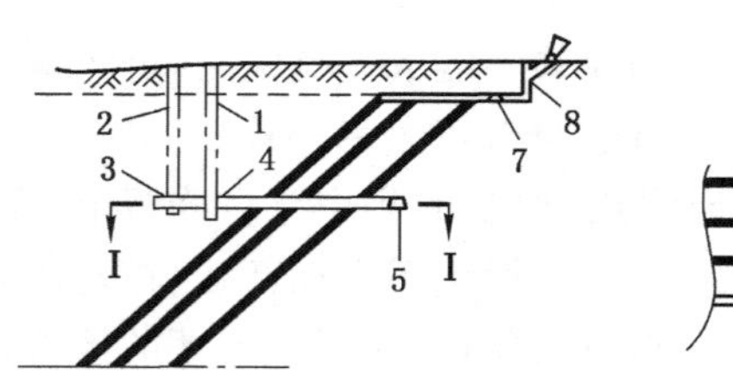

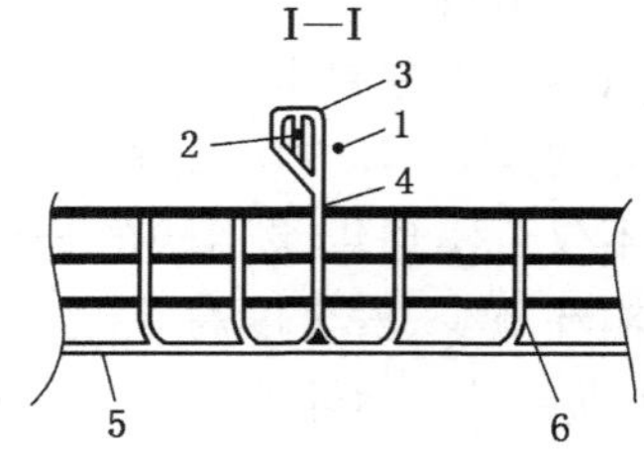

图 1-33 集中大巷布置示意图

1——主井；2——副井；3——井底车场；4——主石门；5——集中运输大巷；6——采区石门；7——集中回风大巷；8——回风井

容易；生产区域比较集中，有利于提高井下运输效率；由于以采区石门贯穿各煤层，可同时进行若干个煤层的准备和回采，开采顺序较为灵活，开采强度较大。这种布置方式的主要问题是矿井投产前要掘主石门、集中运输大巷、采区石门，才能进行上部煤层的准备与回采，初期建井工程量较大、建井期较长；采区石门工程量较大。故这种方式适用于煤层层数较多、层间距不大的矿井。

3. 分组集中大巷布置

井田内煤层分为若干煤组时，可每一组设集中大巷，分组集中大巷为一个煤组服务，如图 1-34 所示。各分组集中大巷及组内各煤层之间用石门联系。

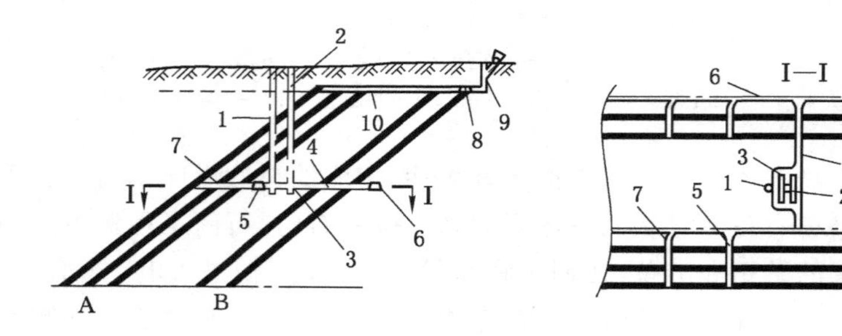

图 1-34 分组集中大巷布置示意图

1——主井；2——副井；3——井底车场；4——主石门；5——A 煤组集中运输大巷；6——B 煤组集中运输大巷；7——采区石门；8——回风大巷；9——回风井；10——回风石门

这种布置方式可看作是前两种方式的结合，它兼有前两种方式的部分特点。当井田内煤层的间距有大有小，全部煤组用单一的集中布置大巷有困难或不经济时，可以根据各煤层的远近及组成，将所有的煤层分为若干煤组，每一煤组布置分组集中运输大巷。

上述三种大巷布置方式的适用范围随着采矿新技术的发展而变化。集中和分组集中运输大巷曾在我国生产矿井中应运较广，但这两种布置方式层间联络巷多，岩石工程量大，巷道系统复杂，生产环节多。随着采掘运技术的发展和先进设备的应用，巷道掘进速度大大提高，巷道维护时间显著缩短，因而分层运输大巷布置方式得到了广泛的应用。

（三）运输大巷的位置

确定运输大巷的具体位置是与选择运输大巷的布置方式密切联系的。由于运输大巷不仅要为上水平开采的各煤层服务，还将作为开采下水平各煤层的总回风道，其总的使用年限很长，为便于维护和使用，一般将运输大巷设在煤组的底板岩层中，有条件时，也可设在煤组底部煤质坚硬、围岩稳固的薄及中厚煤层中。

1. 煤层大巷

大巷设在煤层中，掘进施工容易，掘进速度快，有利于采用综掘，沿煤层掘进能进一步探明煤层赋存情况。但是，煤层大巷存在以下缺点：巷道维护困难，维护费用高；当煤层起伏、褶曲较多时，巷道弯曲转折多；必须在煤层大巷两侧留设煤柱，资源损失大；不利于防、灭火。通常，单层运输大巷一般布置在煤层中，条件适宜的集中大巷有时也布置在煤层中。

煤层大巷的适用条件如下：

(1) 单独开拓的薄及中厚煤层。

(2) 煤层赋存不稳定、地质构造复杂的小型矿井。

(3) 井田走向长度不大或煤组中距其他煤层较远的单个薄或中厚煤层，储量有限，服务年限不长。

(4) 煤系基底有近距离富含水层，不宜布置底板岩层大巷，而该煤层又有较坚硬的顶板，有设置大巷的条件。

(5) 煤组底部有煤质坚硬、围岩稳固、无自然发火危险的薄及中厚煤层，经技术经济比较，可在该煤层中布置运输大巷。

2. 岩石大巷

大巷布置在岩石中，能适应地质构造的变化，便于保持一定的方向和坡度；可在较长距离内直线布置，弯曲转折少，利于提高列车运行速度和大巷通过能力；巷道维护条件好，维护费用低，并可少留或不留煤柱，有利于预防火灾及安全生产。另外，岩石大巷布置比较灵活，有利于设置采区煤仓。岩石大巷的主要问题是岩石掘进工程量较大、掘进速度慢，井下和地面矸石运输、处理系统复杂，对环境影响大。

选择岩石大巷的位置时，主要考虑两方面的因素：一是大巷至煤层的距离；二是大巷所在岩层的岩性。

为避开开采形成支承压力的不利影响，大巷应与煤层保持一定距离。根据我国经验，按围岩的性质、煤层赋存的深度、管理顶板的方法，岩石大巷距煤层的距离一般为 10～30 m。同时还要认真选择岩石大巷所处层位的岩性，应选择稳定、较厚且坚硬的岩层，如砂岩、石灰岩、砂质页岩等，避免在岩性松软、吸水膨胀、易于风化、强含水的岩层中布置大巷。大巷的位置如图 1-35 所示。

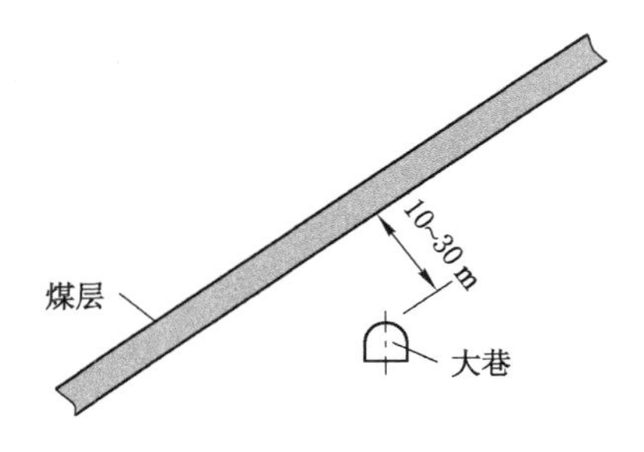

图 1-35　岩巷与煤层的距离

对于急倾斜煤层还要注意使大巷避免其下部开采时底板滑动的影响，应将巷道布置在底板滑动线外，并要留出适当的安全岩柱，其宽度 b 可取 10～20 m，如图 1-36 所示。

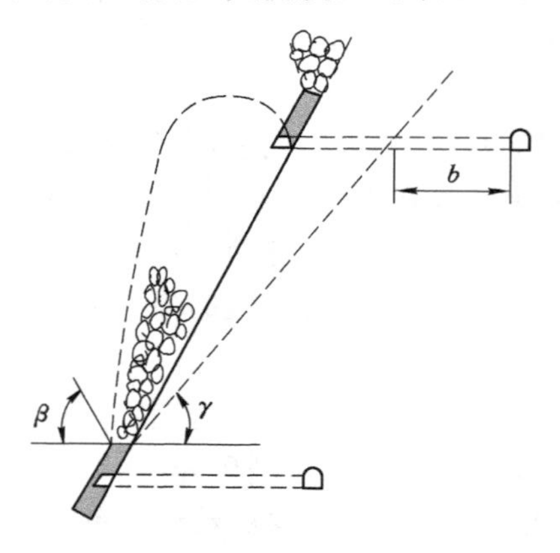

图 1-36 急斜煤层运输大巷的位置

β——岩层移动角；γ——岩层底板滑动角

为了保护大巷不受破坏，一定要留有足够的大巷保护煤柱(见图 1-37)。煤柱的宽度应根据大巷的最大垂深、煤层倾角、煤层厚度、煤的单向抗压强度、煤层至大巷的法线距离、其间的岩石性质等进行计算。

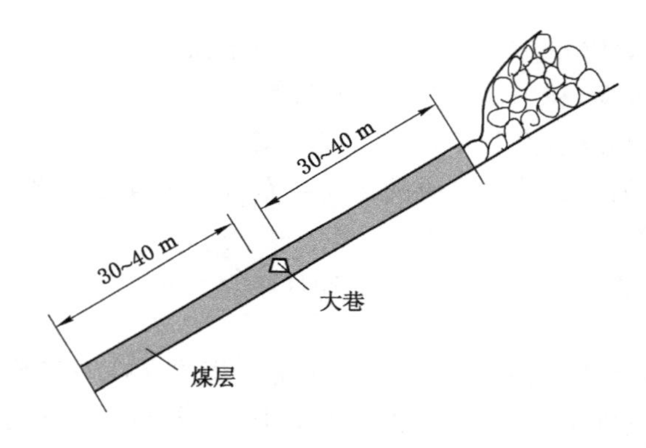

图 1-37 大巷与保护煤柱

（四）回风大巷

回风大巷的布置原则与前述运输大巷布置基本相同，并且对一个具体矿井来说，常采用相同的布置方式。实际上，上水平的运输大巷常作为下水平的回风大巷。

矿井第一水平回风大巷的设置应根据不同情况区别对待。对于大部分矿井，不管是急倾斜、倾斜还是缓斜煤层的矿井，根据煤层和围岩情况及开采要求，回风大巷均可设在煤组稳固的底板岩层中；有条件时，可设在煤组下部煤质坚硬、围岩稳固的薄或中厚煤层中。当井田上部冲积层厚和含水丰富时，要在井田上部沿煤层侵蚀带留置防水煤柱，在这种情况下，可将回风大巷设在防水煤柱内。

对开采近水平煤层的矿井，回风大巷可位于运输大巷一侧平行并列布置。对于采用采区风井通风的矿井，第一水平可不设回风大巷。多井筒分区域开拓的矿井也不设全矿井总回风大巷。

任务实施

(1) 提供运输大巷、回风大巷布置教学模型，实地观察矿井大巷，掌握煤层、岩层大巷的特点及应用条件，熟悉运输大巷的运输方式和大巷的位置。

(2) 根据已知条件，学生分组完成确定运输大巷的布置方式训练。

(3) 通过实地观察煤矿井硐及阅读矿图，学生分组研讨并进行井硐合理位置的确定方法训练。

思考与练习

1. 确定矿井井筒的数目、用途、位置的基本原则和方法是什么？
2. 按进风与回风井的相对位置不同，风井有哪几种布置方式？
3. 确定合理的阶段垂高应考虑哪些因素？
4. 上、下山开采在运输、掘进、排水、通风等方面的特点有何不同？
5. 运输大巷的运输方式和布置方式有哪些？各有何特点？
6. 煤层大巷和岩石大巷的优缺点和应用条件分别是什么？

任务五 井底车场

知识要点

井底车场线路及硐室组成；井底车场用途及调车方式；井底车场的形式及选择。

技能目标

能利用矿图识读井底车场的形式；能根据所给地质资料初步选择井底车场形式及位置。

任务导入

矿井生产过程中，井下运输和井筒提升是两个重要的生产环节。而井下所生产煤炭的转运，人员及矿岩、设备、材料的转送，井下排水和动力供应的转换等都是由连接井筒和井下主要运输巷道的一组巷道和硐室来完成的，这一组巷道和硐室称为井底车场。

任务分析

井底车场是连接井上、井下的枢纽工程，是矿井生产的咽喉。井底车场的位置是否合理，组成井底车场的巷道(线路)和硐室是否便捷有效，直接影响着矿井生产的安全和效能。本任务通过对这些连接巷道(线路)和硐室位置、作用及布置形式的了解，使学习者掌握不同井底车场形式的调车方式、特点及适用条件。

相关知识

一、井底车场线路与硐室布置

井底车场由设有运输线路的巷道和硐室两大部分组成，现以立井刀式环行井底车场（固定式矿车运煤）为例，说明井底车场线路与主要硐室，如图1-38所示。

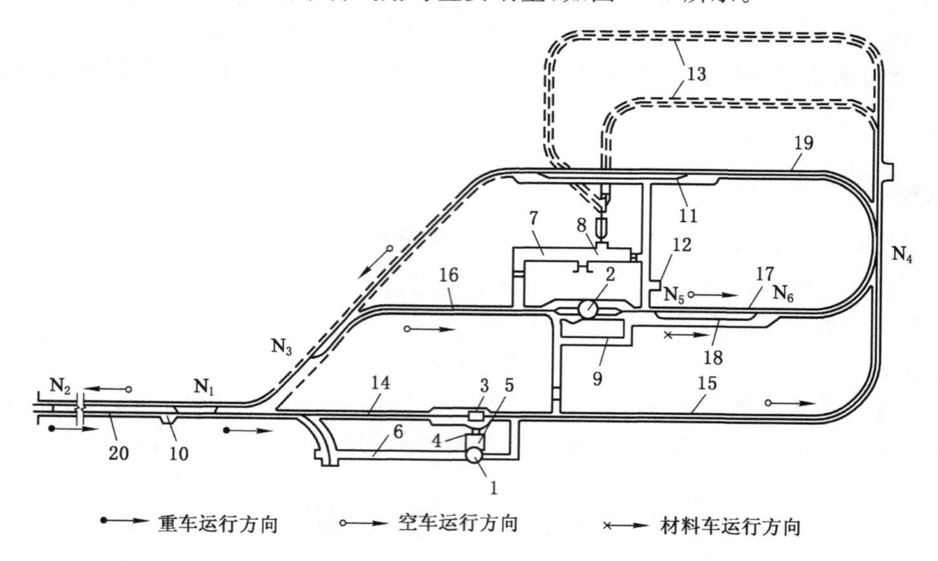

图1-38 立井刀式环行井底车场

1——主井；2——副井；3——翻车机硐室；4——煤仓；5——箕斗装载硐室；6——清理井底斜巷；7——中央变电所；8——水泵房；9——等候室；10——调度室；11——人车停车场；12——工具室；13——水仓；14——主井重车线；15——主井空车线；16——副井重车线；17——副井空车线；18——材料车线；19——绕道；20——调车线；

N_1，N_2，N_3，N_4，N_5，N_6——道岔编号

（一）井底车场的线路

组成井底车场的巷道中设有轨道线路，根据轨道线路的不同作用，车场线路分为存车线、调车线、绕道回车线和辅助线路等。

1. 存车线

存车线分主井存车线和副井存车线，主井两侧巷道中存放车辆的线路为主井存车线，其中，存放重列车（运煤车）的称为主井重车线，存放空列车的称为主井空车线；副井两侧巷道中存放车辆的线路为副井存车线，副井存车线也分副井重车（矸石车）线和副井空车（材料车）线。根据我国煤矿实践经验，主井空、重车线长度一般为1.0～2.0列车长，副井空、重车线长度一般为0.5～1.5列车长。

2. 调车线

为了使电机车从列车头部调到列车尾部，顶推重列车进入重车线而设置的轨道线路为调车线。调车线长度通常为1.0列车和电机车长度之和。

3. 绕道回车线

电机车将重列车顶推进入重车线后，需要通过专门设置的线路进入空车线将卸载后的

空车或井口下放的材料车牵引驶出井底车场，这段轨道线路称为绕道回车线。

4. 辅助线路

井底车场中通往水仓等主要硐室的一些非主要线路称为辅助线路。

（二）井底车场主要硐室

1. 翻车机硐室

翻车机硐室设在主井重车线和空车线交界处。载煤重车进入翻笼后，煤被卸入井底煤仓，通过装煤硐室将煤装入井筒中的箕斗或带式输送机。翻车机两旁应设人行道。

2. 井底煤仓

井底煤仓上接翻车机硐室，下连装载硐室。通常为一条较宽的倾斜巷道，其倾角不宜小于60°。煤仓内分两个隔间，一个用于储存煤炭，另一个为人行通道。煤仓容量，中型矿井一般按提升设备0.5～1.0 h提煤量计算，大型矿井按提升1～2 h提煤量计算。

3. 中央变电所和水泵房

中央变电所是井下的总配电硐室。井上来的高压电从这里分配到各采区，同时将部分高压电降压后供井底车场使用。

主排水泵房是井下的主要用电户之一，通常和井下主变电硐室布置在一起。为了保证矿井因突然涌水淹没大部分巷道时水泵仍能在一定时期内正常工作，中央变电所和排水泵房的地面应比井底车场轨面标高高0.5 m以上。

4. 水仓

水仓是低于井底车场标高的一组巷道，用于暂时储存和澄清井下的涌水。为了保证水仓内的清理与储水工作互不影响，水仓应有两条独立的、互不渗漏的巷道，以便一条水仓清理时，另一条水仓仍能正常使用。

5. 井下电机车库与井下机车修理间

电机车库与井下机车修理间应设在车场内便于进车的地点。使用蓄电池电机车时，应有相应的充电硐室与变电硐室。

6. 井下调度室

调度室负责井底车场的车辆调度工作，一般应设在空、重车辆调动频繁的井底车场入口处，以便掌握车辆运行情况。

7. 井下等候室

当矿井用罐笼升降人员时，在副井井底附近应设置等候室，并有两个通路通向井底车场，作为工人候罐休息的场所。

8. 井下防火门硐室

井下防火门硐室是用于井口或井下发生火灾时隔断风流的硐室。一般设在进风井与井底车场连接处的单轨巷道内，通常有两道容易关闭的铁门或包有铁皮的木板防火门。

9. 消防材料库

消防材料库是专为存放消防工具及器材的硐室。这些器材的一部分装在列车上，以备井下发生火灾时，能立即开往发火地点。该硐室一般设在运输大巷或石门加宽处。

10. 井下爆炸材料库

井下爆炸材料库是井下发放和保存炸药、雷管的硐室。井下爆炸材料库有单独的进回风道，回风道同总回风道相连。它的位置应选在干燥、通风良好、运输方便、容易布置回风巷道的地方。

二、井底车场调车方式

井底车场调车的主要任务是将由运输大巷驶来的重列车调入主井重车线。常用的调车方式有以下几种。

1. 顶推调车

如图 1-38 所示，电机车牵引重列车驶入车场调车线(20)，电机车摘钩、驶过道岔 N_1，经错车线，过 N_2 道岔绕至列车尾部，将列车顶入主(副)井重车线。然后，电机车经过道岔 N_1、绕道(19)，入主(副)井空车线，牵引空列车驶向采区。

2. 甩车调车

电机车牵引重列车驶至自动分离道岔前 10～20 m，机车与列车在行驶中摘钩，离体进入回车线，列车则由于初速度和惯性甩入重车线。这种调车方式利用自动分离道岔来控制行车方向，电机车摘钩则由人工操作。

甩车调车速度快，方式简单，但由于列车是靠惯性滑行进入重车线的，所以线路坡度必须控制适当，否则会引起撞车事故。

3. 专用设备调车

这种方式是电机车牵引重列车至停车线摘钩后，直接去空车线牵引空列车出场，而重列车则由专用机车或调度绞车等专用设备调入重车线。

三、井底车场形式及其选择

井底车场布置形式应根据大巷运输方式、通过井底车场的货载运量、井筒提升方式、井筒与主要运输大巷的相互位置、地面生产系统布置、井底车场巷道和主要硐室所处围岩条件等因素，经技术经济比较后确定，并应符合下列规定：

(1) 大巷采用固定式矿车运输时，宜采用环形车场。

(2) 当井下煤炭和辅助运输分别采用底卸式和固定式矿车运输时，宜采用折返与环形相结合形式的车场，并应与采区装车站形式相协调。

(3) 当大巷采用带式输送机运煤，辅助运输采用无轨系统时，宜采用折返式或折返与环形相结合形式的车场；辅助运输采用有轨系统时，宜采用环形车场。

(4) 采用综合开拓方式的新建、改建或扩建矿井，井下采用多种运输方式运输时，应结合具体条件，经方案比较后确定。

(一) 固定式矿车运煤时的井底车场

大巷采用固定式矿车运输时，宜采用环形车场。

环行井底车场的特点是空、重列车不在车场内同一巷道内相向运行，即采用环行单向运行。按照井底车场存车线与主要运输巷道(大巷或主石门)相互平行、斜交或垂直的位置关系，环行式车场可分为卧式、斜式、立式(包括刀式)三种基本类型。

(二) 底卸式矿车运煤时的井底车场

如前所述，当井下煤炭和辅助运输分别采用底卸式和固定式矿车运输时，宜采用折返与环形相结合形式的车场，并应与采区装车站形式相协调。

折返式井底车场的特点是空、重列车在车场内同一巷道的两股线路上折返运行，按列车从井底车场两端或一端进出车，折返式车场可分为梭式车场和尽头式车场。

图 1-39 所示为某特大型矿井采用底卸式矿车运煤的折返式井底车场。为满足不同煤

种分运分提的需要，车场内设置了两个卸载站。

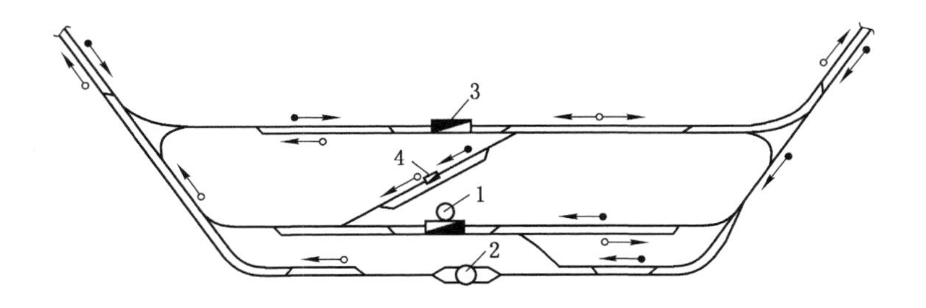

图 1-39 立井折返式(底卸式矿车)井底车场

1——主井；2——副井；3——底卸式矿车卸载站；4——翻笼卸载站

(三) 大巷用带式输送机运煤的井底车场特点

如前所述，当大巷采用带式输送机运煤，辅助运输采用无轨系统时，宜采用折返式或折返与环形相结合形式的车场；若辅助运输采用有轨系统，则宜采用环形式车场。

采用带式输送机代替矿车运煤，煤炭经输送机直接送入煤仓，井底车场只担负辅助运输任务。

图 1-40 所示为矿井采用带式输送机运煤的井底车场线路布置图。主井运煤采用"胶带上仓方式"，煤仓及装载硐室均高于车场水平，清理井底撒煤直接在车场水平的主井井底清理通道进行，主井清理撒煤系统简单、方便。由于该车场采用了带式输送机运煤系统，车场形式及线路结构简单，实际上只是一个机车绕道的单环形车场，坡度调整方便，工程量也比较小。

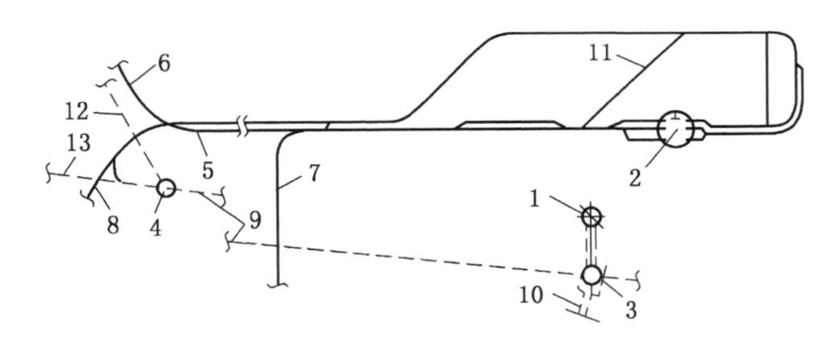

图 1-40 大巷采用带式输送机运煤的井底车场线路布置示意图

1——主井；2——副井；3——中央煤仓；4——中间煤仓；5——轨道中石门；6——西翼轨道巷；7——东翼轨道巷；8——中区轨道巷；9——中、西翼上仓带式输送机斜巷；10——东翼上仓带式输送机斜巷；11——机车绕道；12——西翼带式输送机斜巷；13——中区带式输送机斜巷

(四) 井底车场形式的选择

1. 影响因素

(1) 井田开拓方式

井底车场形式随井筒(硐)形式改变，同时还取决于主、副井筒和主要运输巷道的相互位置，即井底距主要运输巷道的距离及提升方向。距离近时，可选用卧式环行车场或梭式折返车场；距离远时，可选用刀式环行车场或尽头式折返车场；距离适当时，可选用立式或斜式环

形车场；当地面出车方向与主要运输巷道斜交时，应选择相应的斜式车场。当煤层（组）间距大，开采水平设置分煤层（组）大巷时，井底车场可布置在其中间，视主石门的长度，分别选用不同形式的车场。

（2）大巷运输方式及矿井生产能力

大型矿井采用底卸式矿车运煤时，应选择折返式车场。当大巷采用带式输送机运煤时，仅设副井环行车场即可；中小型矿井通常采用固定式矿车运煤，可选择环行或折返式车场。

（3）地面布置及生产系统

地面工业场地比较平坦时，车场形式的选择一般取决于井下的条件。但在丘陵地带及地形复杂地区，为了减少土石方工程量，铁路站线的方向通常按地形等高线布置。地面井口出车方向及井口车场布置也要考虑地形的特点。因此，要根据铁路站线与井筒相对位置、提升方位角，结合井下主要运输巷道方向，选择车场布置的形式。

罐笼提升的地面井口出车方向应与各开采水平井底车场一致，因此有时为了减少地面土石方工程量，各开采水平井底车场存车线方向可与地面井口出车方向平行。

（4）不同煤种需分运分提的矿井

当井下生产的不同煤种需分运分提时，井底车场应分别设置不同煤种的卸载系统和存车线路。

2. 选择井底车场形式的原则

在具体设计选择车场形式时，有时可能提出多个方案，进行方案比较，择优选用。井底车场形式必须满足下列要求：

（1）主运输采用矿车的矿井井底车场设计通过能力应满足矿井设计所需通过的货载运量要求，并应留有大于30%的富裕能力。

（2）调车简单，管理方便，弯道及交岔点少。

（3）操作安全，符合有关规程、规范要求。

（4）井巷工程量小，建设投资省，便于维护，生产成本低。

（5）施工方便，各井筒间、井底车场巷道与主要巷道间能迅速贯通，缩短建设时间。

任务实施

提供不同形式井底车场模型，学生分组手指口述组成井底车场线路与主要硐室、调车方式，教师指导点评。

实地观察矿井井底车场，研讨区分井底车场的几种形式，并绘制车场图。

思考与练习

1. 组成井底车场的线路与主要硐室有哪些？
2. 井底车场的调车方式有哪些？
3. 井底车场的形式及主要特点是什么？
4. 选择井底车场形式的主要影响因素有哪些？

任务六 开采顺序

知识要点

开采顺序；采掘关系及“三量”管理；矿井开拓延深与技术改造。

技能目标

能判别不同条件下的开采顺序；了解矿井延深及改扩建的方法。

任务导入

井田开拓方式基本确定之后，就需要安排合理的井田开采顺序，正常的采煤工作面接替和相应的巷道掘进工程，保证协调的矿井采掘关系，即矿井采煤与掘进之间的相互协调和配合关系。采煤与掘进是煤矿生产过程中的两个基本环节，采煤必须掘进，掘进为了采煤。采掘并举，掘进先行，是矿井正常、均衡、稳定生产的基本保证。

任务分析

矿井开采工作应保证开采水平、采区、采煤工作面的正常接替，保证矿井持续稳产、高产；符合煤层采动影响关系，最大限度采出煤炭资源；合理集中生产，充分发挥机械设备的能力，提高矿井的劳动生产率，减少巷道维护长度；尽量降低掘进率，减少井巷工程量；便于灾害预防，有利于巷道维护，保证安全生产。

相关知识

一、开采顺序

（一）沿煤层倾向的开采顺序

井田沿煤层倾斜方向，一般自上而下按阶段依次回采，称为下行开采顺序。这种开采顺序，初期工程量少，投资少，投产快。

在阶段内部，一般也都采用下行开采顺序，即自上而下按区段或分段依次开采。但在开采近水平煤层时，上行、下行开采顺序均可采用。

（二）沿煤层走向的开采顺序

沿煤层走向的开采顺序包括采区间的开采顺序和采煤工作面的推进方向。

1. 采区间的开采顺序

采区间的开采顺序有两种，一种是由井筒附近采区向井田边界依次开采，称为采区前进式开采顺序，如图1-41(a)所示。另一种是由井田边界采区向井筒附近依次开采，称为采区后退式开采顺序，如图1-41(b)所示。

采区前进式开采顺序建井期短、基建投资少、投产快，而采区后退式开采顺序需要预先开掘很长的运输大巷，开拓与准备时间较长。因此，大部分矿井采用采区前进式开采顺序。

2. 采区内采煤工作面推进方向

采区内采煤工作面推进方向也分为前进式和后退式两种，工作面自采区边界向采区上

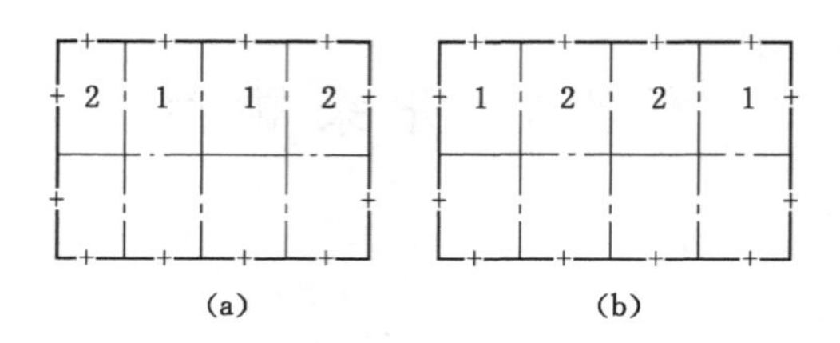

图 1-41 采区开采顺序示意图

(a) 采区前进式；(b) 采区后退式

1,2——采区的开采顺序

山推进时称为后退式开采，如图 1-42(a)所示。工作面由采区上山向采区边界推进时称为前进式开采，如图 1-42(b)所示。

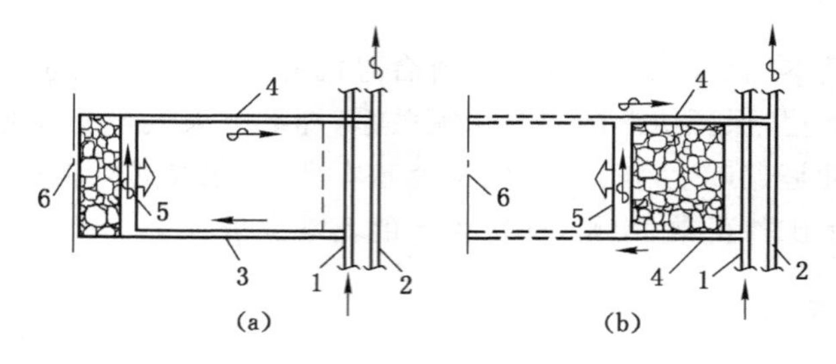

图 1-42 采煤工作面推进方向

1——采区输送机上山；2——采区轨道上山；3——区段运输平巷；

4——区段回风平巷；5——采煤工作面；6——采区边界线

前进式开采的优点是初期工程量小、投资少、投产快。但采空区容易漏风，巷道维护比较困难，安全隐患多。后退式开采通过已掘的回采巷道，可以了解煤层的地质变化，巷道好维护，采空区不易漏风。我国煤矿大部分工作面采用后退式开采顺序。

（三）煤组和煤层间的开采顺序

开采煤层群时，各煤层的开采顺序有下行式和上行式两种。先采上煤层后采下煤层称下行式开采顺序，反之称上行式开采顺序。

煤组与煤组之间，组内各煤层之间，一般均采用下行开采顺序，如图 1-43 所示，即煤组间按顺序开采，煤层之间按 1、2、3 顺序分别进行开采。

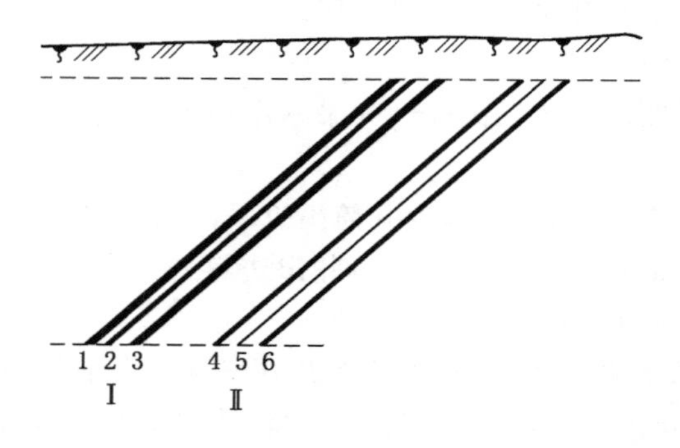

图 1-43 煤组及煤层间的开采顺序

1. 下行式开采

开采缓斜及倾斜煤层,通常用下行式开采顺序,因为下行式开采简单,对下层煤影响较小,有利于下层煤的开采和巷道维护。但是当煤层间距较小时,上层煤开采后形成的支承压力有可能传递到下层煤中,为此上层煤开采时应尽量不留或少留煤柱。必须留煤柱时也要将下层煤的巷道布置在支承压力区之外。

近距离煤层群联合开采时,同一区段上下煤层可同时开采。但上下层工作面的错距应满足以下要求:

(1) 下层煤开采引起的岩层移动不波及、影响上层煤工作面。

(2) 上层和下层采掘工作相互间没有影响和干扰。

如图 1-44 所示,上下煤层工作面最小错距按下式计算:

$$L_{\min} = \frac{M}{\tan\delta} + (20 \sim 25\ \text{m}) + b \tag{1-2}$$

式中 $L_{\min}$——上下层工作面最小错距,m;

M——上下煤层间距,m;

b——上层煤工作面的最大控顶距,m;

δ——煤层间岩层移动角(坚硬岩石为 60°~75°,软岩为 45°~55°);

20~25 m——安全距离。

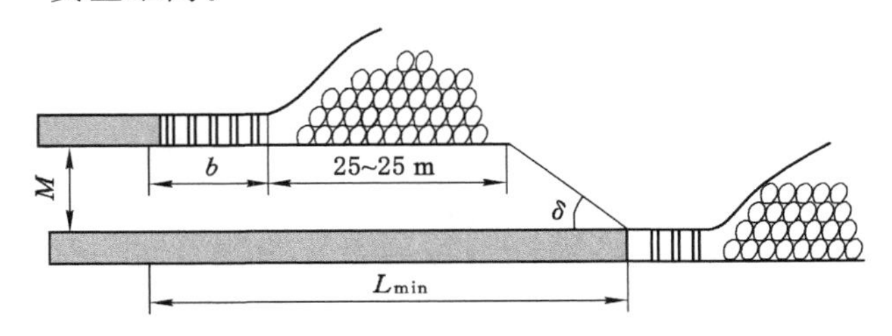

图 1-44 上下煤层工作面超前关系

2. 上行式开采

在某些情况下,煤层或煤组之间也可采用上行式开采,例如:

(1) 上部煤层有煤与瓦斯突出危险,先采下层煤使应力得以释放,可以将瓦斯泄入采空区。

(2) 上部煤层有冲击地压或有剧烈周期来压危险。

(3) 上部煤层含水量大,先采下部煤层可以疏干上层煤的水。

(4) 上部煤层不稳定,开采困难,为尽快达产先采下部开采条件好的煤层。

(5) "三下"开采,有时需要采用上行开采以减轻地表变形。

采用上行开采的基本条件是,层间距较大,且开采下部煤层不影响安全开采上部煤层。

二、采掘关系

掘进与采煤是煤矿生产中的两个基本环节。掘进是为有计划地采煤做准备,正确处理采、掘关系,对保证矿井稳产、高产十分重要。

(一) 开采计划

根据国内外市场对一个矿井的煤炭产量、质量、采出率和材料消耗等提出的要求,按照地质情况和生产技术条件，统筹安排采区及工作面的开采与接替称为开采计划。开采计划包括采煤工作面年度接替计划(生产计划)、采煤工作面较长期接替计划和采区接替计划。

1. 采煤工作面接替计划

采煤工作面年度接替计划是根据采煤工作面较长时期接替计划与生产实际情况做出具体的安排。每年都要安排采煤工作面的年度接替计划和掘进工作面的掘进工程计划，要按采煤和掘进队组，落实具体的工作地点和时间。表 1-5 为某矿采煤工作面接替表。

表 1-5 采煤工作面接替表

单位及工作面名称	采煤方法	工作面参数				接续时间	2011 年计划		2012 年计划		2013 年计划	
		走向/m	倾斜/m	采高/m	可采储量/10^4t		产量/10^4t	推进度/m	产量/10^4t	推进度/m	产量/10^4t	推进度/m
2103 工作面	综放	1 140	145	5.00	116	2011-02-04 2012-03-20	94	880	22	260		
2302 工作面	综放	980	150	4.10	74	2012-04-05 2013-04-10			48	633	26	347
2105 工作面	综放	790	180	5.90	99	2013-04-25 2014-05-25					52	414

(1) 编制采煤工作面接替计划的方法和步骤

① 根据已批准的采区和采煤工作面设计，在设计图上测算各工作面长度、推进度和可采储量等参数，并掌握煤层赋存特点和地质构造情况。

② 确定各采煤工作面计划采用的回采工艺方式，估算月进度、产量和可采期。

③ 根据生产工作面结束时间顺序，考虑采煤队力量的强弱，依次选择接替工作面。所选定的接替工作面必须保证开采顺序合理，满足矿井产量和煤质搭配开采的要求，并力求生产集中，便于施工准备等。

④ 将计划年度内开采的所有采煤工作面，按时间顺序编制成接替计划表。

⑤ 检查与接替有关的巷道掘进、设备安装能否按期完成，运输、通风等生产系统和能力能否适应。如果不能满足需要，或采取一定的措施，或调整接替计划。这样，经过几次检查修改，最后确定采煤工作面接替计划。

(2) 编制采煤工作面接替计划的原则及应注意的问题

① 年度内所有进行生产的采煤工作面产量总和加上掘进煤量，必须确保矿井计划产量的完成，并力求各月采煤工作面产量较均衡。

② 为实现合理集中生产，尽量减少同时生产的采区个数，避免工作面布置过于分散。

③ 薄、厚煤层，缓、急斜煤层，煤质优、劣煤层，生产条件好、差煤层的工作面要保持适当的比例。

④ 为便于生产管理，各采煤工作面的接替时间尽量不要重合，力求保持一定的时间间隔。特别是综采工作面，要防止两个面同时搬迁接替。

⑤ 为了考虑生产过程中出现的难以预测的问题，在编制计划中应配置备用工作面。

2. 采区接替计划

编制采区接替计划，应尽量减小投产采区或近期接替生产采区的准备工程量，同时生产和同时准备的采区数目不宜太多。几个采区同时生产的矿井，备用采区接替的时间应彼此错开，不宜排在同一年度。必须保证同时生产的采区能力之和能满足矿井设计能力或计划产量的要求。

（二）巷道掘进工程计划

巷道掘进工程计划是按照井田开拓方式及采区准备方式，并根据开采计划规定的接替要求和掘进队的施工力量，安排各个巷道施工次序及时间，以保证采煤工作面、采区及水平的接替。

编制巷道掘进工程计划时，要为正常接替留有一定的富裕时间，以免发生意外情况时接替不上。一般在采煤工作面结束前10～15 d，完成接替工作面的巷道掘进及设备安装工程。每个采区减产前一个月至一个半月，必须完成接替采区和接替工作面的掘进工程和设备安装工程；在开采水平内总产量开始递减前1～1.5 a，完成下一个开采水平的基本井巷工程和准备、安装工程。

1. 编制的方法与步骤

矿井开拓、准备和回采巷道应分别编制掘进施工计划，具体可按下述方法进行：

（1）根据已批准的开采水平、采区及采煤工作面设计，列出待掘进的巷道名称、类别、断面，并在设计图上测出长度。

（2）根据掘进施工和设备安装的要求，编排各组巷道（各采区、各区段及各工作面的巷道）掘进必须遵循的先后顺序。

（3）按照开采计划对采煤工作面、采区及开采水平接替时间的要求，确定各巷道掘完的最后期限，并根据这一要求编排各巷道的掘进先后顺序。

（4）根据现有巷道掘进情况，编制各巷道掘进进度表。

（5）根据巷道掘进进度表，检查与施工有关的运输、通风、动力供应等辅助生产系统能否保证，最后确定巷道掘进工程计划。

2. 编制的原则及注意事项

（1）首先确定巷道的先后施工顺序。

（2）尽快构成巷道掘进通风系统，便于多个掘进工作面掘进施工。

（3）巷道掘进工程量要根据当地及邻近矿井的具体条件选取。同时要考虑施工准备时间及设备安装时间，使计划切实可行。

（三）“三量”管理

“三量”指开拓煤量、准备煤量和回采煤量。

开拓煤量是井田范围内已掘进的开拓巷道所圈定的尚未采出的那部分可采储量。

准备煤量是指采区上山及车场等准备巷道所圈定的可采煤量。

回采煤量是在准备煤量范围内，已有回采巷道及开切眼所圈定的煤炭储量，即采煤工作面和已准备接替的各工作面保有的可采储量。

生产矿井或投产矿井的“三量”可采期按下式计算：

$$\text{开拓煤量可采期}=\frac{\text{期末开拓煤量}}{\text{当年计划产量或设计能力}},\quad \text{年}$$

$$准备煤量可采期=\frac{期末准备煤量}{当年平均月计划产量或平均月设计能力}，\quad 月$$

$$回采煤量可采期=\frac{期末回采煤量}{当年平均月计划采煤量}，\quad 月$$

按现行行业标准对“三量”规定的，中型及以上矿井开拓煤量可采期应大于3年，准备煤量可采期应大于1年，回采煤量可采期应大于4个月；小型矿井开拓煤量可采期应大于2年，准备煤量可采期应大于8个月，回采煤量可采期应大于3个月。

（四）采掘比例关系

矿井采掘比例关系通常有以下两种：

（1）采掘工作面个数比：它反映矿井每个采煤工作面需要配备几个掘进工作面为其做准备，其计算式为：

$$采掘工作面个数比=\frac{年平均采煤工作面个数}{年平均掘进工作面个数}$$

矿井采掘工作面个数比与回采工艺、掘进工艺方式等有关，目前我国生产矿井一般为1∶1～1∶2。

（2）掘进率：指生产矿井在一定时期内每产1万t煤所需要掘进的巷道总进尺数，它反映在既定的煤层赋存情况、开拓准备方式及采煤方法等条件下的掘进效果。其计算式如下：

$$生产掘进率=\frac{生产掘进总进尺}{矿井产量}，\quad m/万\ t$$

$$开拓掘进率=\frac{开拓巷道掘进总进尺}{矿井产量+工程出煤}，\quad m/万\ t$$

$$生产矿井全部掘进率=\frac{生产矿井全部井巷掘进总进尺}{矿井产量+工程出煤}，\quad m/万\ t$$

三、矿井延深

为了保证矿井均衡生产，多水平开拓的矿井在上水平减产前就要完成下水平的开拓准备工作，而下水平的开拓准备工作必然会对正常生产水平的运输、通风、提升等工作产生干扰，因此，矿井延深工作应解决的主要问题，就是正确选择矿井延深方案，减少矿井延深和正常生产的相互影响。

（一）矿井延深的原则和要求

矿井延深工作应遵循以下原则和要求。

1. 做好新水平开拓延深前期准备工作

在目前的施工技术条件下，大中型矿井新水平一般需要2～3年的时间。为了保证开拓延深工作顺利有序进行，必须提前做好以下准备工作：

（1）掌握新水平的煤层赋存及地质构造情况。

（2）进行新水平开拓延深设计。

（3）完成开拓延深施工的资金、技术和装备等准备工作。

2. 保证矿井生产能力

矿井延深时应根据矿井的发展规划，结合矿井技术改造，提高矿井生产集中化水平，保证或扩大矿井生产能力。

3. 充分、合理利用现有井巷设施

新水平开拓延深应充分利用原有井巷及提升、运输、通风、排水等设备，力求减少开拓延深工程量和费用，缩短工期。但利用原有设施在经济、技术和安全等方面不合理时，应进行更新或改造。

4. 采用新技术、新装备、新工艺

要充分利用现代新技术、新装备、新工艺、新材料，吸取其他矿井的先进经验。在新水平开拓延深时，应选择更适宜的采煤方法、先进的施工技术，选用高效能的机械装备，以提高矿井生产效益。

5. 尽可能缩短施工工期

新水平开拓延深应正确选择施工方案，加强施工管理，采取适当的技术和安全措施，尽可能缩短施工工期，减轻生产和延深施工的互相干扰，以获得较好的技术经济效果。

（二）矿井开拓延深方案

1. 直接延深原有井筒

这种延深方式是将主、副井（立井或斜井）直接延深到下一开采水平，如图 1-45 所示。其特点是可以充分利用原设备、设施，投资少，提升单一，转换环节少，车场工程量少。但延深与生产互相影响，而且延深后矿井提升能力相对降低。因此，当井筒断面和原提升设备能力均能满足水平延深后矿井的生产能力要求，地质构造及水文地质等条件不影响井筒直接延深及井底车场布置时可采用直接延深原有井筒的方式。

2. 暗井延深

这种方式是利用暗立井或暗斜井开拓深部水平，如图 1-46 所示。其特点是延深与生产互不干扰，原有井筒提升能力不降低，暗井的位置不受原井筒限制，可选在对开拓下部煤层有利的位置上。但增加了上部车场工程量及运输提升环节和设备。用平硐开拓的矿井，延深水平因地形限制没有开阶梯平硐的条件时，一般多采用暗斜井或暗立井延深；立井或斜井开拓的矿井，由于地质条件或技术经济等原因，原井筒不宜直接延深时可采用这种延深方式。

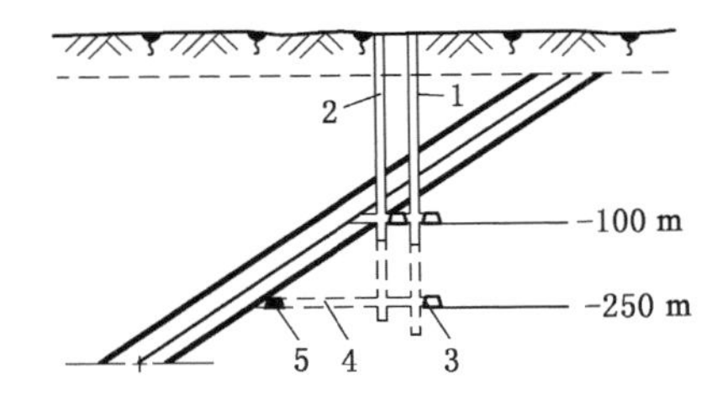

图 1-45 直接延深原有井筒示意图

1——主井；2——副井；3——井底车场；4——主要石门；5——运输大巷

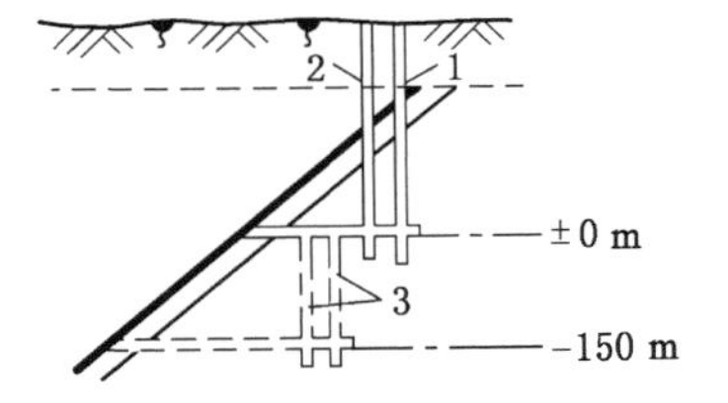

图 1-46 暗立井延深示意图

1——主井；2——副井；3——暗立井

3. 直接延深一个井筒，暗井延深一个井筒

这种延深方式是直接延深原来的主井或副井，另一井筒采用暗井延深，如图 1-47 所示。其特点和适用条件介于直接延深与暗井延深方式之间。

4. 新开一个井筒，延深一个井筒

这种方式是从地面新开一个井筒（主井或副井）到达延深水平，另外延深（用直接或暗井延深）另一个井筒，如图 1-48 所示。其特点是便于采用先进的技术装备，扩大矿井生产能

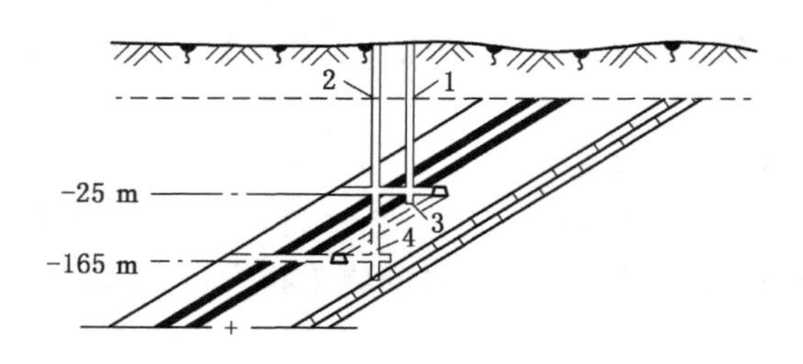

图 1-47　直接延深与暗井延深示意图

1——主井；2——副井；3——暗斜井；4——延深立井

力，但要相应增加基建费用。

这种延深方式一般适用于结合矿井改扩建的大型矿井的开拓延深。

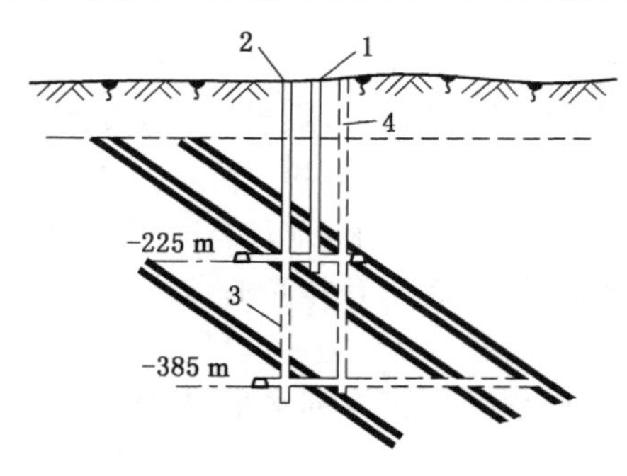

图 1-48　新开与直接延深示意图

1——原主井；2——副井；3——延深副井；4——新开主井

5. 深部新开立井或斜井集中延深

这种延深方式一般在煤田浅部为小井群开拓，随着深部发展需要将几个矿井进行合并改造，联合进行开拓延深时采用。

（三）生产水平过渡时期的技术措施

生产矿井的一个开采水平开始减产，到另一个开采水平全部接替生产，是矿井生产水平过渡时期。水平过渡时期，上下两个水平同时生产，增加了提升、通风和排水的复杂性，所以应采取恰当的技术措施，确保矿井的安全生产。

1. 生产水平过渡时期的提升

生产水平过渡期间，上下两个水平都出煤。对于采用暗井延深、新开井的矿井，分别由两套提升设备担负提升任务。而对于延深原有井筒的矿井，则需要利用原有提升设备，尤其是用箕斗提升的矿井，应采取必要的安全技术措施。

(1) 利用通过式箕斗两个水平同时出煤。即通过改装上水平箕斗装载装置，可实现两个水平交替提升。这种办法提升系统单一，但故障率较高。当水平过渡时期不长时，可采用这种方法。

(2) 将上水平的煤经溜井放到下水平，主井在新水平集中提煤。这种方法提升系统单一，提升机运转维护条件好，但要增开溜井，增加提升工程量和费用。上水平剩余煤量不多时，可采用这种方法。

(3) 上水平利用下山采区过渡。上水平开始减产时，开采 1～2 个下山采区(一般为靠近井筒的采区)，在主要生产转入下一水平后，再将该下山采区改为上山采区。这种方法可推迟生产水平接替，有利于矿井延深，但采区提运系统前后要倒换方向，增加巷道工程量。

(4) 副井提升部分煤炭。采用这种方式时，要适当地改建地面生产系统，增建卸煤设施。当风井或主井有条件安装提升设备时，可考虑增设一套提升设备，用来解决两个水平同时提煤问题。

2. 生产水平过渡时期的通风

生产水平过渡时期，要保证上水平的进风和下水平的回风互不干扰，关键在于安排好下水平的回风系统。通常，可以采取以下方法：

(1) 使上水平的采区上山为下水平的采区回风。

(2) 利用上水平运输大巷的配风巷作为过渡时期下水平的回风巷。

(3) 采用分组集中大巷的矿井，利用上水平上部分组集中大巷为下水平上煤组回风。

3. 生产水平过渡时期的排水

(1) 一段排水，上水平的流水引入下水平水仓，集中排至地面。

(2) 两段分别排水，两个水平各有独立的排水系统直接排至地面。

(3) 两段接力排水，下水平的水排到上水平水仓，然后由上水平集中排至地面。

(4) 两段联合排水，上下两个水平的排水管路连成一套系统，设三通阀门控制，上、下水平排水分别使用，两个水平的涌水均可直接排至地面。

具体采用哪种方式，主要根据矿井涌水量大小、水平过渡时间长短、排水设备能力等因素，经多个方案进行比较后确定。

任务实施

根据已知矿井煤层赋存条件，结合井田划分和阶段内再划分情况，选择煤层间、阶段间、采区间、区段间开采顺序及采区内工作面推进方向，并根据已知矿井实际条件选择确定矿井的延深方案(可提出不同方案进行技术分析和经济比较)。

思考与练习

1. 绘图说明采区内采煤工作面推进方向并叙述各自的特点。

2. 在哪些情况下，煤层或煤组之间可采用上行式开采?

3. 简述编制采煤工作面接替计划的方法和步骤。

4. 矿井延深工作应遵循哪些原则和要求?

项目二 矿山压力

任务一 开采后采煤工作面围岩移动的特征

知识要点

矿山压力概念；采煤工作面围岩移动的基本特征；采煤工作面初次来压、周期来压的规律。

技能目标

掌握矿山压力和矿山压力显现的概念；掌握采煤工作面初次来压、周期来压的规律；会编写采煤工作面初次来压、周期来压安全技术措施；通过采煤工作面冒顶事故的案例分析，能找出冒顶事故的原因，并能编制防范措施。

任务导入

在矿井建设和生产活动中，地下开采空间形成以后，围岩会发生变形和位移，在井巷和采煤工作面周围的煤(岩)体和支架上产生压力。为了减轻或消除对正常开采工作的危害和安全生产的影响，必须采取各种有效的技术措施对矿山压力加以控制。

任务分析

为使矿山压力不致影响正常开采工作和安全生产，必须采取的主要技术措施有：合理地选择巷道位置、开采顺序、井巷和采煤工作面的支护方法，对煤(岩)体进行加固以及采取各种卸压措施等。

相关知识

一、矿山压力的基本概念

(一) 矿山压力与矿山压力显现

1. 矿山压力

地下煤层开采以后，围岩会发生变形和位移，同时围岩内的应力也发生了变化。这种由于进行地下采掘活动，而在井巷和采煤工作面周围的煤(岩)体和支架上所引起的力，叫作矿山压力，简称矿压。

2. 矿山压力显现

在矿山压力作用下发生的围岩运动以及由此产生的支护受力或变形等现象，叫矿山压力显现，如顶板下沉、垮落，底板隆起，片帮，支架变形和损坏，岩层移动，煤岩突出等。矿山压力显现是矿山压力作用的结果和外部表现。

（二）工作面围岩

煤层顶底板的岩层构成了工作面的围岩，顶板岩层分为伪顶、直接顶和基本顶。

(1) 伪顶：位于煤层之上，随采随落的极不稳定岩层。其常由炭质页岩等软弱岩层组成，厚度小于 0.5 m。

(2) 直接顶：位于伪顶或煤层（无伪顶时）之上的一层或几层相同或不同的岩层。它具有随移架放顶而自行垮落的特征。直接顶常由泥质页岩、页岩、砂质页岩等不稳定岩层组成，其厚度为移架放顶后能在采空区自行垮落的岩层厚度。直接顶一般相当于垮落带内的下位岩层，它对工作面支架选型有重要影响。

(3) 基本顶：位于直接顶或煤层之上，厚度较大，整体性较强，采空后能悬露较大面积。基本顶常由砂岩、石灰岩、砂砾岩等坚硬岩石组成。它对工作面支架选型及工作阻力等参数的确定起着决定性作用。

(4) 直接底：直接位于开采煤层下面的岩层。当它为坚硬岩石时，可作为采场支架的良好底座；如为泥质岩等松软岩层时，则易造成底鼓和支柱插入底板、液压支架底座下陷等现象。

二、工作面顶板分类

1. 直接顶分类

直接顶的稳定性直接影响采煤工作面的安全生产与生产能力的发挥，是采煤工作面支护形式选择与液压支架选型的主要影响因素。我国根据采煤工作面直接顶初次垮落步距 l 和煤层顶板岩石性质，将工作面直接顶分为四类，见表 2-1。

表 2-1　直接顶分类指标及参考要素

类别		Ⅰ类		Ⅱ类	Ⅲ类	Ⅳ类
		Ⅰa	Ⅰb			
		不稳定		中等稳定	稳定	非常稳定
基本指标		$l\leqslant 4$	$4<l\leqslant 8$	$8<l\leqslant 18$	$18<l\leqslant 28$	$28<l\leqslant 50$
岩石和结构特征		泥岩、泥质页岩，节理裂隙发育或松软	泥岩、炭质泥岩，节理裂隙发育或松软	致密泥岩、粉砂岩、砂质泥岩，节理裂隙发育或松软	砂岩、石灰岩，节理裂隙很少	致密砂岩、石灰岩，节理裂隙极少
主要力学参数参考区间	综合弱化常量	$C_z=0.173\pm0.074$	$C_z=0.273\pm0.09$	$C_z=0.30\pm0.12$	$C_z=0.43\pm0.157$	$C_z=0.48\pm0.11$
	单向抗压强度	$R_c=27.94\pm10.75$	$R_c=37\pm25.75$	$R_c=47.3\pm20$	$R_c=75.3\pm33.7$	$R_c=89.4\pm32.7$
	分层厚度	$h_c=0.27\pm0.125$	$h_c=0.285\pm0.13$	$h_c=0.51\pm0.355$	$h_c=0.775\pm0.34$	$h_c=0.72\pm0.34$
	等效抗弯能力	$R_ch_c<7.25$	$R_ch_c=2.9\sim11.4$	$R_ch_c=7.8\sim29.1$	$R_ch_c=33\sim104$	$R_ch_c=45.5\sim139.4$

2. 基本顶分类

基本顶的断裂、垮落是造成采煤工作面来压的主要原因，是选择采煤工作面支架支护能力、支架可缩性能以及采空区处理方法的主要依据。顶板分类方案中以基本顶初次来压当量为指标。基本顶初次来压当量(P_e),其值由基本顶初次来压步距(L_f)、直接顶充填系数(N)和煤层采高(H_m),按公式(2-1)进行计算。

$$P_e = 241.3\ln L_f - 15.5N + 52.6H_m \tag{2-1}$$

式中　P_e——基本顶初次来压当量,kN/m^2。

根据初次来压当量,将基本顶分为四级,见表 2-2。

表 2-2　　基本顶分级指标及相对应条件

基本顶级别			Ⅰ级		Ⅱ级		Ⅲ级		Ⅳ级		
									Ⅳa		Ⅳb
名称			不明显		明显		强烈		非常强烈		
分级指标			$P_e \leqslant 895$		$895 < P_e \leqslant 975$		$975 < P_e \leqslant 1\,075$		$1\,075 < P_e \leqslant 1\,145$		$P_e > 1\,145$
N 区间			1～2	3～4	1～2	3～4	1～2	3～4	1～2	3～4	1～2
典型条件	L_f/m	$H_m=1$	<37	37～41	41～47	47～54	54～72	72～82	83～105	105～120	>120
		$H_m=2$	<30	30～34	34～38	38～43	43～58	58～77	77～85	85～97	>97
		$H_m=3$	<24	24～27	27～31	31～35	35～47	47～63	63～78	78～78	>78
		$H_m=4$	<19	19～22	22～27	27～31	31～41	41～47	47～57	57～72	>72

采煤工作面顶板由不同的直接顶与基本顶相互组合而成,不同类级组合的顶板需要分别采用相应的支护方式与支撑能力。

三、采煤工作面顶板移动规律

(一) 顶板移动特征

在工作面推进过程中,采空区不断扩大,上覆岩层移动下沉而破坏。根据破坏的特征,上覆岩层沿垂直方向自下而上可分为三带:冒落带、裂隙带、弯曲下沉带(图 2-1)。在这三带中,冒落带和裂隙带直接关系到工作面的顶板管理,弯曲下沉带对工作面影响不大。

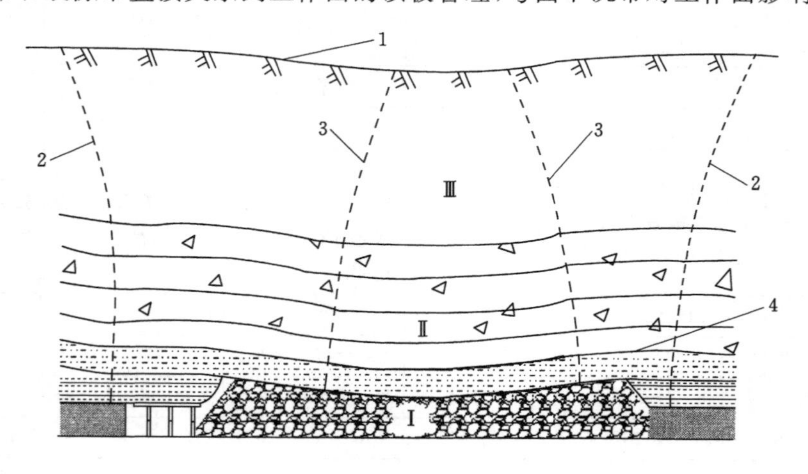

图 2-1　开采后上覆岩层移动情况

1——地表沉降区;2——岩层移动边界线;3——岩层充分移动边界线;4——发生离层区域;

Ⅰ——冒落带;Ⅱ——裂隙带;Ⅲ——弯曲下沉带

1. 冒落带

当直接顶易冒落，且厚度较大时，不规则垮落的岩块由于碎胀将填满采空区，形成冒落带，支撑基本顶。若直接顶厚度不大，冒落的岩块填不满采空区，基本顶悬空，这种情况下，基本顶也将发生部分垮落，使工作面压力增加。

2. 裂隙带

位于冒落带之上的基本顶岩层，总是一端支承在煤壁上，另一端支承在采空区的碎石充填堆上。在上覆岩层的压力作用下，冒落的岩块逐渐压实。因此，上覆岩层也随之逐步弯曲下沉，断裂或产生许多裂纹，但不冒落，仍整齐排列，形成裂隙带。其厚度一般为采高(煤层厚度)的 8～10 倍。

3. 弯曲下沉带

弯曲下沉带是基本顶上部岩层，其位移量比较小，可保持岩层自身的完整性并承载上覆岩层重力作用。

由于裂隙带内岩层的性质和厚度不一致，所以各层的弯曲下沉量不同，这样必然产生离层现象。如直接顶比较厚，没有全部垮落，而直接顶的强度一般又小于基本顶强度，因此，在直接顶与基本顶之间也会产生离层。离层现象往往可能产生冲击地压，引起工作面切顶、折断支架，造成重大事故。

(二) 直接顶初次垮落

当采煤工作面从开切眼推进一定距离后，采空区上方的直接顶由于悬露面积的增大，在自重作用下会产生变形与破坏，以至于垮落。通常把直接顶第一次大面积的垮落，叫作直接顶初次垮落，如图 2-2 所示。

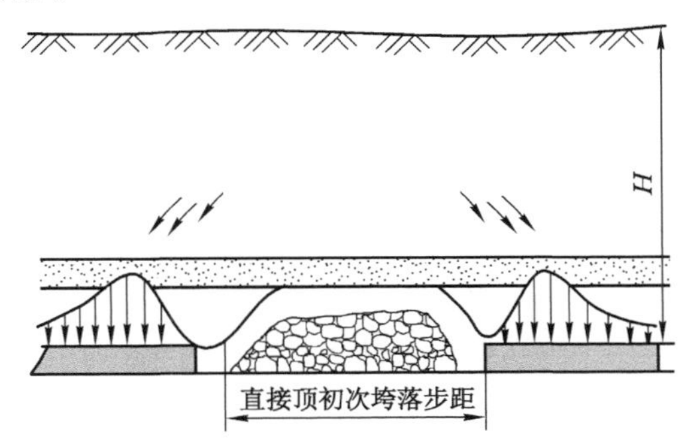

图 2-2　直接顶初次垮落

直接顶比较稳定时，当工作面距开切眼 10～20 m 后，直接顶才会发生自然垮落；直接顶松软时，工作面从开切眼刚开始推进，随着支架前移，就可能发生直接顶初次垮落。发生直接顶初次垮落时，工作面向前推进的距离，称为直接顶初次垮落步距。在正常情况下，直接顶初次垮落步距或初次垮落面积的大小可以用来衡量直接顶岩层的稳定程度。

直接顶垮落后，破碎岩块的堆积高度取决于直接顶的垮落厚度、垮落岩块的大小、排列整齐程度。一般情况下，岩块堆积与未垮落的基本顶之间有一个空隙，通常把它叫作自由空间高度。垮落下来的岩块能够松散地填满采空区时，自由空间高度很小，有利于控制基本顶的活动；自由空间高度越大，基本顶垮落时的活动高度也越大，对控制基本顶的活动就越不利。若基本顶坚硬，自由空间又大，则易形成大面积来压，威胁工作面的安全。

随着工作面向前推进，直接顶继续发生冒落，在一定范围内虽然基本顶岩层也会逐渐弯曲下沉，但基本上仍保持完整，支撑在两侧煤体上。这时上覆岩层的重量，通过这段基本顶双支撑梁传递到两侧煤体中的支承点上。在基本顶双支撑梁的保护下，工作面矿山压力一般不很显著，顶板下沉量及下沉速度也不大，工作面空间内的顶板，一般都较稳定和完整，煤壁也很少有片帮现象。

（三）基本顶初次垮落

1. 初次来压

随着工作面继续向前推进，基本顶双支撑梁的长度和悬露面积逐渐加大，当这一段岩层的自重及上覆岩层的作用力超过它本身的强度时，就会发生断裂而垮落。由于基本顶第一次垮落的面积大、来势猛，常给采煤工作面带来明显的压力增大现象，即为初次来压现象，如图 2-3 所示。

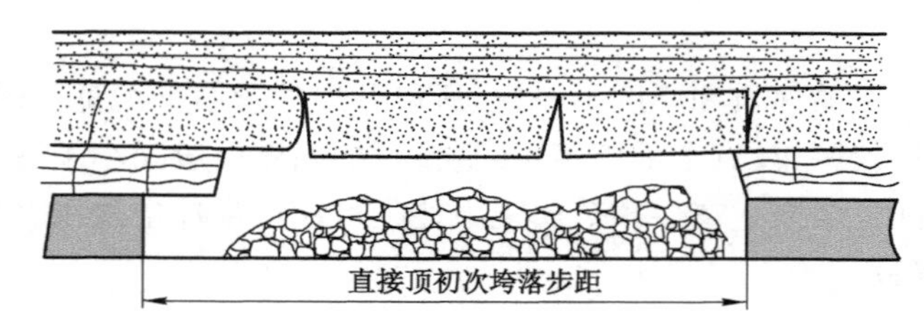

图 2-3　基本顶初次垮落——初次来压

2. 初次来压步距

基本顶初次来压时工作面向前推进的距离，叫作初次来压步距。初次来压步距的大小与基本顶的厚度、岩性、地质构造等因素有关。基本顶越厚、越坚硬，初次来压的步距就越大（有时可达 100 m 以上）。当基本顶不太坚硬时，初次来压步距就比较小，一般只有 20 m 左右。

3. 初次来压对工作面的影响

初次来压在工作面常表现为：工作面顶板急剧下沉；支架受力明显增大；顶板破碎，出现平行于煤壁的裂隙，甚至发生顶板台阶下沉现象；煤壁片帮现象严重；采空区顶板大面积垮落，造成巨大的响声及风流；等等。初次来压对工作面的影响程度与基本顶岩层的性质和垮落面积的大小有关。

（四）基本顶周期来压

1. 周期来压

初次来压以后，基本顶由原来的双支撑状态变成一头支撑在煤体上的悬臂梁（图 2-4），当工作面继续向前推进一定距离后，基本顶悬臂梁达到一定长度，在它本身自重及上覆岩层的作用下，又会发生断裂与垮落。在这种情况下，这段基本顶岩块的一端，主要由工作面支架来支撑，另一端就落在采空区的岩块堆上，使工作面出现普遍来压现象。由于这种垮落和来压现象，是随着工作面不断推进而周期性发生的，所以称为周期来压。

2. 周期来压步距

在来压周期内工作向前推进的距离，叫作周期来压步距。周期来压步距的大小取决于基本顶岩层的性质。由于周期来压时基本顶岩梁处于单悬臂状态，与初次来压时处于双支

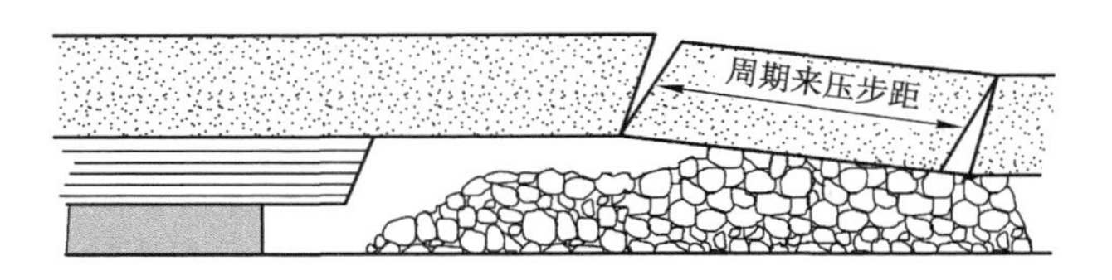

图 2-4 周期来压

撑状态时不同,因此周期来压步距比初次来压步距要小得多,一般为 5～20 m,少数较坚硬的顶板,可达到 20～30 m。在同一个工作面,周期来压步距约为初次来压步距的 1/2～1/3。由于基本顶岩层本身结构的变化,加之工作面推进速度和地质构造等因素的影响,每次来压的步距不一定都相等,往往相差几米。因此,实际生产中,要经常注意工作面矿山压力各种表现的变化情况,发现预兆,及时做好准备。

3. 周期来压对工作面的影响

周期来压前,由于基本顶悬臂不断增长,采煤工作面前方煤体中的支承压力集中程度也随着增高,到周期来压时达到最高值。工作面矿山压力的表现形式与初次来压相似,只是表现程度比较缓和一些。周期来压大多先从工作面某一部分开始,然后扩展到全工作面。当工作面继续向前推进,已断裂的基本顶岩块,将全部落到采空区岩块堆上,采煤工作面完全摆脱这部分基本顶岩梁的压力,重新处于新的基本顶悬梁的保护之下,这时采煤工作面范围内的矿山压力显著减轻。周期来压的影响时间一般为 1 天左右,有的延续到 2 天或更长些。

任务实施

本任务实施过程中可根据具体的采煤工作面地质条件,分组进行初次来压、周期来压安全技术措施编写训练,并找出初次来压、周期来压规律,教师进行点评;通过案例,分析冒顶的原因,找出经验教训。

思考与练习

1. 名词概念:矿山压力、矿山压力显现、支承压力、初次来压、周期来压、直接顶、基本顶。

2. 采煤工作面初次来压、周期来压的基本特点是什么?

3. 开采后上覆岩层移动特点是什么?

任务二 采煤工作面矿压显现一般规律

知识要点

采煤工作面矿压显现的基本规律;采煤工作面前后、左右压力分布特点。

技能目标

熟记矿山压力的有关名词概念;掌握采煤工作面前后、左右压力分布特点。

任务导入

工作面自开切眼向前推进，破坏了原岩应力场的平衡状态，开采空间原煤所承受的载荷转移到周围支承体上，会引起围岩一定范围内压力的升高，并对工作面开采和安全生产造成不利的影响。

任务分析

在井下开采过程中，采煤工作面回采空间周围矿山压力分布都有一定的基本规律可循。具体到每个采煤工作面，应通过矿山压力的现场实测来掌握压力变化的确切范围与大小，用以指导工作面安全生产。

相关知识

一、采煤工作面矿山压力显现规律

1. 采煤工作面前后方压力分布规律

根据现场观测和对巷道受采动压力影响后破坏情况的研究，采煤工作面前后方支承压力分布如图 2-5 所示。

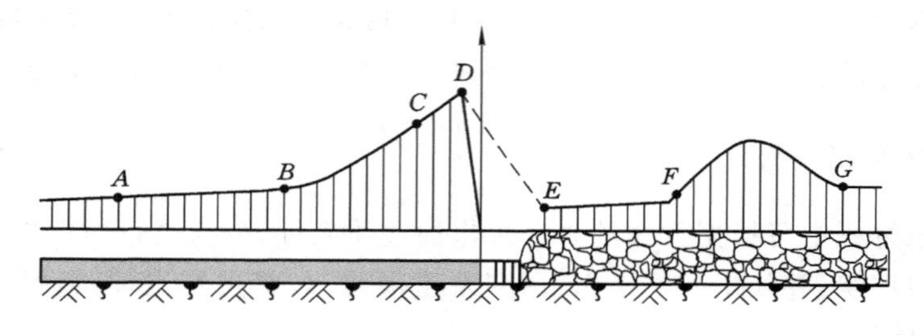

图 2-5 采煤工作面前后方压力分布

随着采煤工作面的推进，在工作面煤壁前方形成了前支承压力，它随工作面推进而不断推移，最大值发生在工作面中部前方，峰值可达原岩压力的 2～4 倍。

采煤工作面推进一定距离后，工作面后方的采空区内，当垮落岩块被压实到一定程度后，可能出现另一个波形压力峰值，形成后支承压力。后支承压力的集中程度比前支承压力要小一些，支承压力的峰值也较低。日常的生产过程中，如果采空区直接顶能随支架前移而及时充分地垮落，采空区的后支承压力将更靠近工作面。

为了在生产中应用方便，可将压力分布划分为如下 8 个区域：

(1) 不受采动压力影响区（*A* 以外）。该区距工作面较远，通常在 60～150 m 以外。

(2) 前支承压力影响区（*A*—*B*）。该区在采煤工作面前方 25～150 m 范围，受采动压力影响，矿压显现轻微。

(3) 前支承压显现区（*B*—*C*）。该区距采煤工作面较近，一般为 8～35 m，工作面回采时，受采动影响，巷道有明显的压力显现。

(4) 最大压力区（*C*—*D*）。该区在采煤工作面前方 1～20 m 范围之内，回采时受采动影响较大，且支承压力集中。

(5) 压力下降区(D—E)。当接近采煤工作面煤壁时,由于支承压力作用,煤壁被压松,产生裂隙,使得传递压力减弱,煤壁推过后形成采空区,因此,压力急剧下降,这个区域的范围在采煤工作面前方 5 m 至工作面后方 7 m。

(6) 卸压区(E—F)。采煤工作面推过后,直接顶垮落,基本顶暂时承受上覆岩层的重量,并将其重量传递到工作面前方煤壁和后方采空区冒落的矸石上,使得工作面及后方一定范围内采空区处于卸压状态。

(7) 后支承压力区(F—G)。由于上覆岩层一端作用在采煤工作面前方煤壁,另一端作用于采空区冒落的矸石上,而使采空区后方压力再次升高。该区处于工作面后方 20～100 m 范围内。但在上覆岩层坚硬时,一般不会出现后支承压力。

(8) 压力稳定区(G 以外)。随着工作面推进,支承压力不断前移,上覆岩层也缓慢下沉,于是在采空区 50～100 m 以远压力逐渐趋于稳定。

对于任何一个采煤工作面,前后方压力分布都有上述规律,只不过分区的范围不同。为掌握压力变化的确切范围与大小,一般应进行矿压的现场实测。

2. 采煤工作面上下两侧压力分布规律

采空区上覆岩层重量除转移到工作面前后之外,还向上下两侧转移。因此,在采空区上下两侧煤柱内同样会形成支承压力,并随工作面推进向前传递。但工作面上下两侧的影响范围要比前后方小,且向煤层深部逐渐收敛,如图 2-6 所示。

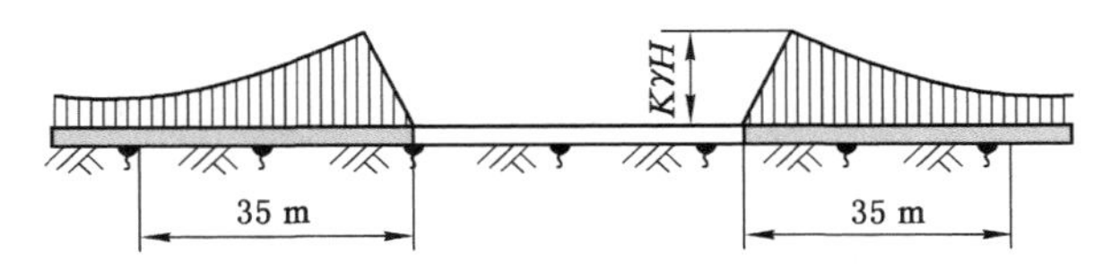

图 2-6　采煤工作面上下两侧压力分布

侧支承压力指采空区或巷道一侧或两侧的支承压力。在采煤工作面推过后,上、下两侧沿倾斜上、下方均可形成侧支承压力。

现场实测与实验室研究表明,支承压力的高峰点伸向煤壁内的距离与煤层厚度、煤质软硬、围岩性质、支承压力大小和时间等因素有关。一般情况下,支承压力高峰点距煤壁 3～8 m,采动影响范围一般为 15～85 m。采煤工作面上、下两侧压力分布表明,支承压力高峰区并不是紧靠区段平巷,而是与区段平巷有一定的距离,要使相邻工作面巷道避开侧支承压力区,就要将巷道布置在远离工作面的压力稳定区,或者紧贴工作面的压力降低区沿空留巷或沿空掘巷。

3. 影响支承压力大小、分布的因素

支承压力的大小及其分布与顶板悬露的面积和时间、开采深度、采空区充填程度、顶底板岩性、煤质软硬有关。

采空区顶板悬露面积越大,时间越长,顶板压力就越大,支承压力的分布范围和集中程度也越大。

开采深度越大,悬露顶板的重量越大,支承压力也越大。

采空区充填程度越密实,煤壁内支承压力越小。

顶板岩层越坚硬,顶板压力分布越均匀,支承压力分布范围就越广,支承压力的集中程度越小。底板岩层坚硬，支承压力影响范围大，但集中程度小。

煤质坚硬，支承压力比较集中，影响范围较小；反之，煤质松软，变形和破坏程度越大，则支承压力分布范围越大，集中程度越低。

4. 支承压力显现

支承压力的作用，可导致顶板预先下沉、煤壁破碎片帮、产生冲击地压、煤和瓦斯突出等现象。

在支承压力的作用下，工作面前方尚未悬露的顶板，已经开始下沉。一些实测资料表明，顶板下沉量可达 15～60 mm，甚至达 100 mm。当顶板比较坚硬、煤层较厚或煤质较软时，顶板下沉量较大。

由于顶板预先下沉，可能产生裂隙，因而增加了工作面和工作面前方区段平巷的压力。为了防止区段平巷的支架压坏，事先必须采取措施，加强支护。

当顶底板均为厚而坚硬的岩层、煤质坚硬、开采深度较大时，由于形成的支承压力很大，就可能产生冲击地压。冲击地压是煤和岩层在矿压作用下，急剧地破碎和被抛出的现象，是矿山压力显现中最猛烈的形式。

支承压力集中程度高，可能会造成煤和瓦斯突出事故。生产中必须重视支承压力的作用和影响，在开采自然条件不能改变的情况下，应从开采技术上尽量设法减轻支承压力集中程度，以保证安全生产。

二、支承压力在煤层底板中的传递

采煤工作面采动后，承受支承压力的煤柱或煤体将把支承压力传递给底板。底板岩层内的压力值与煤柱上方的支承压力成正比，也与煤层的厚度、倾角、埋藏深度、顶板岩层性质、煤层的采动状况和煤柱的宽度等密切相关。若煤柱两侧都已采动，则形成支承压力叠加，在煤柱上形成了比单侧采煤时更大的支承压力，如图 2-7 中曲线 2 所示。这样，必然使其在底板内的传递深度和应力值均比单侧采煤时大得多。随着煤柱宽度减小，支承压力在底板内的传递深度和压力值显著增大。

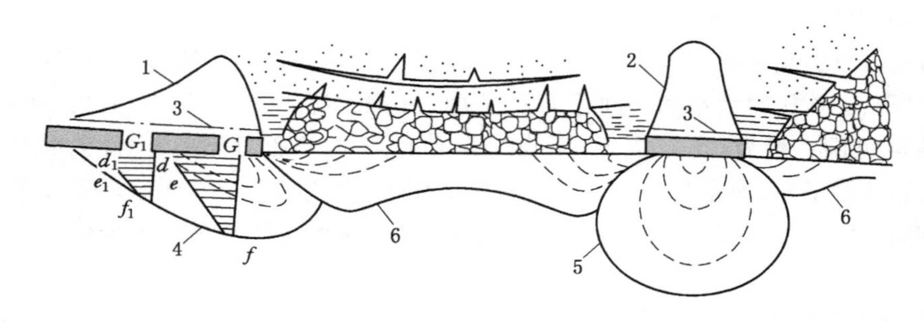

图 2-7 底板岩层内的应力分布

1,2——支承压力曲线；3——原岩应力曲线；4,5——应力增高区界线；6——应力降低区界线

底板岩层性质将对上部煤柱上的支承压力在底板内的传递范围有很大影响。坚硬的底板岩层可使传递的应力迅速减弱，但应力向煤柱外侧的扩展角度增大。相反，在松软岩层内支承压力的传递深度要大得多，其强烈影响范围往往可达 20～30 m 甚至以上。

三、采煤方法的分类

煤矿开采分为露天开采和地下开采，我国煤炭产量中地下开采占 90%以上。地下开采的主要特点是地下作业，工作空间小，生产环节多，生产场所不断转移，并且受到各种地质灾害的威胁。因此，开采时不仅要在地面及井下建立一套完整的生产系统，而且要进行采煤、掘进、运输、提升、排水、动力供给、安全保障及生产技术的管理，以保证安全有序地生产。煤层赋存条件的多样性决定了采煤方法的差异。

（一）基本概念

（1）采煤工作面：煤矿井下直接进行采煤作业的场地。

采煤工作面煤层一次被采出的厚度称为采高，采煤工作面的煤壁长度称为采煤工作面长度。

（2）采煤工作：在采煤工作面内，为了开采煤炭资源所进行的一系列工作，称为采煤工作。采煤工作包括破煤、装煤、运煤、支护、采空区处理等基本工序及一些辅助工序。

（3）采煤工艺：采煤工作面各工序所用的方法、设备及其在时间和空间上的相互配合称为采煤工艺。在一定时间内，按照一定的顺序完成采煤工作各项工序的过程，称为采煤工艺过程。由于煤层自然赋存条件和采用的采煤机械不同，完成采煤工作各道工序的方法也各不相同，我国矿井开采的采煤工艺主要有爆破采煤工艺、普通机械化采煤工艺、综合机械化采煤工艺。

（4）采煤系统：指采区内的巷道布置系统以及为了保证正常生产而建立的采区内用于运输、通风等目的的生产系统。

（5）采煤方法：不同的矿山地质及技术条件，可有不同的采煤系统与采煤工艺相配合，采煤方法是指采煤系统和采煤工艺的综合及在时间和空间上的配合。不同的煤层赋存条件及开采技术条件，会有不同采煤工艺与采区内的相关巷道布置的组合，会构成不同形式的采煤方法。

（二）采煤方法的分类

我国煤炭资源分布广泛，赋存条件多样，开采地质条件各异，不同地域采煤方法差别较大，形成了多样化的采煤方法。

按煤层厚度和倾角，结合采煤工艺、装备水平、矿压控制特点等，我国目前实际采用的采煤方法主要分为长壁垮落采煤法、放顶煤采煤法、急倾斜采煤法、充填采煤法、水力采煤法以及连续采煤机房柱式采煤法等。

长壁采煤法是我国目前应用最普遍的采煤方法，产量约占总产量的95%以上，这种采煤方法的主要特征是长壁工作面采煤。长壁工作面采煤工艺有综合机械化采煤、普通机械化采煤和爆破落煤采煤等。

（三）采煤方法的选择

选择采煤方法应根据地质条件、煤层赋存条件、开采技术条件、设备状况及其发展趋势等因素，经综合技术经济比较后确定。大型矿井应以综合机械化采煤工艺为主，条件适宜的中小型矿井宜采用综采工艺，并应采用先进成套综采设备装备采煤工作面。

（1）缓倾斜、倾斜煤层采煤方法应符合下列规定：

① 宜采用走向长壁采煤法。当煤层倾角不大于12°时，可采用倾斜长壁采煤法，当煤层倾角不大于35°时，宜采用伪斜走向长壁采煤法。

② 不具备长壁开采技术条件时，采用短壁采煤法。

③ 煤层厚度7 m以下，开采条件适宜时，宜采用一次采全高综采工艺；厚度4～7 m，且

不宜采用一次采全高综采工艺时，应采用综采放顶煤工艺。

④ 煤层厚度 7 m 以上，开采条件适宜时，宜采用综采放顶煤工艺或分层综采工艺。

⑤ 不适宜综采时，可采用普采。

(2) 急倾斜煤层采煤方法应符合下列规定：

① 厚度大于 15 m，无煤与瓦斯突出，且条件适宜时，应采用水平分层综采放顶煤工艺；不适宜综采放顶煤开采工艺时，可采用水平分层综采或普采工艺。

② 厚度 6～15 m 的煤层，宜采用水平分层或斜切分层采煤法。

③ 厚度 2～6 m，倾角大于 55°，且赋存较稳定的煤层，宜采用伪倾斜柔性掩护支架采煤法，其工作面伪倾斜角度应满足煤炭自溜要求。

采煤方法及工艺选择应符合国家有关煤矿安全法规的规定。

任务实施

本任务通过观察采煤工作面四周支承压力分布规律模型、实训室模拟实验，掌握采煤工作面四周支承压力分布特点；通过井下实地观察采煤工作面端头及回采巷超前支护，掌握采煤工作面端头及平巷超前支护特点。

思考与练习

1. 采煤工作面前后方支承压力分布特点是什么？
2. 采煤工作面两侧支承压力分布特点是什么？

项目三　长壁开采准备方式

任务一　准备方式的概念及分类

知识要点

准备方式的概念；准备方式的种类；确定准备方式应遵循的原则。

技能目标

能按不同的分类方式识别准备方式。

任务导入

在开拓巷道的基础上，为了建立采(盘)区或带区完整的运输、通风、动力供应、排水、行人等生产系统，需开掘一系列准备巷道和采煤巷道，以构成采煤系统。采煤系统直接影响着采煤工作面的采煤工艺。

任务分析

在一定的地质开采技术条件下，怎样去布置准备巷道以及在什么范围内布置，可以有多种确定方式。合理的准备方式，一般要在技术可行的多种准备方式中进行技术经济分析比较后才能确定。

相关知识

一、准备方式的概念

为建立采(盘、带)区完整的煤炭运输(运煤)、材料设备运输(运料)、通风、排水、供电、供水、供风、行人、通信及安全监控等生产系统，必须在已开掘的开拓巷道的基础上，再开掘一系列准备巷道和回采巷道(采煤巷道)。准备巷道和回采巷道的布置方式称准备方式。

确定准备方式应遵循以下原则：

(1) 有利于矿井的合理集中生产，使采(盘、带)区有合理的生产能力。

(2) 有利于安全生产，符合《煤矿安全规程》的有关规定。

(3) 保证采(盘、带)区具有独立、完善、连续的生产系统，并为采用新技术、新工艺、新装备创造有利条件。

(4) 力求在技术和经济上合理，尽量简化巷道系统，减少设备占用台数，便于采(盘、带)

区和工作面的正常接替。

(5) 减少煤炭损失,提高采(盘、带)区及工作面的采出率。

二、准备方式的分类

1. 按煤层赋存条件

井田划分为阶段后,阶段内可有采区式、分段式及带区式三种准备方式,如图 3-1 所示。目前,我国煤矿大多采用采区式准备。采用带区式准备时可以是一个分带组成一个采准系统,也可以是相邻的两个分带组成一个采准系统,合用一个带区煤仓,还可由多个分带组成一个采准系统,设置为带区内各分带服务的准备巷道,如带区煤仓、带区运煤巷道、带区运料巷道等。

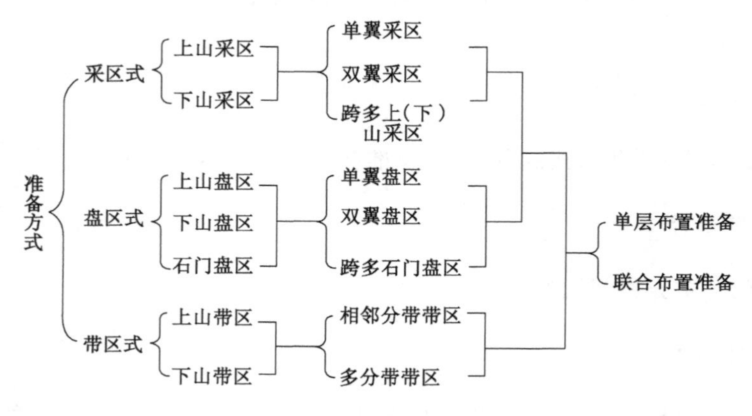

图 3-1 准备方式分类

在近水平煤层中,由于井田沿倾斜方向的高差很小,通常沿煤层大致延展方向布置运输、回风大巷,将井田划分为上下两部分,每一部分再划分为若干个盘区或带区。盘区内的准备可有上(下)山盘区与石门盘区两种不同准备方式。上(下)山盘区准备方式与上(下)山采区准备方式基本相同。由于煤层倾角较小,盘区上(下)山与区段巷道一般用倾斜或垂直巷道联系。石门盘区准备方式的主要特点是将上(下)山盘区中的运输上(下)山改为石门,电机车从大巷直接进入盘区石门进行装车,取消了上(下)山带式输送机运煤的运输环节。近水平煤层井田直接划分为带区时,其准备方式与阶段内带区式准备基本相同。

综上所述,准备的基本方式可归纳为采区式、盘区式及带区式三种。采区式应用最为广泛;盘区式准备应用有一定局限性且与采区式准备有不少相似之处;带区式准备相对较简单。

2. 按开采方式

位于开采水平标高以上的采区称为上山采区,位于开采水平标高以下的采区称为下山采区。当煤层倾角较大时,一个开采水平一般只开采一个上山阶段。

在近水平煤层中,大巷两侧的盘区,也按煤层的大致倾斜趋向,分别称为上山盘区和下山盘区。

同样,大巷两侧的带区,也按煤层的大致倾斜趋向,分别称为上山式带区和下山式带区。

3. 按上下山的布置

双翼采区是应用最广泛的一种准备方式。其特点是采区上(下)山布置在采区沿走向的中部，为采区的两翼服务，相对减少了上(下)山及车场的掘进工程量。

当采区受自然条件及开采条件影响，走向长度较短时，可将上(下)山布置在采区沿走向的一侧边界，此时采区只有一翼，称为单翼采区。

同样，石门盘区准备时，也有双翼和单翼盘区之分，但更多的是采用双翼盘区。

4. 按开采的煤层层数

在各个可采煤层中均单独布置准备巷道，称为单煤层采区。多个可采煤层布置一组共用的准备巷道，如集中上山、集中区段平巷等，称为联合布置采区。

同样，盘区准备时，也有单煤层盘区和联合布置盘区之分；带区准备时，也有单煤层带区和联合布置带区之分。

任务实施

根据设计采区的具体条件，结合各种准备方式的基本特点，合理选择准备方式与巷道布置系统，进行准备方式模块的任务设计训练。

思考与练习

1. 说明准备方式的要求、含义和分类。
2. 合理确定准备方式应遵循的原则有哪些?

任务二　采区式准备

知识要点

走向长壁采煤法采区上山巷道布置平、剖面图，掘进顺序及采区生产系统。

技能目标

能识读采区上山巷道布置矿图并指述采区生产系统。

任务导入

在阶段范围内，沿走向把阶段划分为若干个具有独立生产系统的块段，每一块段称为采区，采区的倾向长度与阶段斜长相等。按采区范围大小和开采技术条件的不同，采区走向长度一般为600～2 000 m，采区的斜长一般为600～1 000 m。确定采区边界时，要尽量利用自然条件作为采区边界，以减少煤柱损失和开采上的困难。

任务分析

在采区范围内，如采用走向长壁采煤法，需沿煤层倾向将采区划分为若干个长条部分，每一块长条部分称为区段。每个区段沿斜长布置一个采煤工作面，工作面沿走向推进。每个区段下部边界开掘区段运输平巷，上部边界开掘区段回风平巷；各区段平巷通过采区运输上山、轨道上山与开采水平大巷连接，构成生产系统。这种巷道布置方式，称为采区式准备。

相关知识

一、单一煤层采区准备方式

图 3-2 所示为单一走向长壁采煤法上山采区准备方式。“单一”表示不分层开采，一次将整层煤层采完。“走向长壁采煤法”是指工作面沿煤层倾斜布置，沿走向推进。主要用于近水平、缓斜和倾斜薄及中厚煤层开采。

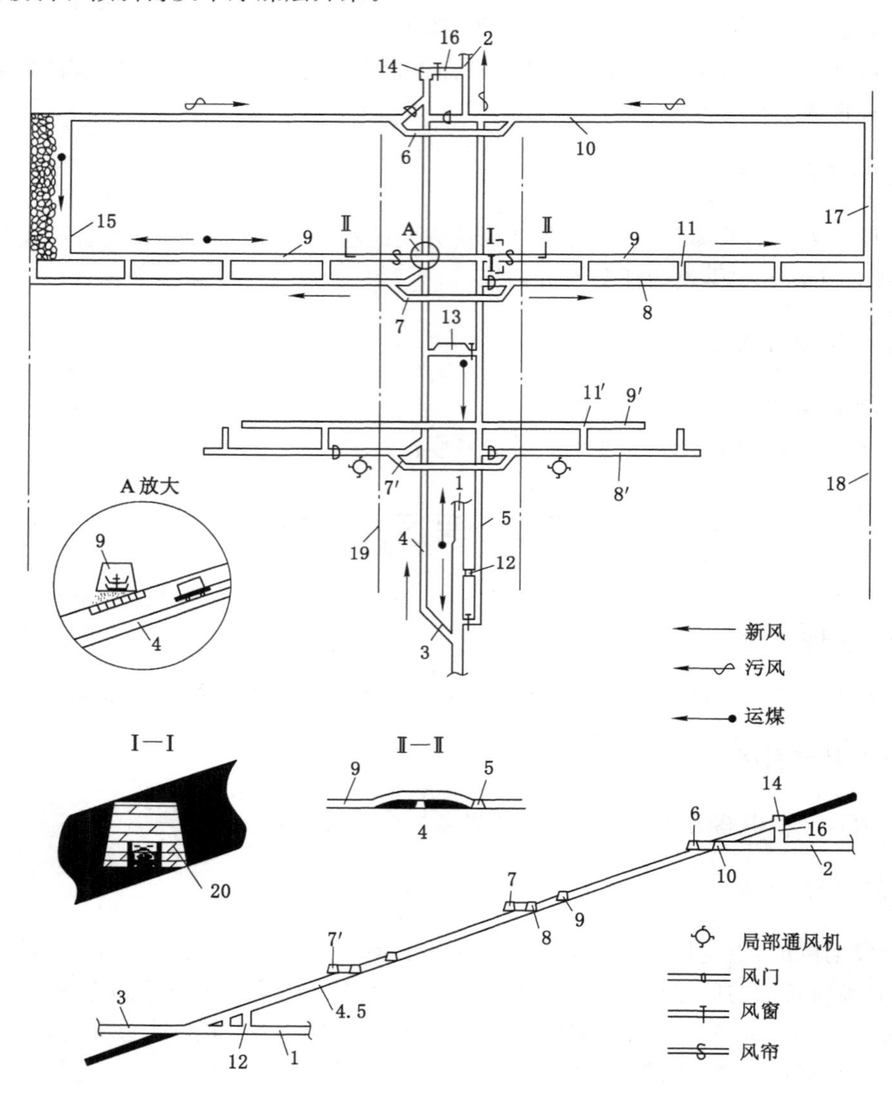

图 3-2 单一走向长壁采煤法上山采区巷道布置

1——采区运输石门；2——采区回风石门；3——采区下部车场；4——轨道上山；5——运输上山；6——采区上部车场；7，7′——采区中部车场；8，8′，10——区段回风平巷；9，9′——区段运输平巷；11，11′——区段联络巷；12——采区煤仓；13——采区变电所；14——采区绞车房；15——采煤工作面；16——采区绞车房回风斜巷；17——开切眼；18——采区走向边界线；19——工作面停采线；20——木板

（一）巷道布置及掘进顺序

图 3-2 所示采区划分为三个区段。准备该采区时，在采区运输石门接近煤层处，开掘采区下部车场。从该车场向上，沿煤层同时开掘轨道上山和运输上山，至采区上部边界后，通过采区上部车场与采区回风石门连通，形成通风系统。

为准备第一区段内的采煤工作面，在该区段上部开掘工作面回风平巷，在上山附近第一区段下部开掘中部车场，用双巷布置与掘进的方法(也可单巷布置)，向采区两翼边界同时开掘第一区段工作面的运输平巷和第二区段工作面的回风平巷。回风平巷超前运输平巷约 100～150 m 掘进，两巷道间每隔 100 m 左右用联络巷连通。沿倾斜方向两巷道间的煤柱宽度一般为 8～20 m，采深较小、煤层较硬和较薄时取小值，反之取大值。

本区段的运输平巷、回风平巷及下区段的回风平巷掘至采区走向边界线后，在长壁工作面始采位置处沿倾斜方向由下向上开掘开切眼。工作面投产后，开切眼就成为初始的工作面。

在掘进上述巷道的同时，还要开掘采区煤仓、变电所、绞车房回风斜巷，在以上巷道和硐室中安装并调试所需的提升、运输、供电和采煤设备后，第一区段内的两翼工作面便可投产。

随着第一区段工作面采煤的进行，应及时开掘第二区段的中部车场、运输平巷、开切眼和第三区段的回风平巷，准备出第二区段的工作面，以保证采区内工作面的正常生产和接替。

（二）采区生产系统

采区生产系统由采区正常生产所需的巷道、硐室、装备、管线和动力供应等组成。

1. 运煤系统

运输平巷内多铺设带式输送机运煤。根据倾角不同，运输上山内可选用带式输送机、刮板输送机或自溜运输方式。

运到工作面下端的煤，经运输平巷和运输上山到采区煤仓上口进入采区煤仓，在采区运输石门的采区煤仓下口装车，而后整列车驶向井底车场。采区石门中也可以铺设带式输送机运煤，与大巷带式输送机搭接。

2. 通风系统

为排出和冲淡采煤和掘进工作面的煤尘、岩尘、烟雾以及由煤层和岩层中涌出的瓦斯，改善采掘工作面作业环境，必须源源不断地为采掘工作面和一些硐室供应新鲜风流。在采区上山没有与采区回风石门掘通之前，上山掘进通风只能靠局部通风机供风。

（1）采煤工作面

新鲜风流从采区运输石门进入，经下部车场、轨道上山、中部车场，分两翼经下区段的回风平巷、联络巷、运输平巷到达工作面。工作面出来的污风进入回风平巷，右翼直接进入采区回风石门，左翼经车场绕道进入采区回风石门。为减少漏风，在靠近上山附近的运输平巷中用木板封闭，只留出运输机的断面，并吊挂风帘。

（2）掘进工作面

新鲜风流从轨道上山经中部车场分两翼送至平巷，经平巷内的局部通风机通过风筒压入到掘进工作面，污风流通过联络巷进入运输平巷，经运输上山排入采区回风石门。

（3）硐室

采区绞车房和变电所需要的新鲜风流由轨道上山直接供给，绞车房和变电所内的污风经调节风窗分别进入采区回风石门和运输上山。煤仓不通风,煤仓上口直接由采区运输石门通过联络巷中的调节风窗供风。

3. 运料排矸系统

第一区段内采煤工作面所需的材料和设备由采区运输石门运入下部车场,经轨道上山由绞车牵引到上部车场,然后经回风平巷送至两翼工作面。区段运输平巷和下区段回风平巷所需的物料自轨道上山经中部车场运入。掘进巷道时所出的煤和矸石一般利用矿车从各平巷运出,经轨道上山运至下部车场。

4. 供电系统

高压电缆经采区运输石门、下部车场、运输上山至采区变电所或工作面移动变电站,经降压后分别引向采掘工作面的用电装备、绞车房和运输上山输送机等用电地点。

5. 压气和供水系统

掘进采区车场、硐室等岩石工程所需的压气、工作面平巷以及上山输送机装载点所需的降尘喷雾用水分别由专用管路送至采区用气和用水地点。

二、厚煤层倾斜分层采区准备方式

对于缓斜和倾斜厚煤层,通常采用倾斜分层采煤法。所谓倾斜分层,就是将厚煤层沿倾斜分成几个平行于煤层层面的分层,在各分层分别布置采准巷道进行采煤。分层的厚度,要按照煤层埋藏条件和开采技术的要求合理选取。

分层开采顺序一般采用下行式,全部垮落法控制顶板。上分层开采后,下分层是在垮落的顶板下进行开采的,为保证下分层采煤工作面的安全,上分层开采期间必须铺设人工假顶或形成再生顶板。

同一区段内上下分层的开采,有分层同采和分层分采两种方式。分层同采是在同一区段内上下分层之间保持一定错距的条件下同时进行采煤的方式。分层分采有两种形式,一种是在同一采区内,待各区段采完上分层后,再掘进下分层回采巷道进行回采,俗称"大剥皮"。另一种是在同一区段内,采完上分层后,再掘进下分层回采巷道进行回采。

(一)分层分采巷道布置及掘进顺序

图 3-3 所示为分层分采时的巷道布置系统。如图所示,将厚煤层分成 3 个分层,在采区内,上分层全部采完后,再采以下的分层。

由大巷掘进采区下部车场,在距煤层底板 10～15 m 的岩层中布置采区运输上山和轨道上山,为各分层开采服务。两者沿走向水平距离 20～25 m,在层位上两条上山相错 3～4 m,也可在同一层位。上山掘进到采区上部边界后,变平与回风大巷相连,构成通风系统。在掘进两条上山的同时,掘进采区煤仓、绞车房和变电所等硐室。

通过运输上山掘进区段运输石门和区段溜煤眼与区段运输平巷相连,通过轨道上山掘进区段回风运料石门与下区段回风平巷相连。

回采巷道可双巷布置,也可单巷布置。

(二)采区生产系统

1. 运煤系统

采煤工作面 14 采出的煤→第一区段第一分层运输平巷 11→区段运输石门 8→区段溜煤眼→运输上山 4→采区煤仓 19→运输大巷 1。

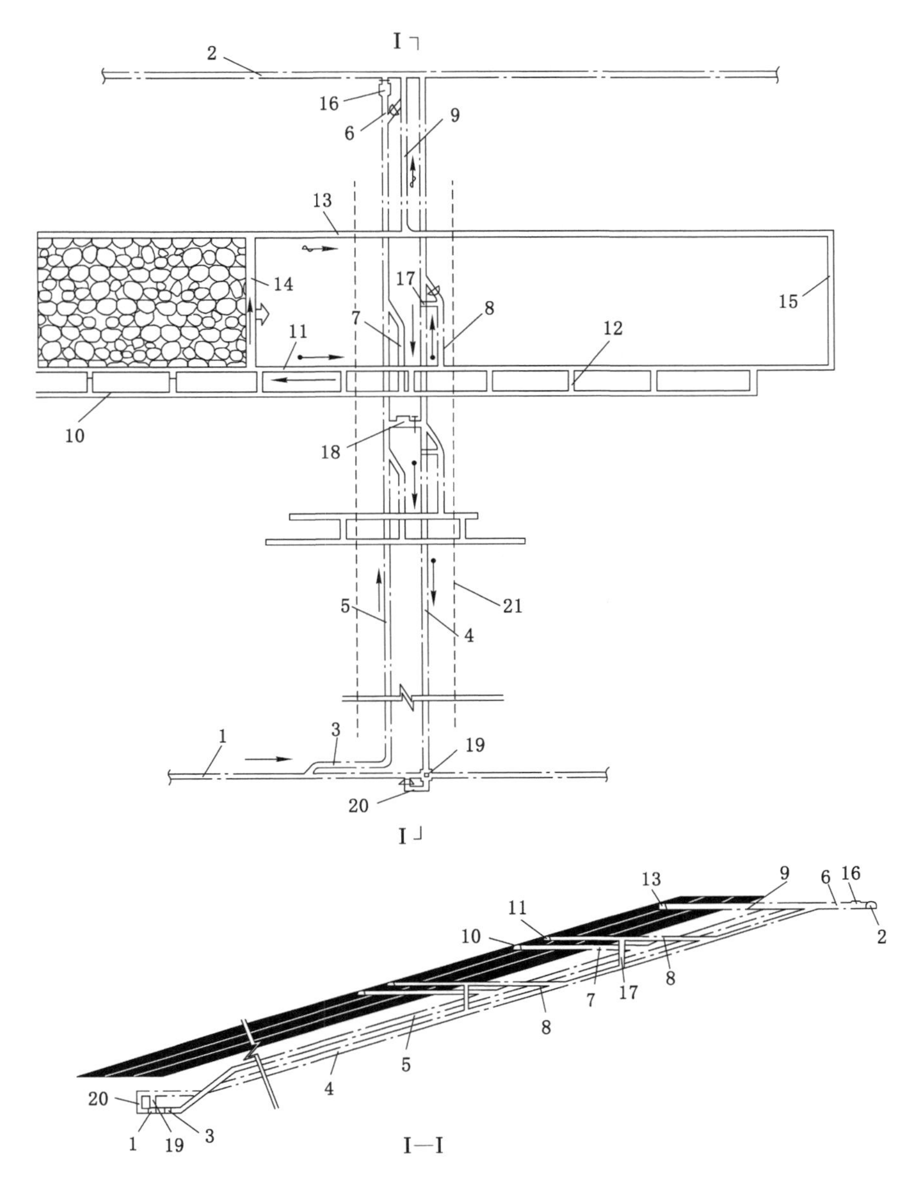

图 3-3　厚煤层倾斜分层走向长壁下行垮落采煤法分层分采采区巷道布置

1——运输大巷；2——回风大巷；3——采区下部车场；4——运输上山；5——轨道上山；6——采区上部车场；7——区段进风运料石门（中部甩入石门车场）；8——区段运输石门；9——第一区段回风石门；10——第二区段第一分层回风运料平巷；11——第一区段第一分层运输平巷；12——第一分层区段联络巷；13——第一区段第一分层回风运料平巷；14——第一区段第一分层工作面；15——第一区段第一分层开切眼；16——采区绞车房；17——区段溜煤眼；18——采区变电所；19——采区煤仓；20——行人斜巷；21——停采线

2. 通风系统

采煤工作面需要的新风由运输大巷 1→采区下部车场 3→轨道上山 5→区段进风运料石门 7→第二区段第一分层回风运料平巷 10→第一分层区段联络巷 12→第一区段第一分层运输平巷 11→工作面 14；冲洗工作面的污风→第一区段第一分层回风运料平巷 13→第

一区段回风石门 9→回风大巷 2。

掘进工作面所需要的新鲜风流用局部通风机从轨道上山引入，污风经运输上山排至回风大巷。

各硐室所需的新鲜风流由轨道上山直接供给。

3. 运料排矸系统

采煤工作面所需的材料等由运输大巷 1→采区下部车场 3→轨道上山 5→采区上部车场 6→第一区段回风石门 9→第一区段第一分层回风运料平巷 13→工作面 14。

掘进工作面所需的物料自轨道上山 5 经中部甩入石门车场运入；所出的煤矸由矿车从各平巷运至中部车场，经轨道上山运到下部车场。

三、多煤层采区准备方式

我国多数矿区所开采的煤层为两层或两层以上。缓斜、倾斜煤层群的开采方式有煤层群单层开采和多煤层联合开采两种方式。

（一）煤层群单层准备方式

对于煤层间距较大的煤层群，可在各个煤层中单独布置采区，形成各煤层独立的采区生产系统，如图 3-4 所示。单层准备方式的采区巷道布置、生产系统与单一煤层走向长壁采煤法基本相同。

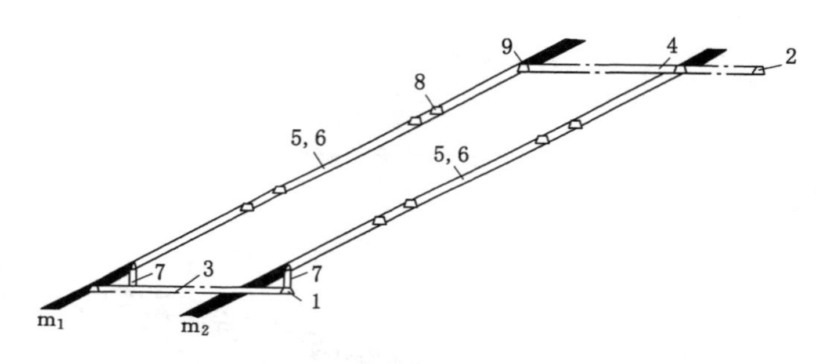

图 3-4 煤层群单层开采

1——运输大巷；2——回风大巷；3——采区运输石门；4——采区回风石门；5——运输上山；6——轨道上山；7——采区煤仓；8——区段运输平巷；9——区段回风平巷

（二）煤层群集中上山联合准备方式

缓斜、倾斜近距离煤层群集中上山联合准备方式，如图 3-5 所示。该采区开采缓斜薄及中厚煤层两层，煤层间距小于 20 m，两个煤层共用一组上山，称之为集中上山。

1. 巷道布置及掘进顺序

采区运输上山和轨道上山布置在下层煤中，两条上山相距 20 m 左右，上层煤和下层煤之间用区段石门及溜煤眼联系。

掘进顺序为：在采区走向长度的中央，由运输大巷 1 掘进采区石门 2 和采区下部车场 11，由此沿下层煤向上掘进采区运输上山 3 和轨道上山 4，掘至第一区段下部边界后，由上山向上层煤开掘第一区段的区段石门 9。与此同时，在采区上部边界处自地面向下开掘采区风井 15 到下层煤第一区段回风平巷标高，并由此开掘采区上部车场和回风石门 9、绞车房 13。同时要掘出采区煤仓 12、采区变电所 14。待采区上山 3、4 掘至采区上部车场后，便可掘进上、下两层煤的回采巷道。上层煤第一区段运输平巷 5 和第二区段回风平巷 6′（区别

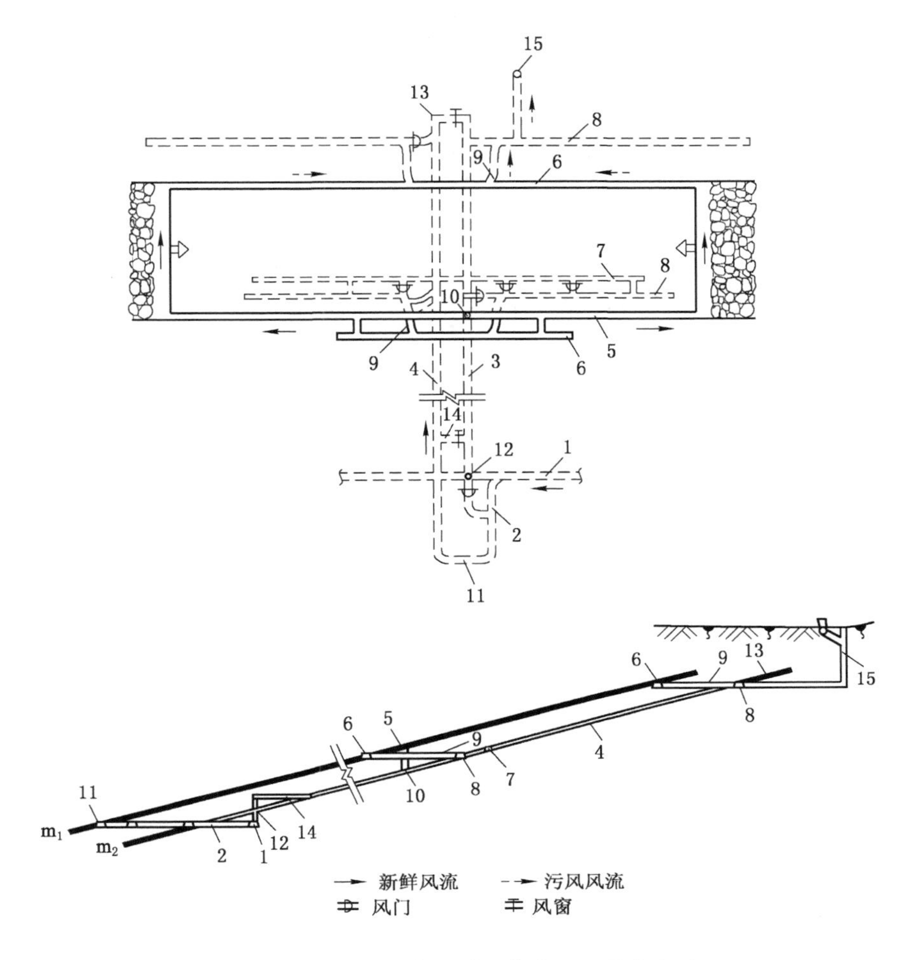

图 3-5　近距离多煤层采区集中上山联合布置

1——运输大巷；2——采区石门；3——运输上山；4——轨道上山；5——m_1 煤层区段运输平巷；6——m_1 煤层区段回风平巷；7——m_2 煤层区段运输平巷；8——m_2 煤层区段回风平巷；9——区段石门；10——溜煤眼；11——采区下部车场；12——采区煤仓；13——绞车房；14——采区变电所；15——采区风井

于 m_1 煤层，下同）为双巷掘进。当上层煤第一区段的平巷 5 和 6 掘到采区边界后，在上层煤掘进工作面开切眼，形成第一区段上层煤的采煤工作面和生产系统。在第一区段上层煤工作面采煤期间，根据开采程序的要求，准备下层煤第一区段工作面或上层煤第二区段工作面，以保证采区内采煤工作面正常接替。

2. 采区生产系统

（1）运煤系统

上层煤工作面采出的煤炭自运输平巷 5，经区段溜煤眼 10、运输上山 3 到采区煤仓 12，在运输大巷 1 中装车运出采区。下层煤工作面采出的煤，经运输平巷 7 直接运到采区运输上山 3，装入采区煤仓。

（2）通风系统

工作面所需的新风，由大巷 1 经采区石门 2、下部车场 11、轨道上山 4 和区段石门 9′，经上层煤第二区段回风平巷6′及联络巷分两翼经运输平巷5到达采煤工作面。从工作面出来的污风，经回风巷6、区段回风石门9到采区风井15排出。下层煤工作面的新风直接由采区上山进入到工作面平巷，污风也直接由工作面回风平巷到采区风井排出。

掘进工作面通风由布置在轨道上山中的局部通风机供给。采区变电所和采区绞车房所需的新鲜风流由轨道上山直接供给，利用调节风窗控制风量。

(3) 运料排矸系统

采煤工作面所需材料设备，自采区下部车场11，经轨道上山4，到采区上部区段石门9进入下分层区段回风平巷8，再经区段石门9到上层煤回风平巷6，送到上层煤工作面。下层煤工作面所需的材料设备，直接由巷道8送到工作面。

掘进工作面所需材料设备，由轨道上山4经区段石门9′运到上层煤和下层煤的掘进工作面。

掘进工作面所出的煤和少量的矸石，用矿车从区段石门9或9′经轨道上山4运到下部车场11，由采区石门2经运输大巷1运出。

(4) 供电系统

高压电缆由井底中央变电所经大巷1、运输上山3到采区变电所14，降压后通过电缆分别送到采煤和掘进工作的配电点及运输上山、轨道上山、绞车房等用电地点。

(5) 供水系统

采掘工作和巷道运输转载点所需要的降尘喷雾洒水用水，是由地面水池通过采区风井用专用管道送到用水地点的。也可以从井底净化水池经过水泵加压后，通过专用管道经大巷、采区石门、运输上山送到用水地点。

四、采区准备方式的应用

采区式是我国煤矿常用的准备方式。矿井地质条件、开采技术条件和技术装备条件的多样性和复杂性，决定了采区式准备方式在不同类型矿井中的应用有所不同。

(1) 在开采条件和装备条件较好的矿井，随着综采的发展和采煤工作面单产的不断提高，矿井生产由集中在采区发展到集中在采煤工作面，安全高效矿井由一个工作面或两个工作面就可以保证全矿的产量，所以采区准备的发展趋势是单层化布置，有的矿井已成功地采用了单层全煤巷准备方式。

(2) 厚煤层倾斜分层采区准备方式，在我国已具有成熟的巷道布置、采煤工艺和技术管理等方面的经验。分层同采的巷道布置方式可以实现同一区段内上下分层工作面同采，通过增加同采的工作面数量来增加采区生产能力，岩石工程量大，生产系统复杂。在采煤工作面单产不断提高、工作面推进速度较快、分层巷道支护和维护技术得到改善的条件下，分层分采的优越性越来越明显，厚煤层分层分采的开采技术得到进一步推广和发展，分层同采的巷道布置已少用或不用。

随着我国厚煤层放顶煤及大采高开采技术的发展，倾斜分层开采应用的比例有较大幅度下降。

(3) 由于我国煤层赋存条件差异较大，装备水平不同，大多数煤矿的采区上山多布置在底板岩层中，集中上山的联合准备方式无论综采、普采仍应用较多。但随着采煤工作面单产的提高，煤巷掘进速度的加快及支护手段的改进，区段共用集中平巷的联合准备方式的应用已日趋减少。

任务实施

参照图 3-2 单一走向长壁采煤法上山采区巷道布置，按 1：1 000 或 1：2 000 的比例，绘出采区开采范围的平面图，结合采区开采范围内的钻孔资料，画煤层底板等高线，绘制出采区煤层底板等高线图；计算采区的煤炭储量；根据选择的开采工艺方式，确定采区的生产能力与服务年限；依据采区所开采的煤层赋存条件和不同准备方式的特点与适应性，确定设计采区采用的准备方式；根据选择的准备方式，首先做出采区上山预计位置的煤层剖面图，提出采区上山的不同布置方案，进行技术比较确定采区上山的布置方式；绘制出采区上山巷道布置图，注意平面图与剖面图的相互配合。

思考与练习

1. 简述单一走向长壁采煤法的采区巷道布置及掘进顺序。
2. 根据模型，素描采区巷道系统图，并在图中标注巷道名称及主要生产系统。

任务三　盘区式准备

知识要点

上(下)山盘区巷道布置及掘进顺序；上(下)山盘区生产系统；上(下)山盘区巷道布置特点及层间联系。

技能目标

(1) 能合理进行上(下)山盘区巷道布置。
(2) 能识读上(下)山盘区巷道布置矿图并指述采区生产系统。

任务导入

盘区准备方式是矿井开采的主要准备方式之一。结合上(下)山盘区准备方式，系统地了解上(下)山盘区准备方式的基本特征和巷道布置特点。近水平煤层上山盘区单层准备方式如图 3-6 所示，盘区上山多沿煤层布置，机械化水平高、生产能力大的盘区可布置三条上(下)山，其间距一般为 15～20 m，两侧各留宽 20～30 m 的煤柱。

任务分析

通过典型的上(下)山盘区准备方式，掌握上(下)山盘区准备方式的基本特点。分析矿井开采煤层赋存条件，根据盘区开采范围画出盘区平面图和剖面图，对盘区进行区段划分，进行盘区巷道布置方案设计，从而确定盘区车场形式和区段巷道布置方式。

相关知识

采用走向长壁采煤法开采近水平煤层，一般采用盘区式开采。盘区式准备有上山盘区、下山盘区与石门盘区准备方式之分。按盘区内主要巷道服务的煤层数目不同，又有单层布置和联合布置盘区。石门盘区集中平巷联合准备方式岩石工程量大，且在工作面单产提高后不需要较多的工作面同时生产，因此这种布置方式已少用。

一、上(下)山盘区单层准备方式

其生产系统如图 3-6 所示，运输上(下)山一般采用带式输送机运输，生产能力小时也可以采用无极绳矿车运输。担负辅助运输的轨道上(下)山一般采用无极绳运输或小绞车运输，为了便于无极绳轨道运输，中部车场处将铺设道岔的一段轨道上(下)山调成平坡并与区段平巷顺向相连，即中部车场为顺向平车场布置形式。在机械化水平高的矿井中，辅助运输可以采用无轨胶轮车。

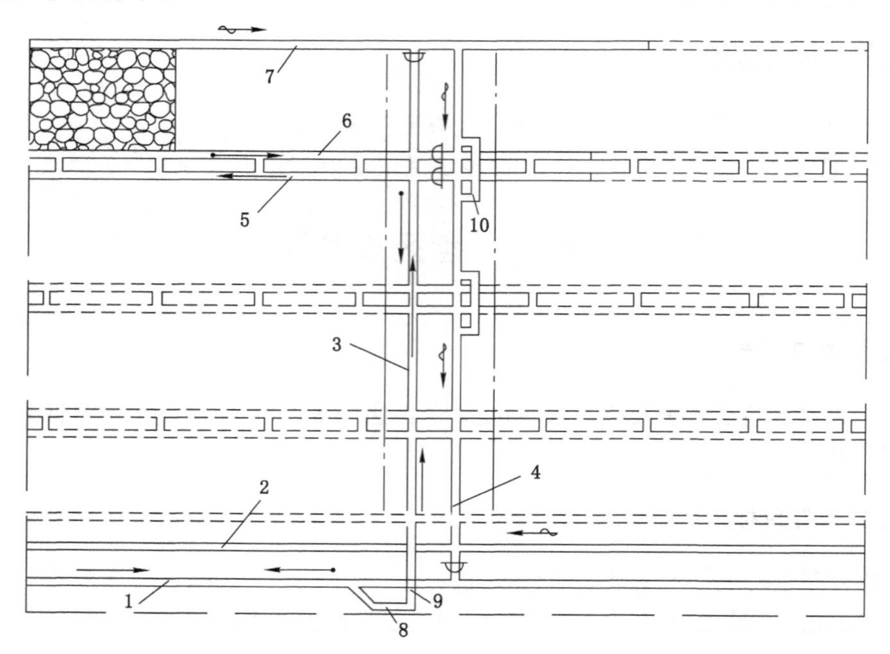

图 3-6 上山盘区单层准备方式

1——运输大巷；2——回风大巷；3——盘区运输上山；4——盘区轨道上山；5——下区段的回风平巷；6——本区段的运输平巷；7——本区段的回风平巷；8——进风行人斜巷；9——盘区煤仓；10——回风斜巷

右翼工作面生产时，可沿煤层顶板岩层补掘回风斜巷 10，并调整风门位置，污风经回风斜巷进入轨道上山。瓦斯涌出量大时可掘三条上山或下山。

单层准备系统简单，有利于机械化水平高的综采装备搬运，有利于工作面集中生产，目前应用较多。

二、上(下)山盘区联合准备方式

如图 3-7 所示为煤层群联合布置的上山盘区。盘区内开采两层煤，均为中厚煤层，层间距 10～15 m，煤层倾角 5°左右，地质构造简单，瓦斯涌出量不大。

1. 巷道布置及掘进顺序

运输大巷 1 布置在 m_2 煤层底板岩层中，回风大巷 2 和运输上山 5 布置在 m_2 煤层中，轨道上山 4 布置在 m_1 煤层中。运输上山 5 通过盘区煤仓 9、进风斜巷 7 与运输大巷 1 相连，轨

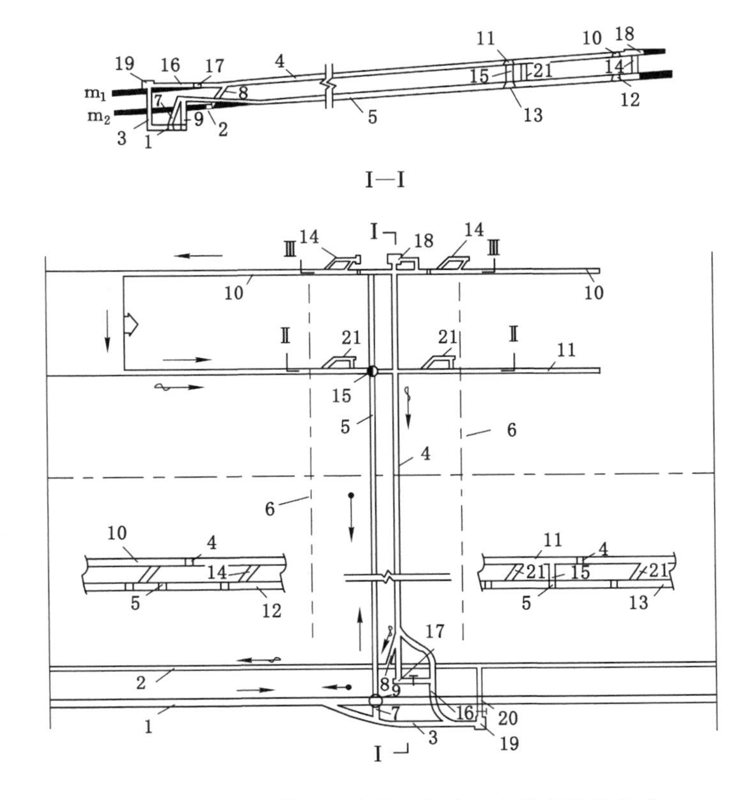

图 3-7　近距离煤层上山盘区集中上山联合准备方式

1——运输大巷；2——回风大巷；3——盘区材料车场斜巷；4——轨道上山；5——运输上山；
6——工作面停采线；7——进风斜巷；8——回风斜巷；9——盘区煤仓；10——m_1 煤层区段进风平巷；
11——m_1 煤层区段运输平巷；12——m_2 煤层区段进风平巷；13——m_2 煤层区段运输平巷；
14——区段材料斜巷；15——区段溜煤眼；16——甩车道；17——无极绳绞车房；18——无极绳绞车房尾轮硐室；
19——盘区材料斜巷绞车房；20——绞车房回风巷；21——m_2 煤层回风斜巷

道上山 4 既通过回风斜巷 8 与回风大巷 2 相连，又通过甩车道 16、材料斜巷 3 与运输大巷 1 相连。

运输上山 5 直接与 m_2 煤层中的区段平巷 12 和 13 相连，与 m_1 煤层中的区段运输平巷 11 通过区段溜煤眼 15 相连。轨道上山 4 直接与 m_1 煤层中的区段平巷 10 和 11 相连，通过区段材料斜巷 14 与 m_2 煤层中的区段进风平巷 12 相连。

m_1 煤层采毕，m_2 煤层开采时，为形成通风系统，还需要开掘为 m_2 煤层工作面回风的斜巷 21。

2. 盘区生产系统

(1) 运煤系统

m_1 煤层工作面采出来的煤炭，经 m_1 煤层区段运输平巷 11 运到区段溜煤眼 15，然后经 m_2 煤层中的共用运输上山 5，运到盘区煤仓 9，在运输大巷 1 装车运出盘区。m_2 煤层工作面采出来的煤炭，经 m_2 煤层区段运输平巷 13，到运输上山 5，盘区煤仓 9，在运输大巷 1 装车外运。

(2) 运料系统

工作面所需的材料和设备，由运输大巷 1 经盘区材料车场斜巷 3、甩车道 16 转运到 m_1

煤层中的盘区轨道上山 4，再运到 m_1 煤层区段进风平巷 10，送到 m_1 煤层采煤工作面。m_2 煤层采煤工作面所需材料，则直接由轨道上山运进 m_2 煤层区段进风平巷 12 到工作面。

（3）通风系统

由运输大巷 1 来的新鲜风流，经盘区材料车场斜巷 3、进风斜巷 7、运输上山 5、m_2 煤层的进风巷 12，然后通过材料斜巷 14 进入 m_1 煤层区段进风平巷 10，冲洗工作面。污风则经 m_1 煤层区段运输平巷 11、轨道上山 4、回风斜巷 8 进入总回风巷，由风井排至地面。

m_2 煤层工作面：新鲜风流→运输大巷 1→盘区材料车场斜巷 3→进风斜巷 7→运输上山 5→m_2 煤层的进风巷 12→m_2 煤层工作面；污风→m_2 煤层区段运输平巷 13→m_2 煤层回风斜巷 21→m_1 煤层区段运输平巷 11→轨道上山 4→回风斜巷 8→总回风巷 2。

在开采近水平薄及中厚煤层群时，通常采用上（下）山盘区联合布置的准备方式进行开采。运输大巷通常布置在下层煤的底板岩层中，总回风巷布置在上层煤中或其顶板岩层中。若条件许可，也可将盘区上（下）山布置在下层煤中。由于上（下）山的坡度小，运输上（下）山一般铺设带式输送机，在一些中小型矿井也有的铺设刮板输送机或采用无极绳矿车运煤。轨道上（下）山一般采用无极绳轨道运输，也可采用绞车牵引的轨道运输，但必须验算轨道上山下放矿车的距离，确保辅助运输系统可靠工作。由于坡度小，轨道上山与大巷之间一般需布置材料斜巷联系，煤层之间材料运输一般也采用斜巷布置方式；煤炭运输则多采用垂直溜煤眼方式联络。

当开采的近距离煤层群煤层层数较多或为厚煤层时，根据条件可将盘区上（下）山布置在煤层底板岩层中，采用盘区集中上（下）山和区段集中平巷联合布置的方式。

由于辅助运输环节多，这种布置方式不利于机械化水平高的工作面安装和撤出。

任务实施

本任务重点是掌握上（下）山盘区联合布置的准备方式的特点和适应性，分析矿井开采条件能否采用上（下）山盘区联合布置的准备方式。也可设置一定条件，进行上（下）山盘区联合布置的准备方式巷道布置训练。

思考与练习

1. 试述盘区式准备方式的巷道布置和掘进顺序。
2. 试说明采区式和盘区式准备的异同点及如何选择应用。

任务四 带区式准备

知识要点

倾斜长壁开采巷道布置方式；倾斜长壁开采生产系统；仰采、俯采的特点。

技能目标

能识读带区巷道布置矿图并指述倾斜长壁开采生产系统。

任务导入

倾斜长壁开采主要使用在煤层倾角小于12°的近水平煤层。井田划分为阶段后，可以直接布置带区工作面。带区布置也分为单一煤层和多煤层。由于工作面是水平的，为减少带区装载点的数目，一般采用相邻工作面共用装载点的布置方式，称为相邻带区布置方式，也有两个以上条带工作面共用装载点的布置方式，称为多带区布置方式。

任务分析

带区式开采方式也称倾斜长壁开采方式。倾斜长壁开采巷道布置，即长壁工作面沿煤层走向布置，运煤、运料（行人）的回采巷道沿煤层倾向布置，工作面沿煤层倾向向上或向下推进的开采方式。本任务主要是结合设计矿井开采条件，分析设计采区与矿井能否采用倾斜长壁开采，熟悉矿井采用倾斜长壁开采巷道布置的基本特征。也可设定适宜倾斜长壁开采的条件，进行倾斜长壁开采巷道布置方式练习。

相关知识

近水平煤层中一般用带区式准备方式，采用倾斜长壁采煤法开采。当采煤工作面设备采取有效的技术措施后，可应用于倾角12°～17°的煤层。倾斜长壁采煤法是指采煤工作面沿走向布置，沿倾斜向上或向下推进，工作面自下而上推进采煤为仰斜开采，工作面自上而下推进采煤为俯斜开采。

倾斜长壁分带工作面可以单工作面布置和生产，有两条回采巷道；相邻两个工作面也可以对拉布置，三条回采巷道组成一个采准系统，合用一个带区煤仓。

一、单一煤层相邻两分带带区式巷道布置

图3-8所示为俯斜推进的单一煤层相邻两分带带区式巷道布置系统图。

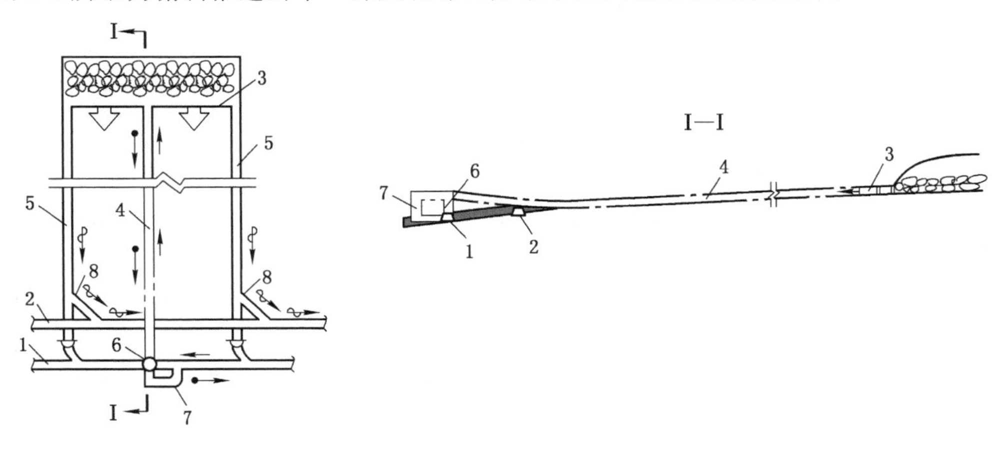

图3-8　单一煤层相邻两分带带区式巷道布置

1——水平运输大巷；2——水平回风大巷；3——采煤工作面；4——带区运输斜巷；5——带区回风斜巷；6——煤仓；7——行人进风斜巷；8——回风斜巷

1. 巷道布置及掘进顺序

采用倾斜长壁采煤法时，井田阶段内的划分方式为带区式划分，即在水平大巷的一侧，沿煤层走向按一定长度（为采煤工作面长度、工作面两条斜巷和条带煤柱宽度之和）划分出若干带区。工作面沿煤层走向布置，工作面两侧的带区斜巷沿煤层倾斜布置，并分别与运输大巷和回风大巷连接。图 3-8 所示为双工作面（也称作对拉工作面）布置形式，利用三条带区斜巷开采两个带区，两个工作面共用一条带区运输斜巷。

自运输大巷 1 开掘下部车场和行人进风斜巷 7、煤仓 6，然后沿煤层倾斜向上掘带区运输斜巷 4，同时沿煤层倾斜向上掘带区回风运料斜巷 5 与回风大巷 2 连通。这些回采巷道掘至井田上部边界后，即可掘开切眼布置采煤工作面。

倾斜长壁采煤工作面的长度一般为 100～150 m，甚至可以达到 200 m，工作面推进距离 1 000～1 500 m。在运输斜巷中铺设刮板输送机或可伸缩带式输送机运送煤炭。回风斜巷内铺设轨道，用无极绳绞车运送材料和设备。

2. 生产系统

(1) 运煤系统：采煤工作面采出的煤炭，经运输斜巷 4，运至煤仓 6，然后在运输大巷 1 装车运出。

(2) 运料系统：工作面所需的材料和设备，由运输大巷 1 运至下部车场，经回风斜巷 5 运到采煤工作面。

(3) 通风系统：采煤工作面所需要的新鲜风流，自运输大巷 1 经行人进风斜巷 7，通过运输斜巷 4 送到采煤工作面。冲洗工作面后的污风，经回风斜巷 5 到水平回风大巷 2，由风井排出。

掘进工作面的通风，新风经设置运输大巷的局部通风机及风筒送到掘进工作面。掘进工作面的污风，则通过巷道排到回风大巷。

二、近距离煤层群相邻两分带带区式联合布置

倾斜长壁采煤法开采近水平煤层群时，同样有单层布置和联合布置两种方式。对于层间距较大的煤层群，可在各个煤层中单独布置带区分别开采，其巷道布置、生产系统与单一煤层倾斜长壁采煤法基本相同。对于近距离煤层群，一般采用联合布置带区准备方式。

图 3-9 所示为近距离煤层群相邻两工作面带区式联合布置。

（一）巷道布置及掘进顺序

运输大巷和回风大巷，一般布置在煤层群最下一层薄及中厚煤层之中，或布置在最下一层煤的底板岩层中，自运输大巷布置一条运料斜巷与各层煤的带区回风运料斜巷联系，并使运料斜巷与回风大巷连通，运输大巷与各层的带区运输斜巷通过溜煤眼和行人进风斜巷连通。

掘进顺序是由运输大巷 1 开掘通达各煤层的煤仓 4 及行人进风斜巷 5，同时由运输大巷 1 开掘材料车场和运料斜巷 3 穿透各煤层，并掘出材料斜巷 3 的绞车房和甩车场。然后沿倾斜向上开掘第一层煤层的带区运输斜巷 6 和带区回风运料斜巷 7 直至上部边界，再掘出开切眼。

在最上层煤采煤工作面生产的同时，应及时准备出下层煤的回采巷道，以保证生产的正常接替。

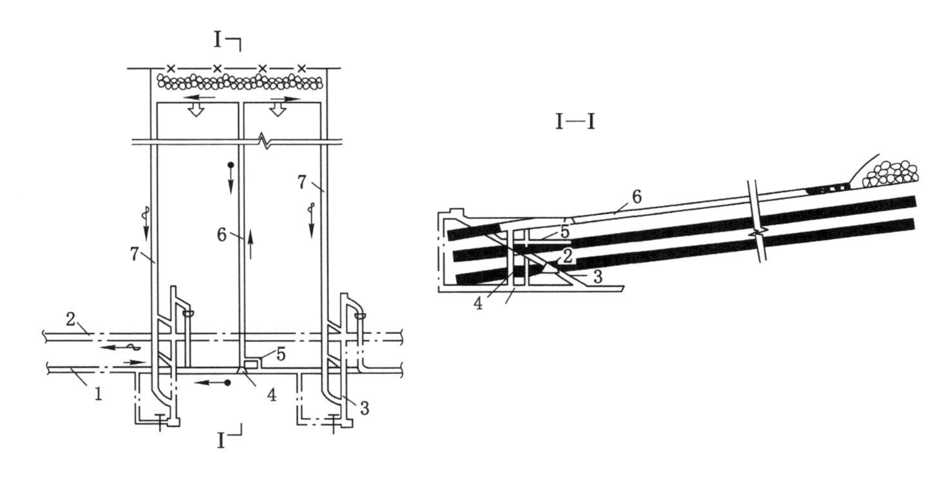

图 3-9　近距离煤层群相邻两工作面带区式联合布置

1——运输大巷；2——回风大巷；3——材料斜巷；4——煤仓；
5——行人进风斜巷；6——带区运输斜巷；7——带区回风斜巷

（二）生产系统

1. 运煤系统

各层煤采煤工作面采出的煤炭，经带区运输斜巷 6 运到带区煤仓 4，在运输大巷中装车运出。

2. 运料系统

各层煤工作面所需的材料、设备，由运输大巷 1 运到材料斜巷 3 下部，再通过绞车提升到上部甩车场，经带区回风斜巷 7 送到各煤层采煤工作面。

3. 通风系统

新鲜风流由运输大巷 1，经行人进风斜巷 5、带区运输斜巷 6 进入各煤层采煤工作面。冲洗工作面后的污风，则通过带区回风斜巷 7 到材料斜巷 3，经回风大巷 2 由风井排出。

三、单一煤层相邻多分带工作面带区准备方式

相邻多分带工作面带区准备方式如图 3-10 所示。

（一）巷道布置

运输大巷 1 和回风大巷 2 布置在煤层底板岩石中，服务于 6 个分带的带区运料平巷 4 和带区运煤平巷 5 布置在煤层中，与分带运输斜巷 9 和分带回风斜巷 10 平面相交。

运输大巷 1 通过带区煤仓 7 和进风行人斜巷 6 与带区运煤平巷 5 相连，回风大巷 2 通过材料车场 3 和带区回风石门 11 与带区运料平巷 4 相连。

（二）生产系统

运煤：工作面→分带运输斜巷 9→带区运煤平巷 5→带区煤仓 7→运输大巷 1。

通风：新鲜风流→运输大巷 1→进风行人斜巷 6→带区运煤平巷 5→分带运输斜巷 9→工作面；污风→分带回风斜巷 10→带区运料平巷 4→带区回风石门 11→材料车场 3→回风大巷 2。

辅助运输：材料与设备→回风大巷 2→材料车场 3→带区回风石门 11→带区运料平巷 4→分带回风斜巷 10→工作面。

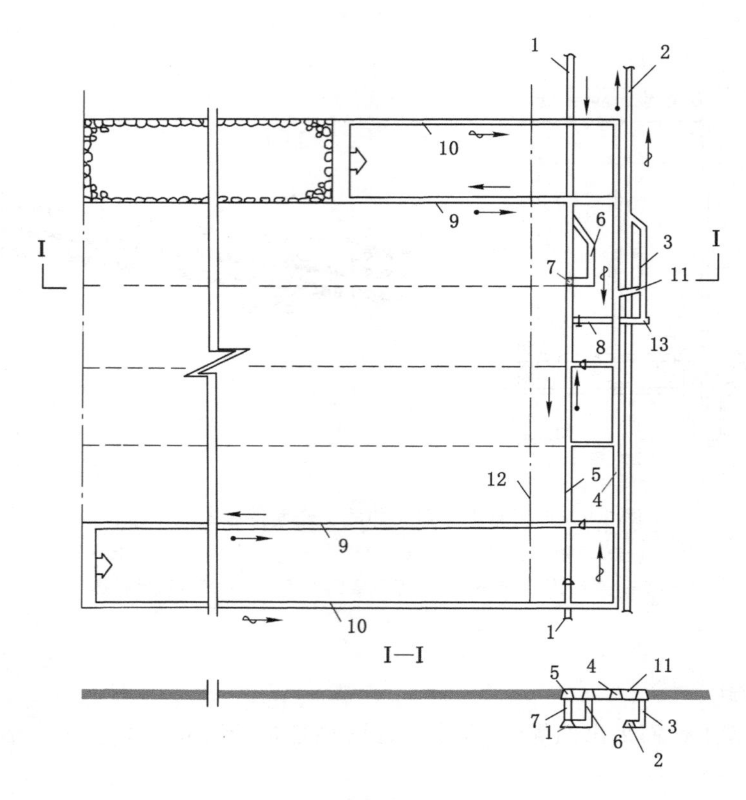

图 3-10 多分带工作面带区准备方式

1——运输大巷；2——回风大巷；3——材料车场；4——带区运料平巷；
5——带区运煤平巷；6——进风行人斜巷；7——带区煤仓；8——绞车房通风道；
9——分带运输斜巷；10——分带回风斜巷；11——带区回风石门；12——停采线；13——绞车房

四、带区式准备方式的应用

带区式准备方式不需要开掘上下山，大巷掘出后便可以掘运输斜巷、回风斜巷、开切眼和必要的硐室与车场。因此，巷道系统简单。

带区式准备方式一般应用于煤层倾角小于 12°的煤层。煤层倾角越小，技术经济效益越显著。当对采煤工作面设备采取有效的技术措施后，可应用于 12°～17°的煤层。对于煤层倾角较小，倾斜或斜交断层比较发育的煤层，在能大致划分成比较规则带区的情况下，采用带区式准备方式比较有利。

任务实施

结合设计矿井开采基本条件，当倾角较小时，分析采用倾斜长壁开采的可行性。如果设计矿井煤层倾角较大，可设定一个矿井开采基础条件，进行倾斜长壁开采巷道布置练习。通过进行倾斜长壁开采的巷道布置训练，系统掌握倾斜长壁开采巷道布置的特点，熟悉倾斜长壁开采的规律，能够分析倾斜长壁开采适应条件，合理选择倾斜长壁开采巷道布置方式。

思考与练习

1. 试述倾斜长壁采煤法的主要特点，说明其主要优缺点及使用条件。

2. 试分析仰斜和俯斜开采的特点及使用条件。

3. 为什么说煤层倾角是影响采用这种方法的最主要因素？

任务五　采区准备巷道

知识要点

采区上(下)山的合理布置;采区上(下)山布置图的绘制;区段平巷布置方式的选择。

技能目标

能够根据已知条件选择采区上(下)山的数目及位置;能够辨识不同采区准备巷道布置形式;能够识图辨别区段集中平巷的四种布置方式。

任务导入

采区巷道系统主要由采区上山、采区车场和区段平巷等巷道相互组合而成。在煤矿现场的实际设计当中,应针对不同的地质条件和采煤工艺,选择合理的上山布置方式和区段平巷布置方式。上山布置方式,主要确定其上山的数目、布置位置以及上山之间相互位置关系等;区段平巷布置主要包括布置方式、区段平巷间的护巷方式。

任务分析

在选择采区上山布置方式时应考虑的主要因素是煤层赋存条件,包括煤层厚度和倾角、顶底板岩性、瓦斯含量、涌水量以及采区生产能力与服务年限等,在条件简单的采区一般布置两条上山即可满足生产系统要求,在一些特定条件下,必须布置三条以上的上山,来满足采区安全生产的要求。区段平巷布置方式有单巷布置和双巷布置,双巷布置一般又分为单巷掘进与双巷掘进,目前的布置方式主要采用双巷布置单巷掘进。区段平巷间的护巷方式分为煤柱护巷与无煤柱护巷。选择采区上山与区段平巷布置方式时必须结合矿井开采条件,经综合分析,合理选择安全性能好、系统可靠性高、满足生产与安全要求的布置方式。

相关知识

一、采区上(下)山的布置

采区上(下)山布置主要应考虑开采煤层厚度和倾角、顶底板岩性、瓦斯含量、涌水量以及采区生产能力与服务年限等因素。采区下山的布置原则同采区上山,以下仅讨论采区上山布置。

1. 采区上山位置

采区上山可以布置在煤层中或底板岩石中;在某些特殊条件下,也可把采区上山布置在煤层顶板岩石中;对于煤层联合布置的采区,上山一般布置在煤层群的下部,特殊情况下可布置在中部或上部。

煤层上山掘进容易，费用低，速度快，联络巷道工程量少，生产系统简单，并可补充勘探资料。但受煤层倾角变化影响较大，生产期间维护比较困难。在条件允许的情况下，应优先选择煤层上山。随着支护技术的发展，目前在煤层中布置上山有逐渐增多的趋势。

岩石上山与煤层上山相比，掘进速度慢，准备时间长，但维护条件好，维护费用低。对单一厚煤层采区和煤层群联合准备采区，特别是在深度大的矿井中，或煤比较松软，为改善上山的维护条件，目前多将上山布置在煤层底板岩石中，其技术经济效果比较显著。

2. 采区上山数目

采区上山至少要有两条才能形成完善的生产系统，一条用于运煤，称为运输上山；一条用于辅助运输，多铺设轨道，称为轨道上山。

《煤矿安全规程》第一百四十九条规定：高瓦斯、突出矿井的每个采（盘）区和开采容易自燃煤层的采（盘）区，必须设置至少 1 条专用回风巷；低瓦斯矿井开采煤层群和分层开采采用联合布置的采（盘）区，必须设置 1 条专用回风巷。采区进、回风巷必须贯穿整个采区，严禁一段为进风巷、一段为回风巷。

根据开采条件变化和安全生产的要求，可以增设第三条用于专门通风和行人的上山。

3. 采区上山之间的相互位置

采区上山之间在层面上需保持一定的水平距离。采用两条岩石上山布置的，其水平间距一般取 20～25 m；三条岩石上山的，其间距可缩小到 10～15 m；如果是煤层上山，则间距一般要增大到 25～30 m。上山间距，过大会使上山之间的联络巷长度加大，过小则不利于巷道维护，也不便于在其间布置机电硐室，也会给中部车场的布置和施工带来困难。

采区上山在垂直层位上，可以布置在同一层位上，也可以使两条上山之间在层位上保持一定的高差。为便于运煤，可将运输上山设在比轨道上山低 3～5 m 的层位上。如果采区涌水量较大，为使运输上山中不流水，可将轨道上山布置在低于运输上山的层位上。当两条上山都布置在同一煤层中，且煤层厚度又大于上山断面的高度时，一般是将轨道上山沿煤层顶板布置，运输上山则沿煤层底板布置，以便于处理区段平巷与上山的交叉关系。

4. 采区上山布置方式

(1) 一煤一岩上山

当煤层群最下一层煤煤层及围岩坚硬、地质条件好的薄及中厚煤层时，可将轨道上山布置在该煤层中，运输上山布置在底板岩层中，如图 3-11(a)所示。这种布置可减少岩石巷道工程量，适用于产量不大、瓦斯涌出量较小、服务年限不长的采区。

(2) 两条岩石上山

对于煤层层数多、总厚度较大的联合布置采区，若煤层群最下一层为厚煤层，或者虽为薄及中厚煤层但受煤质松软、顶底板岩层不稳定、自然发火期短等因素影响，不宜布置煤层上山时，可将两条上山都布置在煤层底板岩层中，如图 3-11(b)所示。

(3) 两条煤层上山

当煤层群最下一层煤煤层及围岩坚硬、地质条件好的薄及中厚煤层，或者虽为厚煤层其底板岩层因复杂或不稳定地质因素不宜布置巷道时，可将集中上山布置在煤层之中，如图 3-11(c)所示。这种布置方式掘进施工方便，速度快，掘进费用低，但上山维护工作量大，留设的煤柱宽度大。

(4) 两岩一煤上山

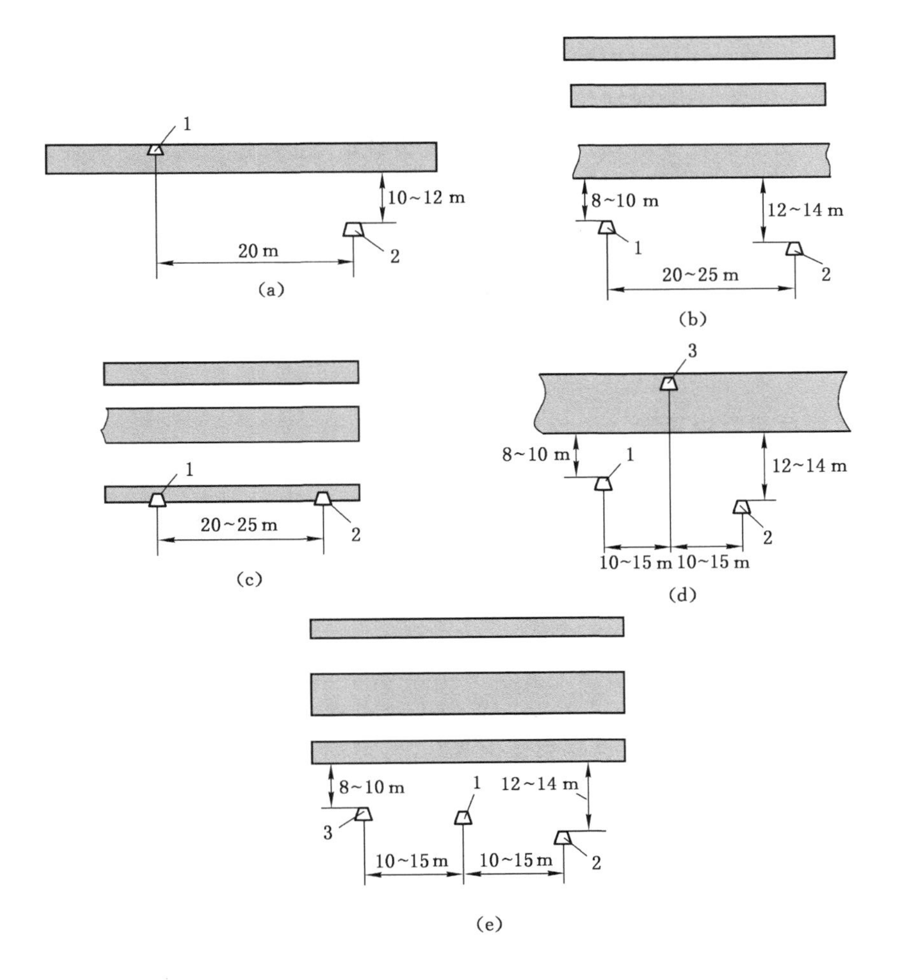

图 3-11　采区上山布置类型

1——轨道上山；2——运输上山；3——通风行人上山

为了进一步探清煤层情况和地质构造，在煤层中增设一条通风行人上山，在煤层底板岩层中布置两条岩石上山，如图 3-11(d)所示。掘进时一般先掘煤层上山，为两条岩石上山探清地质变化情况。

(5) 三条岩石上山

在煤层底板岩层中布置三条上山，如图 3-11(e)所示。适用于开采煤层层数多、厚度大、储量丰富或瓦斯涌出量大、通风系统复杂的采区。

5. 采区上山运输

采区上山的倾角，一般应与煤层的倾角一致。当煤层倾角有变化时，为便于运输，应使上山尽可能保持适当的固定坡度。岩石上山为了适应带式输送机运煤或煤炭自溜运输，也可以穿层布置。

采区运煤上山内设置的运输能力应大于同时生产的工作面生产能力总和。开采近水平煤层、缓倾斜及倾斜煤层的矿井，采区上山的运输设置应根据采区运输量、上山倾角和运输设备性能，选用带式输送机、自溜、缠绕式绞车或无极绳绞车牵引矿车运输。

采区辅助运输包括采掘工作面设备、材料，掘进出煤和矸石的运输。与运煤相比，采区辅助运输量较小。掘进出煤可以用带式输送机运输，也可以用矿车运输；掘进出矸要用矿车运输；采掘工作面设备、材料等要用平板车运输。

通过前面的分析我们了解到，选择上山布置方式时，主要是根据煤层赋存条件、周边采动影响及煤矿生产与安全的需要等因素来确定其位置、数目和相对关系。随着采煤机械化程度的提高，采区巷道断面也在逐步增大。目前，新的综采设备已经成功地实现了大采高一次采全厚，有些矿区采高已达到 10 m 以上，所以，只要条件允许，就应大力推广一次采全厚的单一走向长壁综合机械化采煤技术。若条件不适宜，则应采用一般综合机械化分层开采或放顶煤开采。在选择采区上山布置方式和区段集中平巷布置方式时，必须符合这些新技术的需求。

二、多煤层区段集中平巷

采用集中上山和区段集中平巷联合准备方式开采煤层群的采区，要设置区段集中平巷为区段内各煤层服务。通常上区段的运输集中平巷，在下区段回采时又作为区段(轨道)回风集中平巷。

根据煤层赋存条件和采区生产需要，煤层群区段集中平巷的布置方式大致有以下几种。

1. 机轨分煤岩巷布置

机轨分煤岩巷布置是将运输集中平巷布置在煤层底板岩层中，轨道集中平巷布置在煤层之中，如图 3-12 所示。这种方式比双岩集中平巷布置少掘一条岩石平巷，而且轨道集中平巷沿煤层超前掘进，还可探明煤层的变化情况，为岩石运输集中平巷的掘进取直提供保证条件。在煤层顶板淋水较大的情况下，可利用轨道集中平巷泄水，以不影响运输集中平巷的正常运输。但轨道集中平巷布置在煤层中，易受采动影响，维护比较困难，因此可将轨道集中平巷布置在围岩条件好的薄及中厚煤层中。

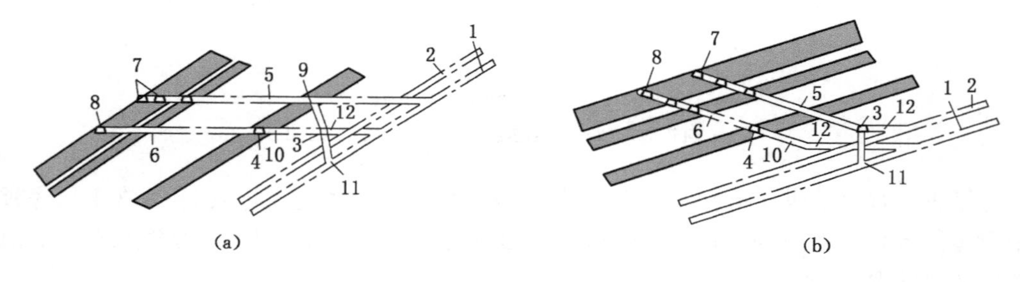

图 3-12 机轨分煤岩巷布置

(a) 石门联系方式；(c) 斜巷联系方式

1——运输上山；2——轨道上山；3——运输集中平巷；4——轨道集中平巷；5——层间运输联络石门(或斜巷)；6——层间轨道联络石门(或斜巷)；7——上区段分层超前运输平巷；8——下区段分层超前轨道平巷；9——层间溜煤眼；10——区段轨道石门(或斜巷)；11——区段溜煤眼；12——中部甩车场

区段集中平巷必须每隔一定距离开掘一条联络巷道，以与各煤层的超前平巷相联系。区段集中平巷与各分层超前平巷的联系方式，有石门联系、斜巷联系和立眼联系三种。

当煤层倾角较大，分层工作面平巷为水平布置时，一般常采用石门联系，如图 3-12(a)所示。石门联系方式的优点是掘进施工、运料和行人比较方便。但当煤层倾角不大时，石门长度较长，掘进工程量大，而且石门用于运煤时不能实现煤炭重力运输，与立眼联系方式相比，石门中要铺设输送机，多占用设备。这种联系方式一般用于倾角大于15°～20°的煤层。

倾角较小(小于15°～20°)的缓斜厚煤层，为了减少掘进工程量和煤柱宽度，常采用斜巷联系方式，如图3-12(b)所示。斜巷联系方式的优点是联络巷道工程量少，煤炭可以自溜下送，占用设备少。但掘进施工比较困难，辅助运输和行人不便。为便于排矸、运送材料设备和行人，斜巷坡度一般选用25°～30°，溜煤眼坡度为35°左右。

倾角很小或为近水平厚煤层，分层平巷采用垂直式布置时，分层平巷与集中平巷之间多采用立眼联系方式。其优点是煤炭可自溜，煤柱损失少。但立眼施工困难，为解决辅助运输，还要开掘运料、行人等斜巷。

在实际选择联络巷的形式时，往往要根据联络巷的用途、煤层倾角、地质条件、采区巷道布置的总体合理性等因素进行综合考虑，将上述的石门联系、斜巷联系和立眼联系组合应用。

2. 机轨双岩巷布置

机轨双岩巷布置是将运输集中平巷和轨道集中平巷均布置在煤层底板岩层中，如图3-13所示。

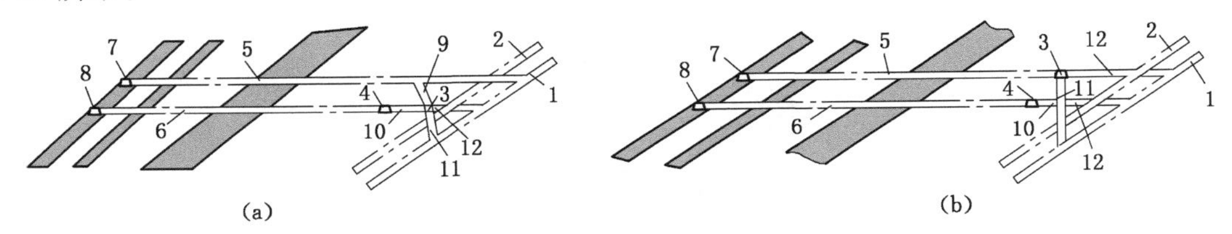

图3-13　机轨双岩巷布置

(a) 双岩巷相同标高布置；(b) 双岩巷不同标高布置

1——运输上山；2——轨道上山；3——运输集中平巷；4——轨道集中平巷；5——层间运输联络石门(或斜巷)；6——层间轨道联络石门(或斜巷)；7——上区段分层超前运输平巷；8——下区段分层超前轨道平巷；9——层间溜煤眼；10——区段轨道石门(或斜巷)；11——区段溜煤眼；12——中部甩车场

双岩巷布置的优点是，巷道受到的支承压力小，可大幅度减少巷道维护费用，且有利于上下区段的同时开采，有利于增大采区生产能力。但岩石巷道掘进工程量大，掘进费用高，采区准备时间长。适合于开采煤层数目较多或煤层厚度大、区段生产时间长，以及布置煤层集中平巷难以维护等条件下采用。

3. 机轨合一巷布置

机轨合一巷布置就是将运输集中平巷和轨道集中平巷，合为一条断面较大的岩石集中平巷，如图3-14所示。这种布置方式减少了一条集中平巷及相关联络巷，掘进和维护工程量较少。但机轨合一巷加大了巷道的跨度和断面积，缺少了煤层巷道的定向引导，巷道层位不好控制，而且施工相对比较困难，施工进度慢。尤其是机轨合一巷与采区上山的连接处，与通往分层超前平巷的联络巷道连接处，存在着轨道运输和输送机运输的交叉穿越问题，造成运煤和运料极其不方便。为解决轨道运输和输送机运输的交叉问题，需要对巷道和线路、设备进行复杂的设计布置和施工。

机轨合一巷布置适合于煤层底板岩层较好、煤层稳定、采区生产能力不大的采区。

4. 机轨双煤巷布置

机轨双煤巷布置是将运输集中平巷和轨道集中平巷均布置在煤层当中，如图3-15所

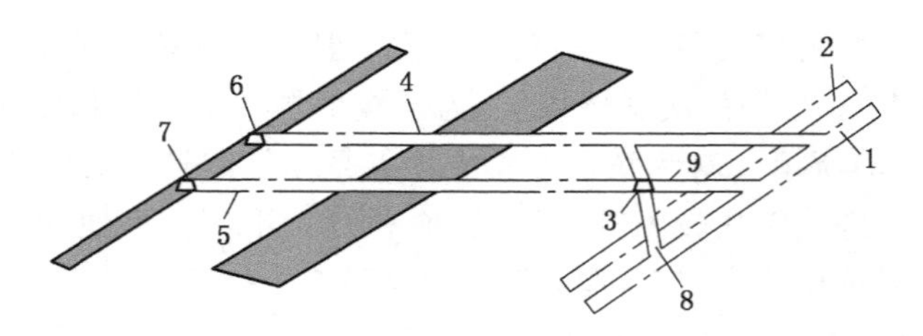

图 3-14 机轨合一巷布置

1——输送机上山;2——轨道上山;3——机轨合一集中平巷;4——层间运输联络石门;5——层间轨道联络石门;6——上区段运输平巷;7——下区段回风平巷;8——区段溜煤眼;9——中部甩车场

示。这种布置方式的优点是岩巷工程量少,掘进容易,速度快,掘进费用低,可缩短采区准备时间,而且有利于上下区段之间的同时回采,扩大采区生产能力。但在煤层中布置集中平巷,受采动影响大,特别是当煤层层数多、间距小的情况下,集中平巷要受多次采动影响,再加上集中平巷服务期较长,造成巷道维护量大,巷道围岩变形破坏严重时,还会影响正常安全生产。

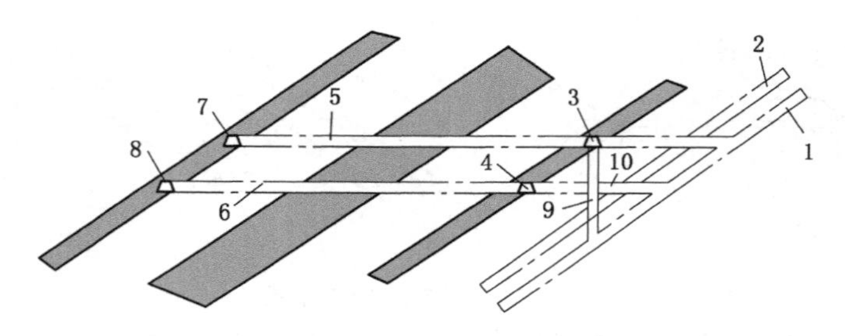

图 3-15 机轨双煤巷布置

1——输送机上山;2——轨道上山;3——运输集中平巷;4——轨道集中平巷;5——层间运输联络石门;6——层间轨道联络石门;7——上区段运输平巷;8——下区段回风平巷;9——区段溜煤眼;10——中部甩车场

联合布置的采区,若煤层群最下部有围岩稳定性好的薄及中厚煤层,可以考虑采用双煤集中平巷布置。

三、区段平巷布置分析

(一) 区段平巷布置方式

区段平巷的布置方式主要是指上下区段之间的回采平巷布置形式,可分为单巷布置和双巷布置。区段平巷的布置方式主要根据煤层特征以及地质条件和不同回采工艺、工作面间的接替要求等因素综合考虑确定。

单巷布置是上下区段之间布置一条巷道,两个采煤工作面分别使用,也称为沿空留巷布置方式。

双巷布置是上下区段之间布置两条巷道,分别为上区段的运输平巷和下区段的回风平巷。双巷布置又可根据不同的掘进方法,分为单巷掘进和双巷掘进。

目前区段平巷布置主要以单巷掘进为主。在普通机械化采煤和爆破采煤时,由于采煤工作面可以不等长布置,在煤层走向变化较大的情况下,有的工作面采用双巷布置双巷掘进较为有利。在掘进过程中,通常下区段轨道平巷超前于上区段运输平巷沿腰线掘进,这样既可探明煤层变化情况又便于辅助运输和排水。对于煤层瓦斯含量较大、一翼走向长度较长的采区，双巷掘进有利于掘进通风和安全。其缺点是提前开掘出下区段的轨道平巷，在上区段开采过程中，受开采动压影响较大，且需留设区段煤柱护巷，维护费用和煤柱损失都较大，并且也增加了联络巷道的掘进费用和工作面采过后密闭的费用。如果采用双巷掘进，上区段采煤工作面结束后，就应立即转到下区段工作面进行回采，以减少所掘回风平巷的维护时间。

采用综合机械化采煤时，工作面生产能力提高，有的区段平巷也采用双巷布置，这样可以减小巷道断面，将输送机与移动变电站、泵站分别布置在两条巷道内，运输平巷随采随废，对移动变电站、泵站所在的平巷加以维护，作为下区段的回风平巷，如图 3-16(a)所示。这种布置方法的缺点是，配电点到用电设备的输电电缆以及乳化液输送管、水管等需穿过两条平巷之间的联络巷，工作面每推进一个联络巷的距离时，就要移置变电站、乳化液泵站，并需将电缆、油管等管线拆下来在另一条联络巷中重新布置，给正常生产和维修带来不便。综合机械化采煤工作面要求等长布置，下一区段轨道平巷也要沿中线取直(随煤层底板起伏变化)，这样双巷布置在普通机械化采煤时回风平巷探煤作用和便于排水优势就基本消失了，仅可对区段运输平巷中的积水起到疏导作用。此外，下区段回风平巷的断面积应保证下区段综采工作面的通风要求，有时还需要重新扩巷。因此，在平巷维护条件许可的前提下，综采工作面大多是采用单巷掘进的布置布置方式，如图 3-16(b)、(c)所示。当采用图 3-16(c)所示方式布置时，区段运输平巷内的一侧设置转载机和带式输送机，另一侧设置泵站及移动变电站等电气设备，因而巷道断面较大，维护困难，应用较少。

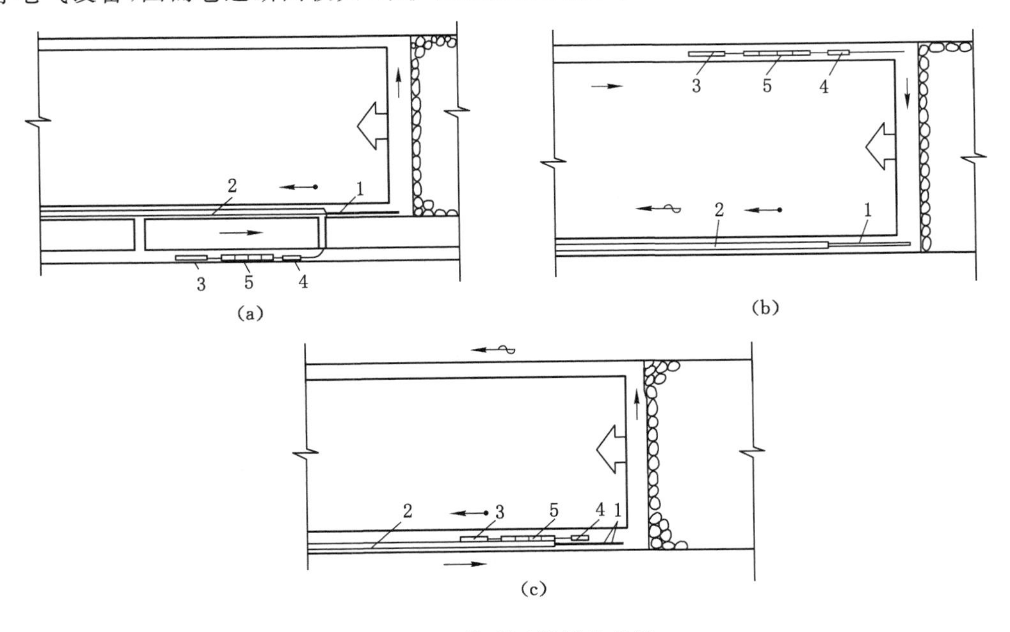

图 3-16　综采区段平巷布置

(a) 双巷布置；(b) 单巷布置(设备分巷布置)；(c) 单巷布置(电气设备设在区段运输巷中)

1——转载机；2——带式输送机；3——变电站；4——泵站；5——配电点

煤层瓦斯含量大、有突出危险的矿井，有时需要在回采前预先抽放瓦斯，有时工作面后方采空区瓦斯涌出量很大，需加强通风和排放采空区瓦斯，这种情况下，工作面回风平巷也可采用开掘双巷的布置方式。

对于煤层瓦斯含量不大、涌水量较小、埋藏稳定、围岩性质较好的煤层，一般都可采用单巷掘进。单巷掘进的区段平巷在掘进时，只要加强掘进通风管理，减少风筒漏风，掘进长度可达 1 500 m 以上。

在低瓦斯矿井，煤层倾角小于 10°时，采煤工作面可采用下行通风方式。也可将配电点、变电站等布置在区段上部平巷中，区段上部平巷进风，下部平巷回风，这种布置方法可减小运输平巷的巷道断面，但应注意对瓦斯和煤尘的管理工作，以保证生产安全。

（二）区段巷道的护巷方式

区段巷道的护巷方式主要分为煤柱护巷与无煤柱护巷。煤柱护巷是指上下区段的回采巷道之间留设 8～15 m 以上的煤柱保护巷道。区段无煤柱护巷是指上下区段的回采巷道之间不留或留设 1～3 m 的小煤柱，区段平巷沿已开采的采空区边缘布置，回采巷道位于低应力区内，避开或削弱固定支承压力的影响，以改善巷道维护状态，达到减小压力、有利维护的目的。采用无煤柱护巷，可减少区段间煤炭损失，有效提高采区的采出率。目前在大中型矿井区段巷道主要采用无煤柱护巷方式。

区段无煤柱护巷分为沿空留巷和沿空掘巷两种方法。

1. 沿空留巷

沿空留巷是指在采煤工作面采过之后，将区段平巷用专门的支护材料进行维护，作为下区段的回采巷道再次使用。沿空留巷主要适用于缓倾斜、倾斜，煤层厚度在 2～3 m 以下的薄及中厚煤层开采。沿空留巷的优点是，少掘了一条区段巷道，减少了巷道掘进工程量，减少了煤柱损失，提高了采区采出率。同时巷道处于采空区边缘，避开了固定支承压力的影响，巷道维护条件较好。其缺点是巷道要承受上下工作面开采时两次采动影响，维护时间较长，巷旁支护与巷道的维修费用高。

沿空留巷必须在采空区侧进行巷旁支护。巷旁支护方法种类很多，我国目前应用较广的主要是木垛、密集支柱、矸石带、人工砌块和刚性充填带等支护形式。

木垛支护如图 3-17(a)所示，在靠采空区一侧支单排或双排木垛。其优点是顶底板接触面积大，比较稳定，挡矸效果好，架设方便灵活；缺点是木材消耗量大，支护刚度低。一般在围岩比较松软、煤层倾角较大的条件下使用。密集支柱支护如图 3-17(b)所示，在巷道靠采空区一侧支两排密集支柱，特点是架设方便，支护强度大，支撑顶板及时，对采高适应性好，一般用于顶底板较坚硬的中厚煤层中。图 3-17(c)为矸石带巷旁支护，石料取自垮落的顶板，工作量大，一般用于采高不大、顶板比较稳定的中厚煤层。人工砌块是用料石、混凝土预制块等材料代替矸石的支护类型。刚性充填带是采用水力或风力将遇水凝固的硬石膏和碎矸石等充填到巷旁，具有较好的性能和护巷效果，有利于机械化作业，是巷旁支护技术的发展方向。

我国目前采用后退式沿空留巷较多。在实际应用中，为减少沿空留巷的维护时间，在开采顺序上要求上区段采煤结束后应立即转入下区段进行回采。

2. 沿空掘巷

沿空掘巷是指沿着已采工作面的采空区边缘低的应力区内，掘进相邻区段工作面的区段回采平巷。根据巷道位置的不同，沿空掘巷又分为完全沿空掘巷和留窄小煤柱沿空掘巷，如图 3-18 所示。这种方法利用采空区边缘应力较小的特点，沿着上覆岩层已垮落稳定的采

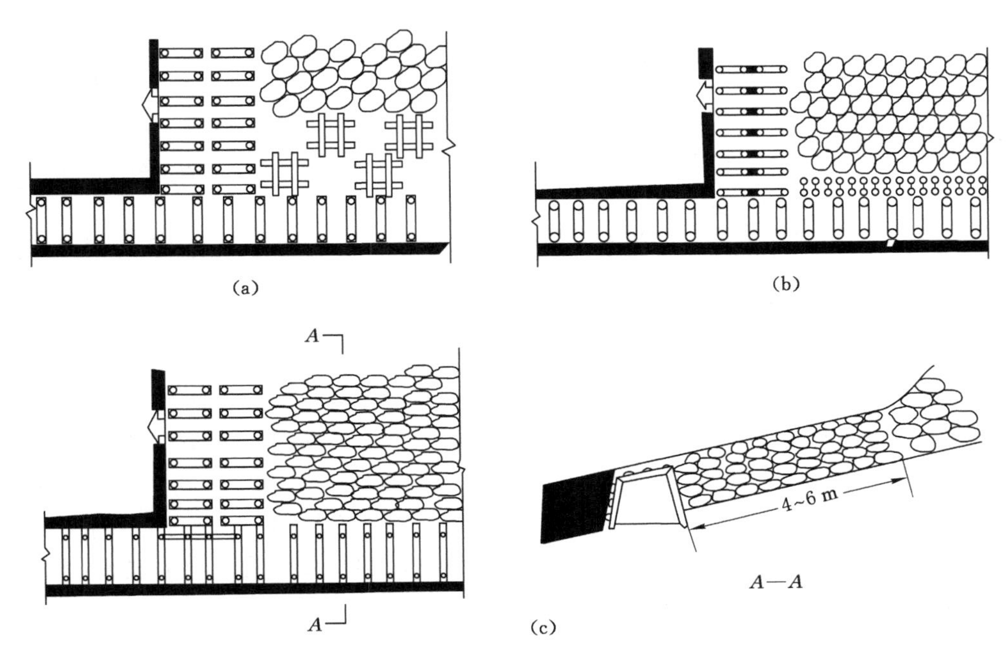

图 3-17　巷旁支护的几种类型

(a) 木垛；(b) 密集支柱；(c) 矸石带

空区边缘进行掘进，有利于区段平巷在掘进和生产期间的维护。沿空掘巷多用于开采缓斜、倾斜厚度较大的中厚煤层和厚煤层。沿空掘巷没有减少区段平巷的数目，但可不留或少留煤柱，减少了煤炭损失及区段平巷之间的联络巷道，特别是可减少巷道维修工程量甚至基本上不用维修，对巷道支护没有特殊要求，是目前应用较为广泛的一种无煤柱护巷方式。

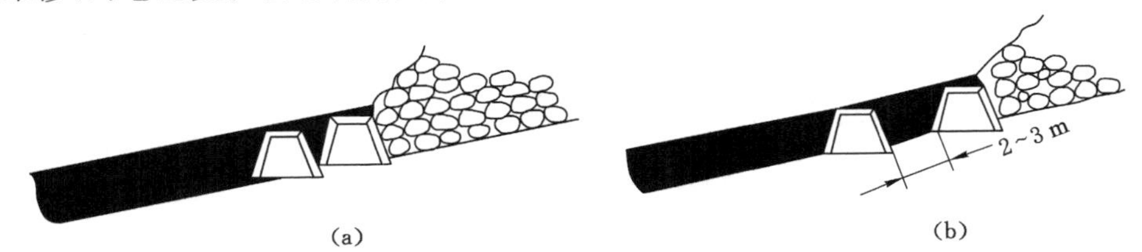

图 3-18　沿空掘巷的巷道位置

(a) 完全沿空掘巷；(b) 留窄小煤柱沿空掘巷

采用沿空掘巷时，需要根据煤层和顶板条件，通过观测和试验确定沿空巷道的位置和掘进下区段巷道的滞后时间。沿空巷道位置的确定，主要考虑便于掘进施工等因素。一般采用完全沿空掘巷，当沿空掘进巷道受采空区矸石窜入的影响比较严重、掘进施工困难时，可采用留 2～3 m 窄小煤柱的布置方法。

沿空掘巷要求在采空区上覆岩层垮落稳定之后再开始掘进。通常情况下掘进与上区段采煤工作面开采结束之间的间隔时间应至少 3 个月以上，一般为 4～6 个月，个别情况下要求 8～10 个月，坚硬顶板比松软顶板的间隔时间要长一些。因此，沿空掘巷时，工作面接替有两种方式，即区段间跳采接替和区段两翼依次接替。

由于沿空掘巷是沿采空区掘进巷道的，因此要采取一些措施防止采空区矸石窜入巷道和防止发生冒顶事故。一般采取以下措施：尽量减少掘进时的空顶面积，爆破后及时打上临时支柱；适当缩小每次爆破的进度，并减少炮眼个数和装药量；加大巷道支架密度，并用木板或荆条梁等材料刹好顶帮；完全沿空掘巷时，必须要有可靠的挡矸措施。

由于沿空掘巷的巷道布置在应力降低区，巷道受压力较小，一般梯形金属支架即可支护，目前在国内应用较为广泛。

（三）受构造影响区域的区段平巷布置方式

实际生产中，很多采区会遇到诸如断层、陷落柱等地质构造，从而影响区段平巷布置。下面以缓倾斜煤层采区内断层较多为例，说明区段平巷的布置。

如图 3-19 所示，采区一翼走向长为 1 000 m，有多条断层将采区切割成不规则自然块段。F_1 断层落差 4～5 m，F_8 断层落差 4 m，F_{10} 断层落差 2～7 m，采区边界 F_{12} 断层落差为 10 m。采用单一走向长壁采煤法，综合机械化开采。为减少断层的影响，利用断层切割的自然块段划分区段。区段平巷沿断层折线走向、分段取直平行布置。有的开切眼沿断层布置，回采工作的初期进行扇形调向回采。折线布置使工作面伪斜向上或向下回采。这种布置既能增加综采工作面连续推进长度，减少综采面搬迁次数，减少边角煤的损失，增加采区的可采储量，而且可以扩大综采的适用范围。

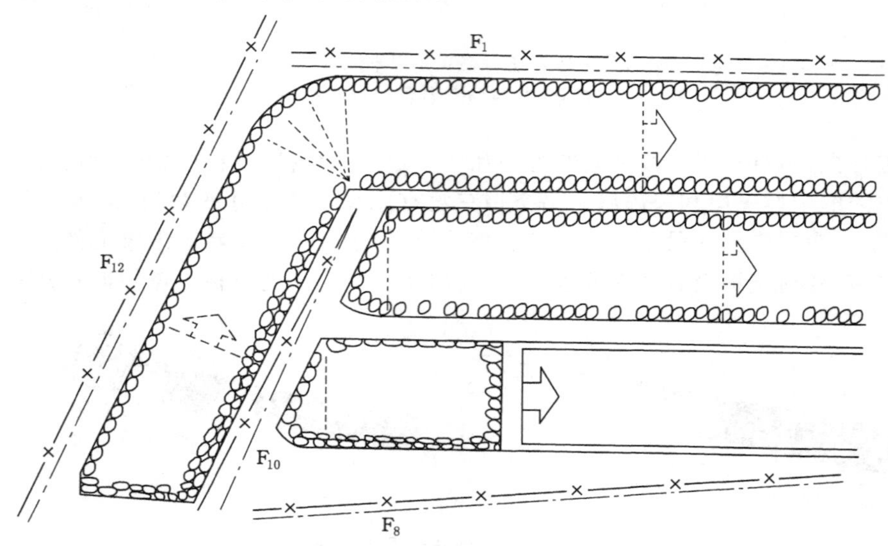

图 3-19　受断层影响时区段平巷的布置方式

当区段内遇到陷落柱时，应根据陷落柱的分布范围合理布置区段平巷。若区段内局部有陷落柱，一种方法是可绕过陷落柱，沿陷落柱边缘重新开掘一段区段平巷，在陷落柱前方另开一短工作面切眼，缩短工作面长度进行回采，待工作面跨过陷落柱后，再将工作面布置成原来的长度进行回采，如图 3-20(a)所示。另一种方法是当工作面推进到陷落柱前方时，沿陷落柱边缘重新开掘一段区段平巷，缩短工作面长度进行回采，待工作面跨过陷落柱后，再将工作面布置成原来的长度进行回采，如图 3-20(b)所示。当区段内陷落柱范围较大时，则可采用跳过陷落柱重新开切眼，布置工作面进行回采，如图 3-20(c)所示。

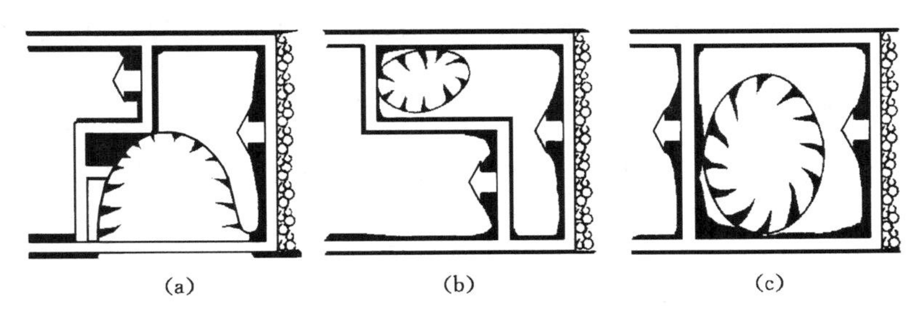

图 3-20　遇陷落柱时区段平巷的布置方式

任务实施

本任务要求结合设计采区条件，在合理确定采区上山布置方式的基础上，进行采区的区段划分，分析选择区段巷道布置方式、护巷方式、巷道断面形状与支护方式等，在采区巷道布置平面图中画出各工作面的巷道布置，按 1∶50 的比例，画出各主要巷道的断面图。

思考与练习

1. 采区上山一般设置几条？什么情况下需要增设上山？
2. 采区上山一般是如何设置的？
3. 分析区段运输平巷和区段回风平巷在布置上有什么特点。

任务六　采 区 参 数

知识要点

采区各参数的概念；影响采区各参数的因素；采区参数数值的确定方法；采区主要参数的参考数值。

技能目标

能分析采区各参数的合理取值范围；能正确选择确定设计采区参数。

任务导入

采区作为矿井的一个生产单元应具备完善的生产系统，而完善的生产系统就体现在采区的各个参数合理的基础上。采区参数之间彼此互有联系而又相互制约，通过采区设计训练，增强对采区各参数特点认识和掌握选择确定的方法。正确进行采区主要参数选择和确定是采区设计的关键。

任务分析

采区参数主要包括采区走向长度、采区倾斜长度、区段及采煤工作面长度、采区各类煤柱尺寸、采区采出率、采区生产能力、采区服务年限等。它们有各自明确的概念。每一个参数都有自己的若干个影响因素，综合考虑各影响因素的过程就是选择确定它们的过程。

相关知识

采区参数主要包括采区走向长度、采区倾斜长度、区段及工作面长度、各类煤柱尺寸、采区及工作面采出率、采区生产能力及服务年限等。

一、采区走向长度

采区走向长度，单翼采区布置时约等于工作面连续推进长度，双翼采区布置时约等于两倍工作面连续推进长度。采区走向长度，应根据采区内煤层地质条件、开采机械化水平、采准巷道布置方式和可能取得的技术经济效果决定。

1. 地质条件

(1) 地质构造：较大的地质构造对采区长度影响较大。为了便于布置采区巷道，往往以大的断层及褶曲轴作为划分采区的界限。

(2) 煤层及围岩稳定程度：围岩的稳定程度影响区段巷道的维护状况。在松软的煤层中布置区段巷道，维护比较困难，采区走向长度不宜过大。如采用岩石集中平巷且围岩较稳定时，工作面采用超前平巷，煤层巷道维护时间很短，采区长度可适当增大。

(3) 煤层倾角：由于开采条件和所使用的采煤方法的限制，急斜煤层采区走向长度较缓斜和倾斜煤层短。随着开采技术的发展，急斜煤层采区走向长度有加大的趋势。

2. 生产技术条件

(1) 区段巷道运输

区段巷道内采用刮板输送机运煤时，采区走向长度不宜过大，一般为 800～1 000 m。这时采区一翼为 400～500 m，需要 4～5 台刮板机输送机串联使用。

当区段平巷或集中巷采用带式输送机运煤时，一台输送机铺设长度可达 800～1 200 m，采区一翼长度可达 800～1 200 m。双翼采区的走向长度可达 1 500～2 400 m，或更长。

(2) 掘进通风

区段平巷采用单巷掘进时，受掘进通风限制，采取措施后采区一翼长度一般可达到 1 000 m 以上，工作面加中切眼后，一翼长度可达 2 000 m 以上。

(3) 采区供电

供电对采区走向长度的影响取决于供电电压等级和供电方式。采用 380 V 供电系统，采区一翼走向长度不应超过 400 m；采用 660 V 供电系统时，采区一翼供电距离可达 700～1 000 m。如果供电距离超过 1 000 m，必须采用升高电压的措施或采用移动变电所供电系统。综采工作面采用移动变电所（站）供电，目前我国供电电压等级分 1 140 V 和 3 300 V 两种。

3. 经济因素

合理的采区走向长度，不但要求在技术上可行，而且应在经济上合理，使吨煤费用较低。

采区走向长度的变化将引起采区巷道的掘进费、维护费、通风费、工作面搬家费及工作面成本发生变化。

采区上（下）山、采区车场、采区硐室的掘进费和相应机电设备安装费将随采区走向长度增大而相对减少；区段平巷的维护费随采区走向长度增加而增大；而区段平巷的掘进费则与采区走向长度的变化无关。因此，在客观上必然存在着一个在经济上合理的采区走向长度。

对于缓(倾)斜煤层,在地质构造简单,煤层稳定,且不受自然条件或地质条件限制时,普采的双翼采区,其走向长度一般为 1 000～1 500 m。对于综合机械化开采的采区,应以每个工作面能连续推进 1 年左右为宜,单翼开采的采区走向长度不小于 1 000 m,有条件时可达 2 000 m 以上,双翼开采时采区走向长度以不小于 2 000 m 为宜。随着开采技术的进步,采区走向长度是逐渐加大的。

二、采区倾斜长度

采区的倾斜长度就是阶段斜长,通常,在矿井开拓设计部分确定阶段高度时已经确定。在大巷位置已定的情况下,各采区的斜长可能因煤层倾角变化而不同,但对于每一个采区来说基本上是确定的数值。

采区沿倾斜一般要划分成若干区段,区段倾斜长度是采煤工作面长度、区段煤柱宽度和区段上下平巷宽度之和。

合理的采煤工作面长度应是一个合理范围,而不应局限于某一数值。综采工作面长度一般不宜小于 160 m;普采工作面长度,薄煤层一般不宜小于 120 m,中厚煤层及分层开采的厚煤层一般不宜小于 140 m。小型矿井采煤工作面长度采用下限值或适当降低。急倾斜煤层采用伪斜柔性掩护支架采煤法的工作面长度一般为 50～70 m。

根据煤层厚度、硬度、顶底板岩性、埋深及护巷方法不同,区段护巷煤柱的宽度一般在小于 20 m 范围内选择。

区段平巷的宽度一般为 2.5～5.0 m,炮采和普采工作面取小值,综采工作面取大值。

采区斜长除以区段斜长如为整数时,即可依此数值划分区段。不是整数的情况下,需要按与其相近的整数调整工作面长度,以适应采区内区段划分为整数的要求。对于近水平和缓(倾)斜煤层,采区内区段数可取 3～6 个;对于倾斜和急(倾)斜煤层,区段数可取 2～3 个。

除受煤层变化的影响外,还要考虑运输设备的单机运输长度,如绞车的容绳量等。我国煤矿实际的采区倾斜长度多为 600～1 000 m;近水平煤层盘区的倾斜长度较大,一般情况下较合理的倾斜长度为:上山不宜超过 1 500 m,下山不宜超过 1 200 m。

我国新建的一些开采缓(倾)斜煤层的大型矿井,采用新型运输设备开采时,上山部分斜长一般为 1 000～1 500 m,下山部分斜长一般为 700～1 200 m。

三、采区煤柱尺寸

在采区生产过程中,必须留设一定的煤柱保护巷道。

1. 上(下)山煤柱

上(下)山开掘在煤层底板岩层中,只要有一定的岩柱厚度,其上部煤层就不必留保护煤柱。上(下)山如果开掘在煤层中,在 200～500 m 埋深的条件下,对于薄及中厚煤层,上山一侧和两上山间留设 20 m 左右的煤柱。对于厚煤层,采区上(下)山一侧留设 30～40 m 宽的煤柱,两上(下)山间留 20～25 m 宽的煤柱。在深矿井开采中,采区上(下)山一侧的煤柱尺寸还要加大。

2. 区段煤柱

对于采用双巷掘进和布置的回采巷道,区段运输平巷和轨道平巷之间留设的区段煤柱,在 200～500 m 埋深的条件下,对于一般煤质和围岩条件的近水平、缓(倾)斜煤层,薄及中厚煤层不小于 8～15 m,厚煤层不小于 15～20 m。为了有利于维护,深矿井中或者要加大区段煤柱尺寸,或者要沿空掘巷,只留 3～5 m 宽的煤柱。

3. 大巷煤柱

大巷开掘在岩层中,大巷之上的采区上下边界可以不留煤柱,实行跨大巷开采。大巷如开掘于煤层中,在200～500 m埋深的条件下,本煤层中大巷一侧的煤柱,在近水平煤层中不小于40 m,在缓(倾)斜煤层中为25～40 m,在中斜煤层中为15～25 m,在急(倾)斜煤层中为10～15 m。

4. 采区边界煤柱

采区边界煤柱的作用是将两个相邻采区隔开,防止万一发生火灾、水害和瓦斯涌出时相互蔓延,避免从采空区大量漏风,影响生产采区的风量。采区边界煤柱一般宽10 m左右。

5. 断层煤柱

为了防止矿井水通过断层涌入生产采区采掘空间,需要留设断层煤柱,其尺寸取决于断层的断距、性质、含水和导水情况。落差很大的断层,断层一侧的煤柱宽度不小于30 m;落差较大的断层,断层一侧煤柱宽度一般为10～15 m;落差较小的断层通常可以不留设断层煤柱。

四、采区与工作面采出率

采区内留设的煤柱,有一部分可以回收,而有的煤柱往往不能完全回收,致使煤炭资源有一定损失。因此,采区实际采出的煤量低于实际储量。采区内采出的煤量与采区内工业储量之比的百分数称为采区采出率。

$$采区采出率=\frac{采区工业储量-开采损失}{采区工业储量}\times 100\% \tag{3-1}$$

采区开采损失包括采区内留设的各种煤柱损失及工作面采煤过程中的落煤损失。

国家对于采区采出率的规定是:厚煤层不低于75%,中厚煤层不低于80%,薄煤层不低于85%。对采煤工作面采出率的规定是:厚煤层不低于93%,中厚煤层不低于95%,薄煤层不低于97%。

$$工作面采出率=工作面采出量\div 工作面实际储量\times 100\% \tag{3-2}$$

五、采区生产能力

采区生产能力是采区内同时生产的采煤工作面和掘进工作面产煤量之和,一般以"万t/a"表示。

采煤工作面的单产:

$$A_m = L\nu M\gamma C_m \tag{3-3}$$

式中 L——采煤工作面长度,m;

ν——工作面年推进度,m/a;

M——煤层采高或放顶煤工作面采放高度,m;

γ——煤的密度,t/m^3;

C_m——工作面采出率。

采煤工作面的年推进度按采煤设备的技术性能和采煤循环作业图表计算。厚度不大于3.2 m、一次采全高的煤层及厚度小于1.4 m的薄煤层综合机械化采煤工作面年推进度不应小于1 000 m;煤层厚度1.4～3.2 m的综合机械化采煤工作面年推进度不应小于1 200 m;普通机械化采煤工作面年推进度不应小于700 m;在急(倾)斜煤层中,采用伪倾斜柔性掩护支架采煤法的工作面，其年推进度不应小于 450 m，采用伪俯斜走向分段密集采煤法或伪俯斜掩护支柱采煤法的工作面，其年推进度不应小于 540 m。

采区生产能力与采区内同采工作面的个数有关，应严格控制采区内同采和同掘的工作面个数。《煤矿安全规程》第九十五条规定：一个采（盘）区内同一煤层的一翼最多只能布置 1 个采煤工作面和 2 个煤（半煤岩）巷掘进工作面同时作业。一个采（盘）区内同一煤层双翼开采或多煤层开采的，该采（盘）区最多只能布置 2 个采煤工作面和 4 个煤（半煤岩）巷掘进工作面同时作业。所以，一个采区内同时生产的采煤工作面个数一般为 1～2 个。

目前，我国综采工作面的生产能力平均在 1.0 Mt/a 左右，采区内可只布置一个综采面；普采面能力一般平均为 0.25～0.30 Mt/a，采区内同采的工作面数目不要超过 2 个；炮采工作面能力一般为 0.10～0.20 Mt/a，急（斜）煤层炮采工作面能力一般为 0.05～0.10 Mt/a。

采区生产能力 A_B(Mt/a) 为：

$$A_B = k_1 k_2 \sum_{i=1}^{n} A_{mi} \tag{3-4}$$

式中 n——同时生产的采煤工作面数

k_1——采区掘进出煤系数，可取 1.1；

k_2——工作面之间出煤影响系数，$n=2$ 时取 0.95，$n=3$ 时取 0.9。

采区生产能力是一个综合指标，它还取决于采区运输、通风等环节的能力。初步确定采区生产能力后，应经过以下生产环节的验算。

（1）采区运输能力

采区的运输能力应大于采区生产能力，其中主要是运煤设备的生产能力要与采区生产能力相适应。对于普采或综采工作面，采区集中巷和上（下）山运煤设备的小时生产能力，应与同时工作的工作面采煤机小时生产能力相适应。

$$T_c \leqslant A_n \cdot \frac{T\eta_0}{K} \cdot 300 \tag{3-5}$$

式中 A_n——设备生产能力，t/h；

η_0——运输设备正常工作系数，取 0.7～0.9；

K——产量不均衡系数，取 1.2～1.3；

T——日出煤时间，h。

（2）采区通风能力

采区的生产能力应和通风能力相适应。根据矿井瓦斯等级、进回风巷道数目、断面和允许的最大风速，验算通风允许的最大采区生产能力如下：

$$V_c \leqslant \frac{300 \cdot 24 \cdot 60 \cdot v \cdot S}{C \cdot C_1} \tag{3-6}$$

式中 v——巷道内允许的最大风速，m/s；

S——巷道净断面积，m^2；

C——生产 1 t 煤需要的风量，m^3/(min·t)；

C_1——风量备用系数。

采区的生产能力的确定还应考虑地质条件、煤层生产能力、机械化程度和采区内工作面接替关系等因素。

六、采区服务年限

采区生产能力应与采区储量相适应，使采区具有合理的服务年限。其关系可用下式表示：

$$A_B = \frac{Z}{T}C \tag{3-7}$$

式中 Z——采区可采储量，万 t；

T——采区服务年限，a；

C——采区采出率。

采区的服务年限应符合采区正常接替和稳产的需要，一般应大于准备出新采区的时间。

任务实施

结合设计采区的开采条件进行采区参数选择，分析设计采区走向长度、采区倾斜长度、采煤工作面及区段长度的合理性，确定采区区段数目和各类煤柱尺寸，计算采区采出率，确定采区生产能力，计算采区服务年限等。我们应该从各参数的概念出发来认识它们，综合考虑各参数的影响因素，并确定各个因素的影响程度，正确选择确定采区各主要参数。

思考与练习

1. 采区划分区段的原则是什么？区段的参数如何确定？
2. 已知采区倾斜长度的条件下，在划分区段时要考虑哪些因素？
3. 根据哪些因素确定采区走向长度？
4. 简述确定采区生产能力的方法和步骤。

任务七　采区车场及采区硐室

知识要点

采区上部、中部及下部车场的形式；采区硐室及作用。

技能目标

能确定采区车场形式；能绘制采区车场巷道布置图。

任务导入

采区车场是采区上(下)山与运输大巷、回风大巷以及区段平巷连接处的一组巷道和硐室的总称，是采区巷道布置系统中的重要组成部分。采区车场的巷道包括甩车道、存车线及一些联络巷道，硐室主要有煤仓、绞车房、变电所和采区水仓等。

任务分析

采区运输可分为主运输和辅助运输，主运输任务是运出煤炭，辅助运输主要是运送材料、设备与煤矸。通常运煤采用带式输送机和刮板输送机；运料一般利用轨道采用普通的矿车或专用的矿车进行运输。选择适当的车场形式就是为了解决这些联络和转载处的巷道布置问题，以形成完善的运输系统，满足采区生产的需要。根据车场所处的不同位置，采区车场分为上部车场、中部车场和下部车场，布置形式各有特点。为了保障采区车场通过能力与采区生产能力相适应，必须根据上山所处的不同层位，正确选择采区上、中、下部车场的布置形式。

相关知识

一、采区车场

采区车场是采区上（下）山与运输大巷、回风大巷或区段平巷连接处的一组线路、巷道和硐室的总称。根据位置不同，分为上部车场、中部车场和下部车场。

（一）采区上部车场

采区上部车场是采区上山与采区上部区段回风平巷之间的一组联络巷道和硐室。基本形式有平车场、甩车场和转盘式车场。

1. 采区上部平车场

采区上部平车场是将采区绞车房布置在阶段回风水平，采区轨道上山以一段水平巷道与区段回风平巷（或石门）连接，并在这条水平巷道内布置车场调车线和存车线。上行的矿车由采区绞车沿上山提到平车场调车线后摘钩，然后推矿车经调车线进入区段轨道平巷。根据提升方向与矿车在车场内运行方向，上部平车场可分为顺向平车场和逆向平车场。矿车经轨道上山提至平车场的平台摘钩后，顺着矿车的运行方向进入区段平巷或回风石门，在运行过程中不改变方向的，为顺向平车场，如图 3-21(a)所示。反之，矿车进入平台摘钩后反向推入采区回风石门或区段轨道平巷的，为逆向平车场，如图 3-21(b)所示。

2. 采区上部甩车场

采区上部甩车场是将采区绞车房布置在阶段回风水平以上的位置，绞车将矿车沿轨道上山提至甩车道标高以上，然后经甩车道甩入上部区段回风平巷。甩车场可以在平巷中设置存车线和调车线。按甩车方向可分为单向甩车场和双向甩车场。如在上山一侧设置甩车场，即为单向甩车场。如在上山两侧均设置甩车场，则为双向甩车场。如图 3-22(a)所示设置顶板绕道的单向甩车场，图 3-22(b)所示为上山两侧分别设甩车道与区段平巷联系的双向甩车场。

3. 转盘车场

采区上部转盘车场就是将上山轨道以一段水平巷道与区段回风平巷（或石门）连接，并在水平巷道与区段回风平巷或回风大巷的交叉处设置转盘，矿车从轨道上山提到上部平台之后，经转盘将矿车直接转向平巷，如图 3-23 所示。这种形式的上部车场，巷道工程量省，调车简单，但劳动强度大，车场通过能力小。适合在小型煤矿或生产能力小的采区应用。

（二）采区中部车场

连接采区上山和区段下部平巷的一组巷道称为采区中部车场。采区中部车场一般为甩车场，无极绳运输时可采用平车场。一个采区由于巷道布置、区段划分的不同，一般要设置多个中部车场。中部车场按甩入地点的不同，可分为平巷式、石门式和绕道式三种。

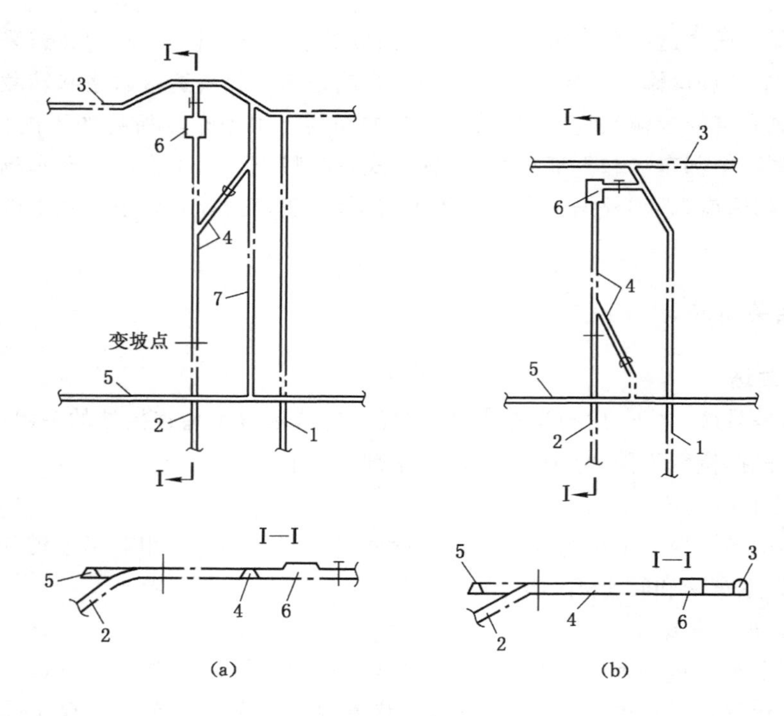

图 3-21 采区上部平车场

1——运输上山；2——轨道上山；3——总回风巷；4——平车场；5——区段回风石门；6——绞车房；7——回风石门

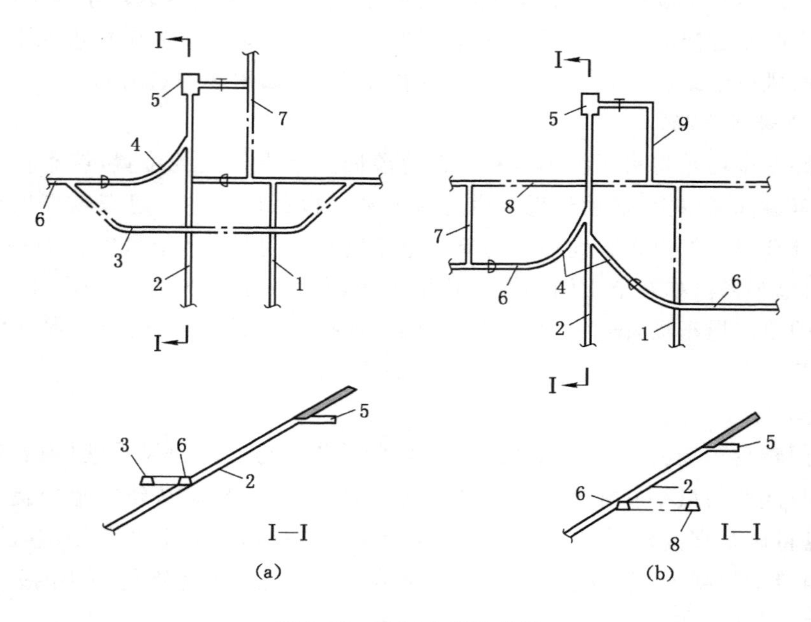

图 3-22 采区上部甩车场

1——运输上山；2——轨道上山；3——绕道；4——甩车场；5——绞车房；6——区段回风石门；7——回风石门；8——总回风道；9——回风通道

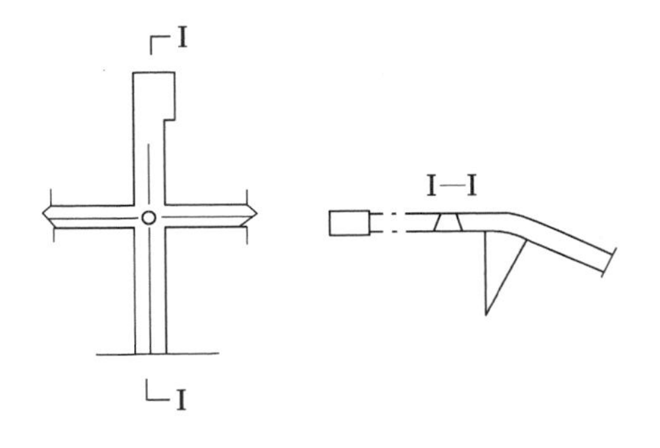

图 3-23　转盘式车场

1. 平巷式中部车场

薄及中厚煤层采区，一般可将轨道上山布置在煤层中，这时可在采区各区段下部，利用甩车道将上山提上来的矿车直接甩入区段平巷，并在平巷中设置存车线，这就是所谓的甩入平巷式中部车场。同上部甩车场一样，甩入平巷式中部车场也有双向甩车场和单向甩车场之分。一般单翼采区宜选择单向甩入平巷式车场，而对煤层轨道上山的薄及中厚煤层双翼采区，宜选用双向甩入平巷式车场。图 3-24 所示为双向甩入平巷式中部车场。

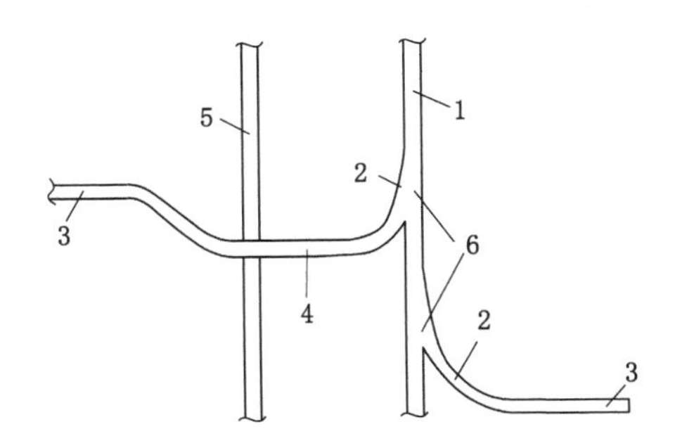

图 3-24　双向甩入平巷式中部车场

1——运输上山；2——甩车道；3——区段轨道平巷；4——绕道；5——运输上山；6——交岔点

2. 石门式中部车场

煤层群联合布置采区，由于区段石门较长，若在其中能布置车场的存车线和调车线，可以从采区轨道上山用甩车道直接将矿车甩入石门，即为石门式中部车场。图 3-25(a)所示为双石门布置的中部车场，由轨道上山 2 提升上来的矿车，通过甩车道 6 甩入石门 9 中，再进入区段轨道平巷 4。区段运输平巷 3 的煤经运煤石门 8 和区段溜煤眼 7 溜入运煤上山 1 中。图 3-25(b)所示为单石门及溜煤眼布置的中部车场，煤炭由区段运输平巷 3 经溜煤眼 8 进入区段集中巷 11，然后运至溜煤眼 7 进入运输上山 1。区段集中平巷 4 通过区段轨道石门 9 与轨道上山 2 相连。由于区段轨道石门车场 9 与运输集中平巷 11 同标高相连接，为了不影响运输集中平巷 11 中带式输送机的运输与从石门 9 来车的通过，可将输送机的局部在交岔处抬高，使矿车从其下方穿过。

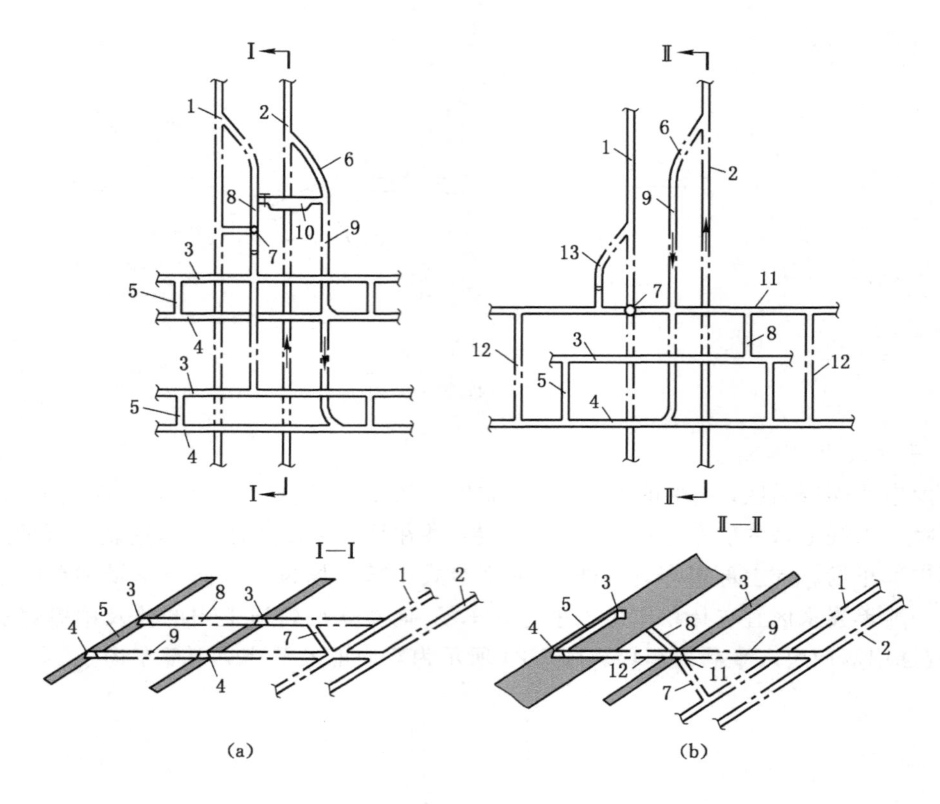

图 3-25 石门式中部车场

(a) 双石门中部车场；(b) 单石门中部车场

1——运输上山；2——轨道上山；3——区段运输平巷；4——区段轨道平巷[图(b)为集中平巷]；5——联络巷；6——甩车道；7——区段溜煤眼；8——区段运输石门[图(b)为溜煤眼]；9——区段轨道石门；10——采区变电所；11——区段运煤集中平巷；12——联络石门；13——人行道

3. 绕道式中部车场

在采区某个区段下部，甩车道线路由上山斜面进入与平巷同一平面后，经顶板绕道到达上山的两翼巷道，即为绕道式中部车场，如图 3-26 所示。

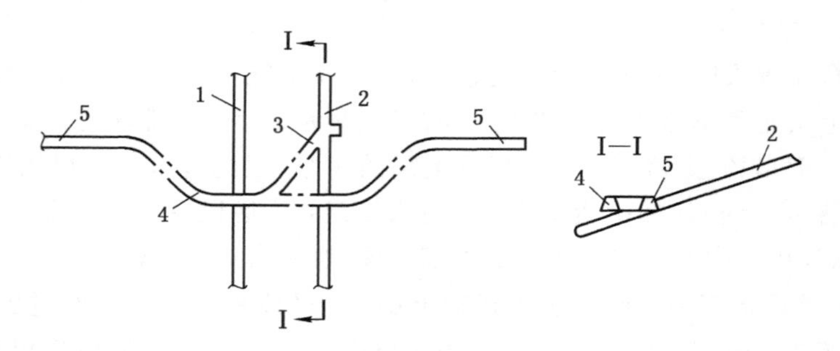

图 3-26 绕道式中部车场

1——运输上山；2——轨道上山；3——甩车道；4——绕道；5——区段轨道平巷

（三）采区下部车场

采区下部车场是采区上山与阶段运输大巷相连接的一组巷道和硐室的总称。采区下部车场通常设置有装车站、绕道、辅助提升车场和煤仓等。根据装车站的地点不同，可分为大巷装车式、石门装车式和绕道装车式三种形式；按轨道上山的绕道位置不同，又可分为顶板绕道式和底板绕道式两种。

1. 大巷装车式下部车场

大巷装车式下部车场是采区煤仓的煤炭直接在大巷由采区煤仓装入矿车或输送机。辅助运输由轨道上山，通过顶板绕道或底板绕道与大巷连接。图 3-27(a)所示为大巷装车顶板绕道式下部车场。当上山坡度大于 12°，上山起坡点落在大巷顶板，且顶板围岩条件较好时，可采用顶板绕道式下部车场。图 3-27(b)所示为大巷装车底板绕道式下部车场。当上山坡度小于 12°时，上山通常提前下扎，并在大巷底板逐步变平，围岩条件较好，这时可采用底板绕道式下部车场。

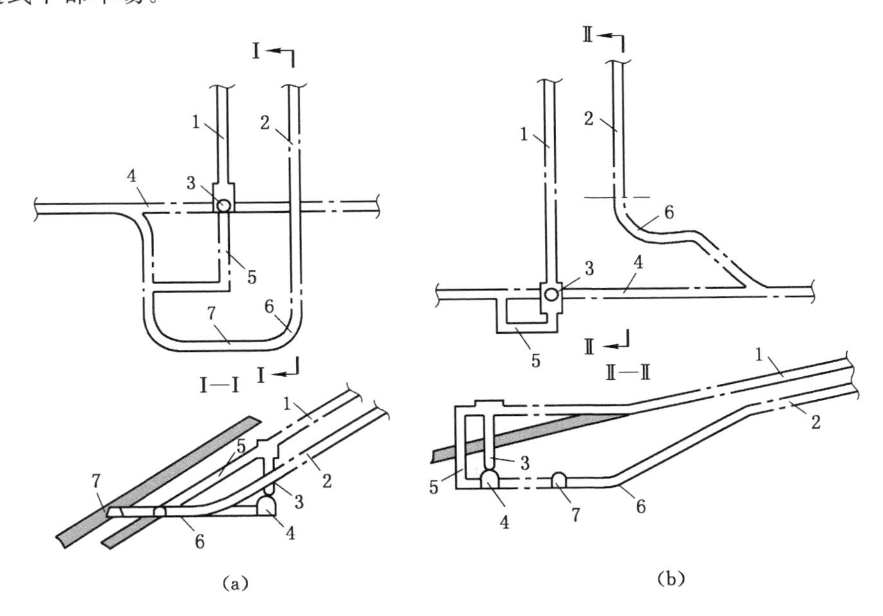

图 3-27　大巷装车式下部车场

1——运输上山；2——轨道上山；3——采区煤仓；4——大巷；5——人行道；6——材料车场；7——绕道

2. 石门装车式下部车场

煤层群联合布置的采区，通常具有较长的采区石门。在布置下部车场时，可在下部采区石门内布置装车站，利用绕道将轨道上山同采区石门相连接，如图 3-28 所示。

3. 绕道装车式下部车场

绕道装车式下部车场是在运输大巷的一侧，开掘与大巷相平行的绕道作为采区下部装车站，运输上山通过煤仓与绕道相连，在大巷另一侧布置材料车场甩车道和绕道，轨道上山则通过材料车场甩车道和绕道与大巷相连，如图 3-29 所示。

（四）新型辅助运输方式及车场

近年来，随着矿井向生产集中化、机械化发展，辅助运输采用了单轨吊、卡轨车、齿轨车、

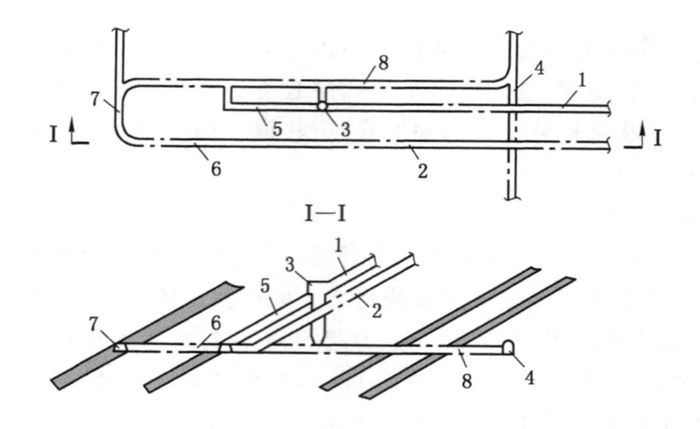

图 3-28 石门装车式下部车场

1——运输上山;2——轨道上山;3——采区煤仓;
4——大巷;5——人行道;6——材料车场;7——绕道;8——采区石门

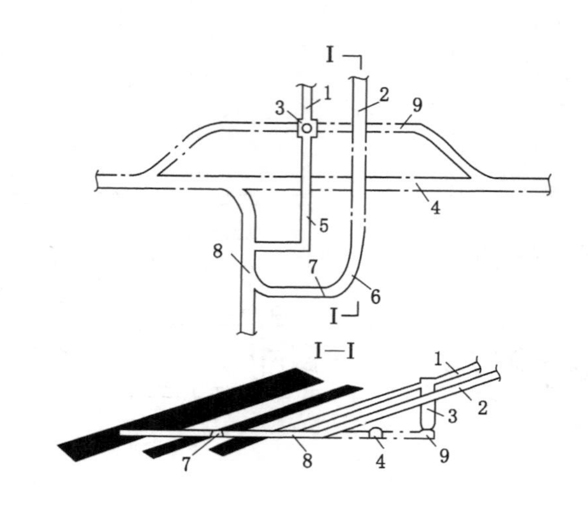

图 3-29 绕道装车式下部车场

1——运输上山;2——轨道上山;3——采区煤仓;4——大巷;5——人行道;
6——材料车场;7——绕道;8——采区石门;9——绕道装车站储车线

无轨胶轮运输车等新型运输方式,运输能力大,可在起伏不平的巷道中实现连续运输,有一定爬坡能力,并能实现自动化控制与集装化运输。

1. 单轨吊

如图 3-30 所示,单轨吊以特殊的工字钢为轨道悬吊吊车运行,主要由主机、控制室、调运车辆(梁)、制动车及轨道系统组成。防爆柴油机单轨吊列车编组,分机车和承载车辆两部分,机车的主、副司机室分别挂在列车的首尾,专用的轨道可用锚杆悬挂、U 形钢拱形棚悬挂或矿用工字钢悬挂。

当大巷和采区的辅助运输均采用单轨吊时,整个辅助运输系统可不需转载而直接进入

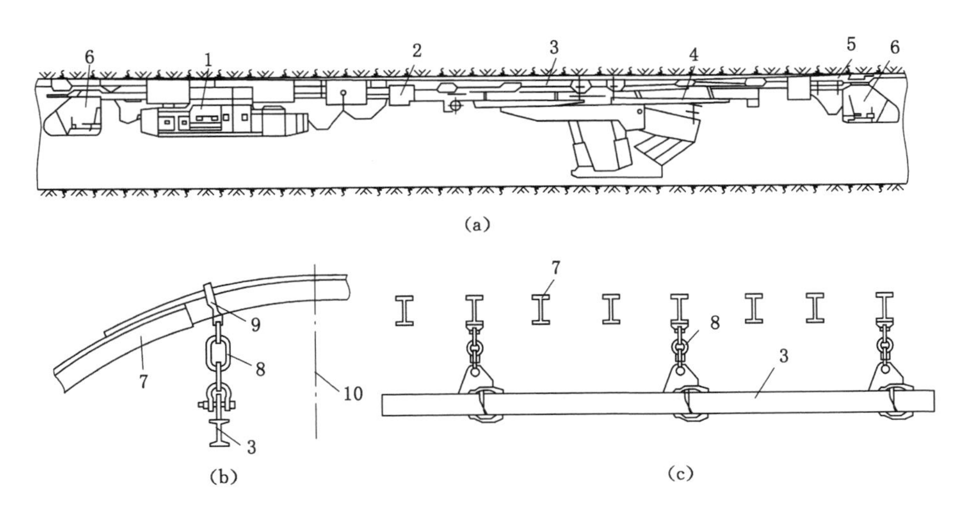

图 3-30　防爆柴油机单轨吊及悬挂方式

(a) 运送重型设备；(b) U 形钢拱形棚悬挂；(c) 矿用工字钢悬挂

1——机车；2——制动车；3——轨道系统；4——吊运梁；5——拉杆；6——司机室；

7——U 形钢或工字钢；8——悬挂链；9——卡具；10——巷道中心线

采区。此时，在采区下部可设一简单车场。为调度方便，一般多采用材料绕道车场，即大巷至上山口处取平，由大巷进入车场绕道存车线，然后直接进入上山。这种布置方式使用方便、运行可靠。

当大巷或采区上下山采用地轨矿车辅助运输，采区或区段内采用单轨吊辅助运输时，应在采区车场内设置转载站。单轨吊的转载站布置较简单，可以充分利用单轨吊本身所具有的起吊装置进行转载，其线路布置如图 3-31 所示。转载点的单轨吊直接布置在地轨轨道中心线上方，利用单轨吊的起吊梁吊起矿车里的集装货物，并拖吊其进入上下山或区段巷道运至工作面。单轨吊无起吊装置时，可利用单轨轨道的高低差起吊，如图 3-32 所示，在转载点将吊轨高度降低，将货物吊挂在单轨吊上并前行。轨道逐渐升高，可使货物自然脱离矿车实现转载。

用单轨吊运输，巷道断面设计应考虑运送最大设备的需要，使之符合安全规程的要求，并考虑整个服务期内，由于矿山压力作用而造成断面缩小等因素。

单轨吊的适应条件是：巷道底板条件差；机械化水平较高，生产效率高，下井人员少；厚度大，且稳定的近水平、缓倾斜煤层，大巷沿煤层布置，岩巷工程量小的矿井。采区巷道倾角一般小于 8°，局部不大于 12°，适宜选用防爆柴油机单轨吊；巷道倾角大于 12°，宜选用绳牵引单轨吊。

2. 卡轨车

卡轨车是利用列车轮组卡在钢轨上运行的一种运输方式，是窄轨运输的一种发展。卡轨车除了一般行走的垂直车轮外，还在车轮架两侧下部装有防止车轮脱轨的水平滑轮，该滑轮卡在槽钢轨道的槽内或普通轨道的轨腰处。

卡轨车承载能力强，弯道半径小，运行安全可靠。绳牵引卡轨车能适应较大角度的巷道。柴油机卡轨车自重较大，爬坡能力有限，坡度一般不大于 8°～10°。卡轨车对有底鼓的

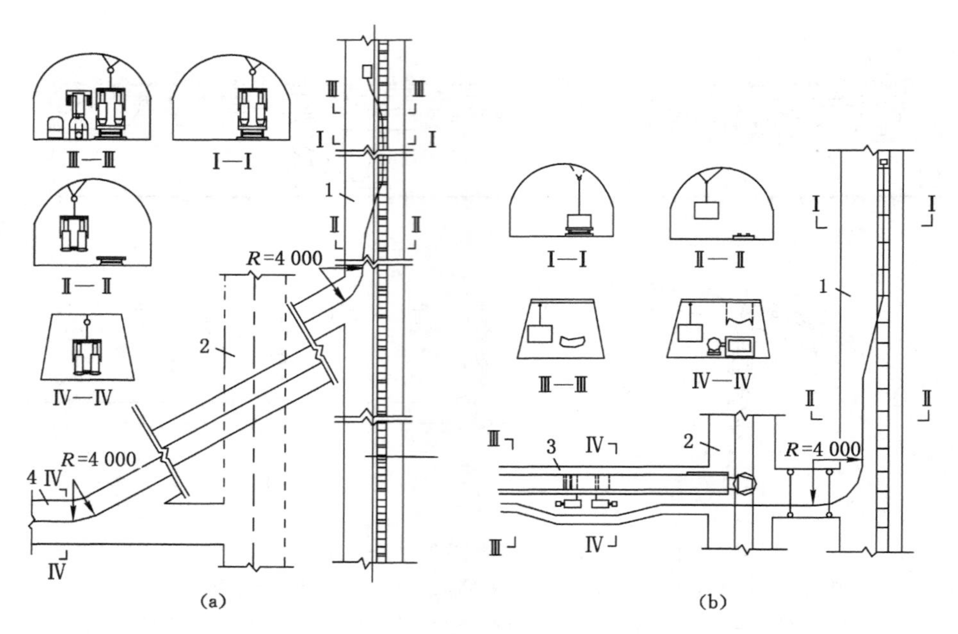

图 3-31 地轨车-单轨吊直接转载方式

(a) 由上山进入区段轨道巷;(b) 由上山进入区段运输巷

1——轨道上山;2——运输上山;3——区段运输巷;4——区段轨道巷

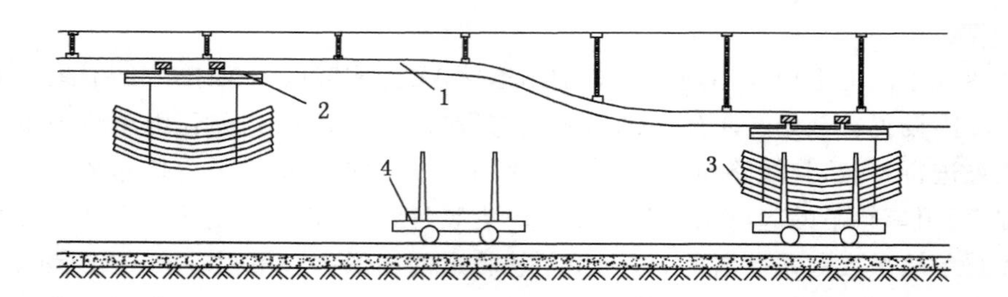

图 3-32 利用单轨高低差进行转载

1——单轨吊轨道;2——单轨吊;3——货物;4——平板车

巷道适应能力差,并且由于车体活动节点多,检修和维护工作量较大。

当大巷、采区均采用卡轨车作辅助运输时,由于不需要货物转载,采区车场布置相对简单。采用柴油机卡轨车时,可完成直达多点的辅助运输,一般在采区下部车场内设置一条供调度牵引车的复线。中上部车场则更简单,只需设置单开道岔及曲线弯道直接进入区段巷即可,其弯道曲率半径应符合所选运输设备的要求。图 3-33 所示为使用卡轨车或齿轨车的采区中部车场,机车直接通过上山与区段巷间的中部车场联络巷进入区段巷内。

采用钢丝绳牵引卡轨车分段运输时,需在车场内设置牵引绳转换系统,车场的线路坡度应取平,在采区下部车场内一般设有绞车房。由于是无极绳牵引方式,因此无须大直径绞车,绞车房的尺寸也可相应减少。

当大巷采用普通电机车运输,上山采用卡轨车运输时,需设转载站。转载站一般布置在

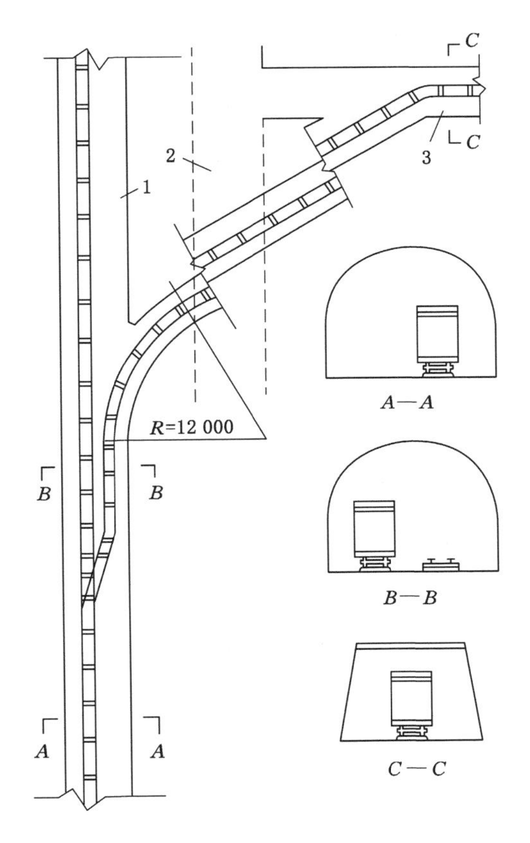

图 3-33　卡轨车或齿轨车辅助运输的采区中部车场

1——轨道上山；2——运输上山；3——区段轨道巷

采区下部车场内，线路布置如图 3-34 所示。大巷来的材料车采用顶车方式进入材料转载站，转载站内线路布置如图 3-35 所示。

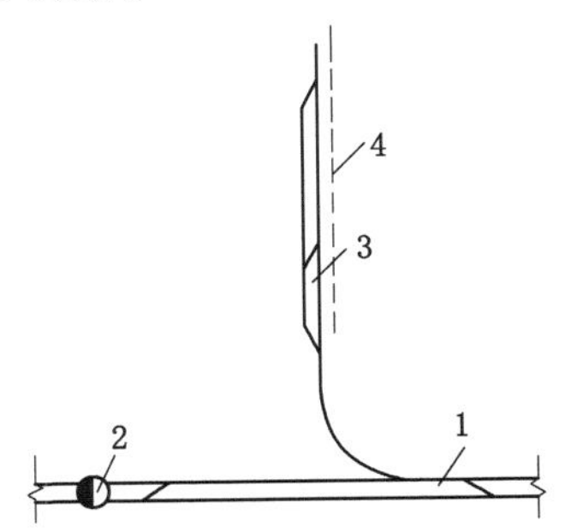

图 3-34　设转载站的采区下部车场线路布置

1——大巷；2——煤仓；3——材料转载站；4——卡轨中心线

绳牵引卡轨车的适应条件是：斜长大于 600 m 的斜井，上下山及工作面区段巷，以及巷道倾角大于 12°，需运送大型设备的斜巷，运输距离一般不大于 1 500 m，倾角一般不大于 25°。柴油机卡轨车一般在倾角小于 8°的巷道内使用。

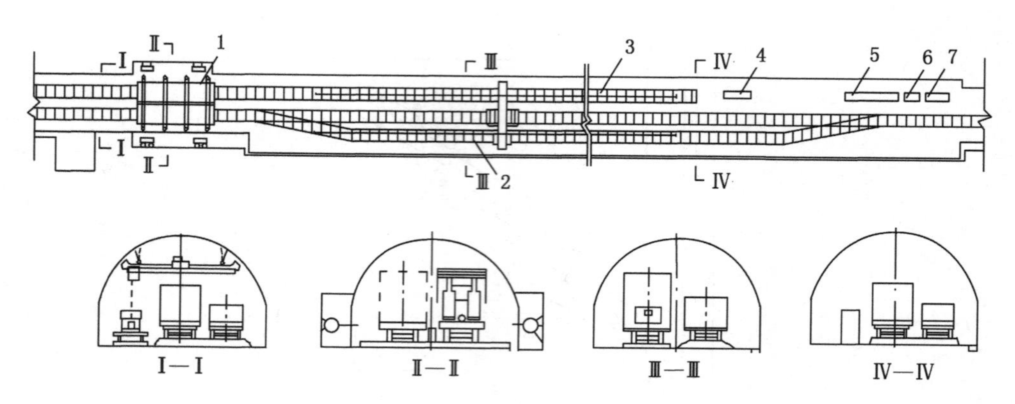

图 3-35 采区材料转载站布置(普通机车-卡轨车)

1——重材料转载站;2——移动转载站;3——卡轨车轨道;
4——紧绳装置;5——液力绞车;6——控制台;7——泵站

3. 齿轨车

齿轨车及运输如图 3-36 所示,它是在普通钢轨中间加装一根平行的齿条作为齿轨,在机车上增加 1～2 套驱动齿轮,通过齿轮和齿条啮合增加牵引力和制动力。齿轨与普通轨道的关系如图 3-37 所示。

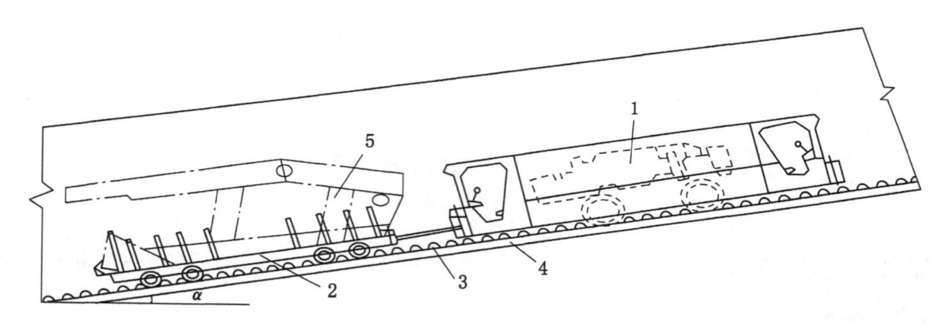

图 3-36 齿轨车(齿轨卡轨机车)运输支架示意图

1——齿轨车;2——重载平板车;3——齿轨;4——普通轨;5——支架

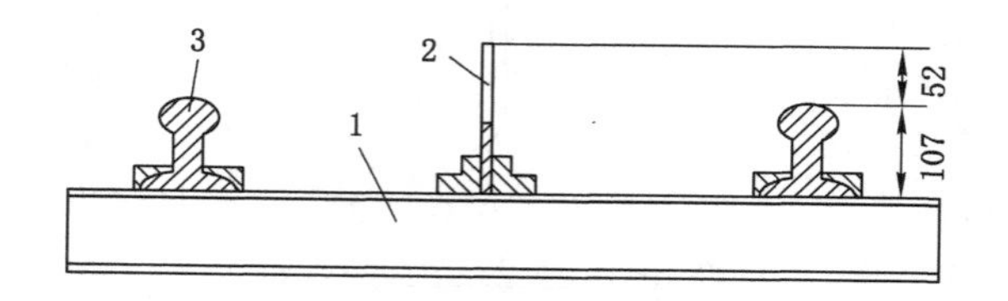

图 3-37 齿轨与普通轨道的关系

1——槽钢轨枕;2——齿条;3——普通轨

在齿轨车的基础上,改造轮系,增加卡轨和护轨轮,使之在运行过程中始终卡住轨道而防止车辆脱轨,则成为齿轨卡轨车;如再在黏着驱动轮上挂胶,以增加黏着驱动力,则形成胶套轮齿轨卡轨车。

根据动力传递方式不同,齿轨车分为液压传动和机械传动两种。

齿轨车最大的优点是在近水平煤层的矿井中可以实现大巷、上下山至工作面区段平巷的连续运输；可以在起伏不平的巷道内行驶，坡度最大可达14°。齿轨车自重大，造价较高，对轨道铺设质量及技术参数要求高，采区运输时，要求巷道弯曲半径大于10 m。在线路坡度小于3°运行时，其轨道与普通电机车轨道相同，齿轨车靠轮子黏着钢轨运行。当线路坡度大于3°时，需铺设齿轨。

由于齿轨车属于自牵引形式，因此采区车场布置十分简单，一般只需在采区下部车场内设置一段长度约20 m的调车储车线即可。当齿轨车需要进入区段巷道时，通过道岔进入联络区段巷的弯道中，然后即可到达区段巷内。

齿轨车应用于开采近水平、缓倾斜煤层的矿井，运距不限，易于实现由井筒(斜井或平硐开拓的浅埋煤层)或井底车场、大巷、采区至工作面的连续不转载运输。齿轨车适用于倾角小于8°的斜巷；齿轨卡轨车应用的斜巷最大倾角可达14°，设计一般不大于8°～12°。

4．无轨胶轮运输车

无轨胶轮运输车以柴油机或蓄电池为动力，不需铺设轨道，通过驱动胶轮在巷道中行驶。其机身较低，一般为1～1.8 m。无轨胶轮运输车前端的工作机构可以实现快速变换，由铲斗更换为铲板、集装箱、散装前卸料斗或起底带齿铲斗；可以乘人、运送设备，有的车上还可以装设绞车、钻机、锚杆机等；也有专用的运人车、救护车、牵引起吊车和修理车。

无轨胶轮车使用灵活、机动，转载环节少，运输能力大，安全可靠，初期投资低，可以直接在较硬的巷道底板上运行。一般车体较宽，行驶中要求巷道两侧的安全间隙比有轨运输大，因此对巷道条件要求较高，特别是要求巷道断面尺寸较大，其宽度一般应大于5 m。一般在采区内不设车场和有关硐室，在对开的大巷可以设错车道。

无轨胶轮车的适应条件是：煤层赋存较浅、平硐或小倾角斜井开拓的近水平煤层矿井，可实现从地面至井下各点的不转载连续运输；近水平煤层综采工作面搬家，以及与连续采煤机配合使用；适应的巷道倾角应不大于12°，重载爬坡能力一般不大于10°。巷道倾角为6°～8°时，连续纵坡长度应不大于700～800 m；超过上述值时应设缓坡段，缓坡段坡度应小于3°。巷道倾角小于6°时，一般无特殊要求。

二、采区硐室

采区硐室主要包括采区煤仓、采区绞车房和采区变电所。

(一) 采区煤仓

当采区煤炭为连续运输，大巷为不连续运输时，采区煤仓对采区生产及大巷运输可以起到调节作用，而且还可以缩短装车时间，提高矿车及机车周转率，同时增大了采区下部车场的通过能力，有利于提高采区生产能力。煤仓设计的主要内容是，确定采区煤仓的容量、煤仓的形式、煤仓的结构尺寸及煤仓支护方式。

1．采区煤仓的容量

采区煤仓的容量，主要取决于采区的生产能力、采区下部车场装车站及运输大巷的通过能力。

确定采区煤仓容量可参考以下公式计算。

(1) 按采区高峰生产延续时间内，保证采区连续生产计算，采区煤仓容量Q为：

$$Q=(A_G-A_N)t_GK_b \tag{3-8}$$

式中　A_G——采区高峰生产能力，t/h。高峰期间的小时产量为平均产量的1.5～2.0倍。

A_N——装车站通过能力，t/h。合理的采区车场通过能力，为平均产量的1.0～1.3倍。

t_G——采区高峰生产延续时间，机采取1.0～1.5 h，炮采取1.5～2.0 h。

K_b——运输不均匀系数，机采取1.15～1.20，炮采取1.5。

（2）按装车站的装车间隔时间计算：

$$Q = A_G t_O K_b \tag{3-9}$$

式中 A_G——采区高峰生产能力，t/h；

t_O——装车间隔时间，可取15～30 min；

K_b——运输不均匀系数。

采区煤仓容量一般为50～300 t。近年来随着采区生产的集中化，采区煤仓不断加大，但过大的煤仓使施工期加长，工程量增大，反而不利。设计部门建议按0.5 h的采区高峰生产能力来确定。

2. 煤仓的形式及参数

煤仓的形式按倾角分有垂直式、倾斜式和混合式三种；按煤仓断面形状分有圆形、拱形、方形、椭圆形和矩形等几种。

垂直煤仓一般为圆形断面，断面利用率高，不易发生堵塞现象，便于维护，施工速度快。倾斜式煤仓多为拱形或圆形断面，仓底倾角为60°～65°，这种煤仓施工也很方便，但承压性能稍差，铺底工作量大。混合式煤仓折曲多，施工不便，采用较少。椭圆形断面煤仓施工复杂；矩形断面煤仓，断面利用率低，承压性能差。因此，一般常用垂直式圆形断面煤仓。

煤仓的参数主要是指煤仓的断面尺寸及高度。

圆形垂直煤仓的直径为2～5 m，以直径4～5 m应用较多；拱形断面倾斜煤仓宽度一般为3 m左右，高度可大于2 m。

煤仓的高度不宜超过30 m，以20 m左右为宜。为便于布置和防止堵塞，圆形垂直煤仓应设计成短而粗的形状。设垂直圆形断面煤仓的高度为h，直径为D。当$h \geqslant 3.5D$时，可使煤仓的有效容积$V' \geqslant 90\%V$（V为垂直圆形断面煤仓总容积），即为了有效地利用煤仓，煤仓高度应不小于直径的3.5倍。

3. 煤仓的结构及支护

煤仓的结构如图3-38所示，包括煤仓的上部收口、仓身、下口漏斗及溜口闸门基础、溜口和闸门装置等。

（1）煤仓上口

由于煤仓断面较大，为了保证煤仓上口安全，需用混凝土收口。为了防止大块煤、矸石、废木料等进入煤仓，造成堵塞，在收口处可设铁箅。常用铁箅孔为200 mm×200 mm，250 mm×250 mm，300 mm×300 mm，如图3-39所示。

网孔上大块煤炭的破碎及杂物的清理工作，可在煤仓上部巷道内直接进行或者设置专门的破碎硐室，图3-40所示为破碎硐室的煤仓上口布置。煤仓上口应高出巷道底板，防止水流入仓内。上口处巷道断面一般都应扩大，且加强支护。

（2）仓身

煤仓仓身一般均应砌碹，壁厚一般为300～400 mm。有条件时，应尽量采用锚喷支护。当煤仓穿过坚固稳定易于维护的岩层中时，也可以不支护。

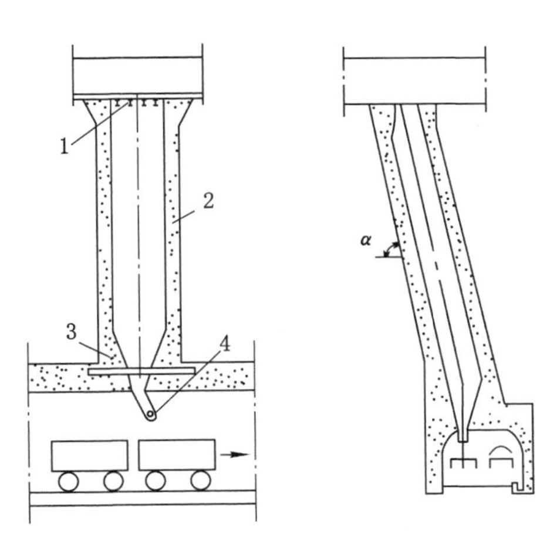

图 3-38　煤仓结构

1——上部收口；2——仓身；3——下口漏斗及溜口闸门基础；4——溜口和闸门

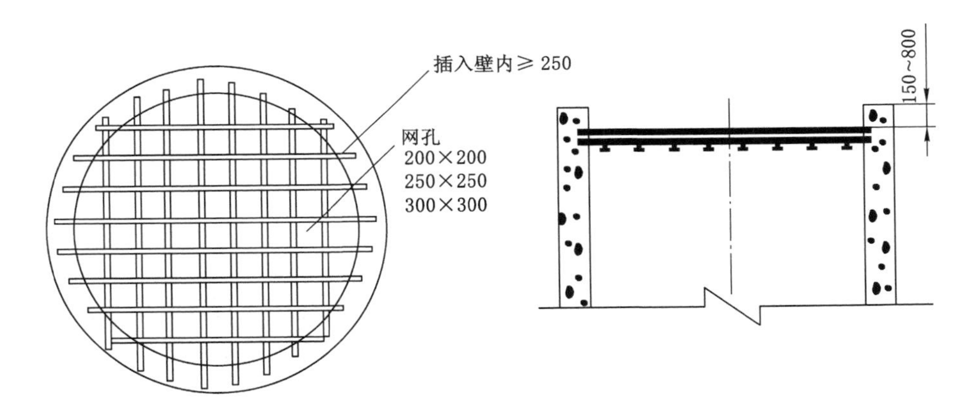

图 3-39　煤仓上口铁箅子

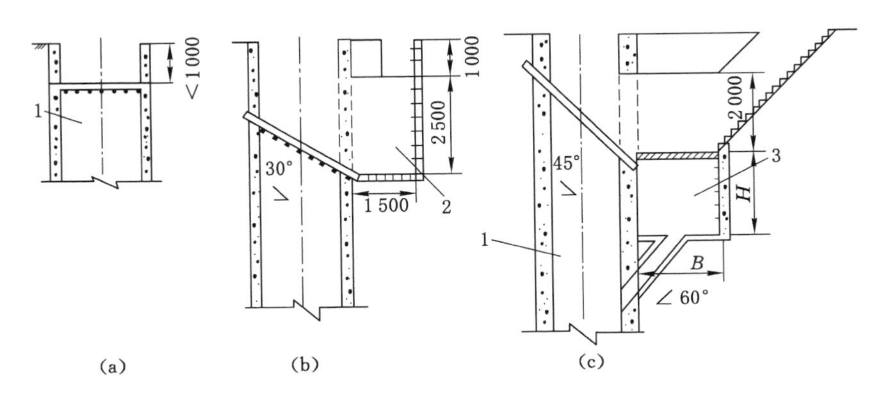

图 3-40　破碎硐室的布置形式

(a) 煤仓上口兼作破碎硐室；(b) 设有人工破碎硐室的煤仓；(c) 设有机械破碎硐室的煤仓

1——煤仓；2——人工破碎硐室；3——机械破碎硐室

(3) 下口漏斗及溜口闸门基础

煤仓仓身下部为收口漏斗，收口漏斗一般为截圆锥形，以便安装溜口和闸门。为了防止堵塞，下口漏斗应尽量消除死角。锥形漏斗以下的拱顶部分为溜口和闸门基础。为了安装溜口和闸门，在漏斗下方留一边长为 0.7 m 的方形孔口，在孔口预埋安装固定溜口的螺栓。

(4) 溜口及闸门装置

煤仓的溜口，一般做成四角锥形，在溜口处安设可以启闭的闸门。按启闭闸门所使用的动力，可将闸门分为手动、电动和气动三种。按闸门的形式分有扇形闸门和平闸门。扇形闸门有单扇和双扇之分，单扇闸门又分上关式、下关式和反扇形闸门。上关式最好用气动闸门，采用手动闸门时，多采用下关式。

选择闸门时，应以操作方便省力、启动迅速可靠为原则。多采用上关式气动闸门。

溜口闸门与矿车的位置关系如图 3-41 所示。

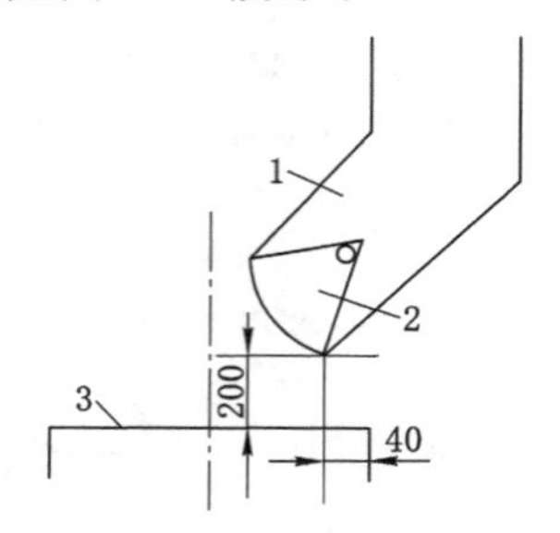

图 3-41　溜口与矿车的相对位置

1——溜口；2——闸门；3——矿车

溜口的方向，常用以下三种：图 3-42(a)所示为溜口方向与矿车行进方向一致(顺向)；图 3-42(b)所示为与矿车行进方向垂直(侧向)；图 3-42(c)所示为溜口方向对准轨道中心线(垂直)。从装车效率来看，顺向及垂直两种方式较好，侧向溜口矿车一侧不易装满，且易洒煤。目前设计煤仓溜口方向多采用与矿车行进方向一致的顺向溜口。

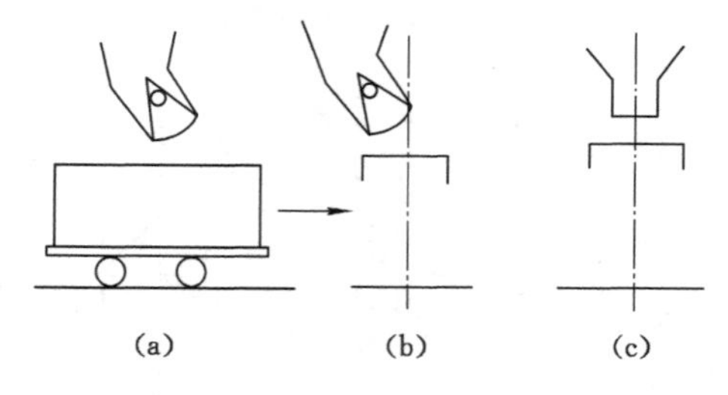

图 3-42　溜口方向

(a) 顺向；(b) 侧向；(c) 垂直

当煤仓下口要求连续均匀装煤时，煤仓漏斗下方应设置给煤机。

(二) 采区绞车房

采区绞车房是采区上部车场中的主要硐室。绞车硐室设计是否合理，将直接影响采区的提升运输。

1. 绞车房的位置

绞车房应位于围岩坚固稳定的薄及中厚煤层或顶底板岩层中，应当避开大的地质构造和大含水层以及煤瓦斯突出危险的地区。绞车房应当不受正常开采时岩层移动的影响。

2. 风道及钢丝绳通道

绞车房应有两个安全出口：钢丝绳通道及回风道。钢丝绳通道用于行人、通风、运输设备和走绳。风道主要用于回风，有时还要存放电气设备，必要时还可以运输设备及用于行人。硐室通道必须装设向外开的防火铁门及铁栅栏门，铁门敞开时，不得妨碍交通。回风道需设调节风门。

回风道的位置有三种，即位于硐室的左侧(图 3-43 所示)、右侧和后侧。

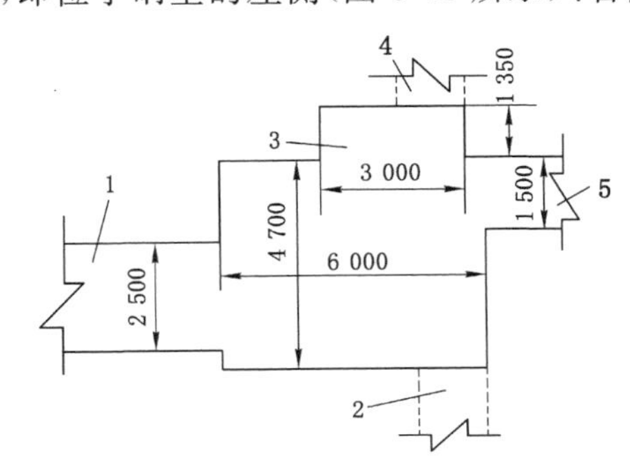

图 3-43　绞车房平面尺寸

1——绳道；2——左侧风道；3——电动机壁龛；4——右侧风道；5——后侧风道

为使电动机散热较好，风道应靠近电动机一侧布置。若总回风道位于绞车房后面且距离车房较近，则回风道位于右后方是合理的。回风道位于左侧时，行人较方便但对电动机散热不利。

回风道的断面较小，净宽一般为 1.2～1.5 m。回风道至绞车房 5 m 长度内应用不燃性材料支护。钢丝绳通道的位置应使绳道的中心线与提升中心线重合。绳道内可只设单边人行道。人行道的位置最好与轨道上山的人行道相一致，以利于行人及安全。绳道的宽度通常为 2 000～2 500 mm，视绞车型号而异，在 5 m 长度以内，应用不燃性材料支护。绳道断面与上(下)山断面可以一致。为了便于施工，常将绳道壁的一侧与绞车硐室壁取齐。

3. 绞车房的平面布置及尺寸

(1) 绞车房的平面布置

绞车房内布置的原则是：在保证安全生产和易于安装检修的条件下，尽可能布置得紧凑，以减少硐室的开掘工程量。

具体布置时，应有绞车型号、外形尺寸、绞车及电动机基础图、机械电气安装图以及绞车所属的其他设备(如配电开关、金属电阻箱或液体电阻等)尺寸等基本资料。

(2) 绞车房的尺寸

绞车基础前面和右侧与硐室壁的距离，以能在安装或检修绞车时运出电动机为准。绞车的后方应在布置电气设备后，仍便于司机操作活动，并能在司机后面通过行人。绞车左侧与硐室壁的距离，可按行人方便考虑，一般为 600～1 000 mm。

4. 绞车房的高度

绞车房的高度应按起重设施布置要求确定。安装 1.2 m 以上绞车的绞车房应设起重梁。起重梁一般为Ⅰ20～Ⅰ40 工字钢，两端插入壁内 300～400 mm。安装 1.2 m 以下的绞车可用三脚架。

绞车房高度一般为 3～5.2 m。半圆拱形采区绞车房硐室断面主要尺寸见表 3-1。

表 3-1　　采区绞车房断面主要尺寸

绞车型号		宽度/mm			高度/mm			长度/mm		
		左侧人行道	右侧人行道	净宽	自地面起壁高	拱高	净高	前面人行道宽	后面人行道宽	净长
原系列	JT800× 600-30	600	1 000	3 000	1 200	1 500	2 700	800	1 200	4 000
	JT1200×1000-24	700	950	4 700	800	2 350	3 150	1 000	1 000	6 000
	JT1600×1200-30	700	1 050	5 800	1 200	2 900	4 100	1 200	1 560	7 600
	JT1600×900-20	850	1 020	6 400	900	3 200	4 100	1 200	1 560	7 600
新系列	JTB1.6×1.2	700	1 020	8 000	1 150	4 000	5 150	1 200	1 000	7 800
	JTB1.6×1.5	700	1 020	8 000	1 150	4 000	5 150	1 300	900	7 800
	JTY1.2×1.0B	1 150	1 050	5 000	1 500	2 500	4 000	970	1 600	7 300
	JTY1.6×1.2	1 300	1 700	5 700	1 450	2 850	4 300	1 000	800	9 000

5. 绞车房的坡度

绞车房地面应高于钢丝绳通道底板 100～300 mm，并向绳道倾斜 2‰～3‰，以免绞车房积水。

考虑到风道的排水和有时需从回风道运出设备，因此回风道应向外倾斜，但倾角以不大于 3°为宜。

6. 绞车房的支护

绞车房应采用不燃性材料支护，并用 C15 混凝土铺底。由于硐室的跨度和高度较大，故一般用直墙半圆拱碹。采用料石砌碹时，料石标号应大于 MU30 号，砌体允许抗压强度应大于 2.2 MPa；采用混凝土砌拱时，允许抗压强度应大于 2.5 MPa。有条件的地方应尽量用锚喷支护。

顶板淋水较大时，一般采用料石墙混凝土拱顶，并应在拱后铺两层油毛毡，涂沥青和水玻璃，以提高混凝土的抗渗水性，同时壁上应安导水管，室内设水沟。

顶压太大时，可在整个硐室拱基线以下 200～300 mm 处放置一层木砖，并与无木砖的巷道之间留设沉降缝。

（三）采区变电所

采区变电所是向采区供电的枢纽。由于低压输电的电压降较大，为保证采区正常生产，必须合理地选择采区变电所的位置。

1. 采区变电所的位置

确定采区变电所位置时，应考虑到，对范围较小的采区，尽可能由一个采区变电所向采区全部采掘工作面的受电设备供电，并使之位于负荷的中心；对较大的采区可设两个或两个以上变电所。当开采过渡到下一阶段时，尽可能充分利用原有变电所，尽量减少变电所的迁移次数。应保证最远端的设备正常启动，并要求采区变电所通风良好，而且所选地点应易于搬迁变压器等电气设备，无淋水，地压小，易于硐室的维护。

采区变电所的具体位置，一般设在输送机上山与轨道上山之间或设在上（下）山巷道与运输大巷交岔点附近。

2. 采区变电所的尺寸和支护

采区变电所的尺寸决定于硐室内设备的数目、规格、设备间距以及设备与墙壁之间距离等因素。

硐室内主要行人道要大于 1.2 m。采区变电所的高度应根据行人高度、设备高度及吊挂电灯的高度确定，一般为 2.5～3.5 m。

图 3-44 所示为 2×180 kV·A 采区变电所硐室图。

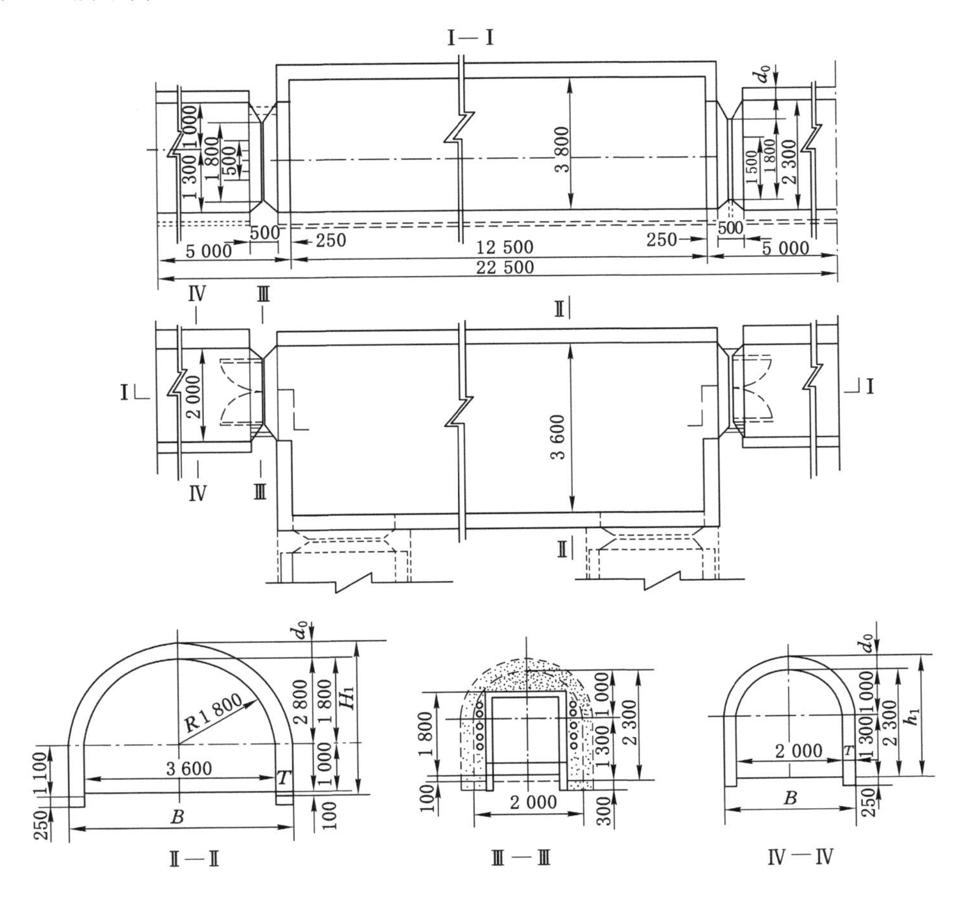

图 3-44　采区变电所硐室图

采区变电所应采用不燃性材料支护。一般情况下，采用拱形石材砌碹。服务年限短的，采用装配式混凝土支架。尽量采用锚喷支护。采用石料支护时，标号不小于 MU30。采用混凝土拱时不低于 C15。铺底可用 C10 混凝土。

变电所的地面应高出邻近巷道 200～300 mm，且应有 3‰的坡度。

变电硐室长度超过 6 m 时，必须在硐室两端各设一个出口。在通道 5 m 范围内用不燃性材料支护。

硐室与通道的连接处，设防火、栅栏两用门。防火、栅栏两用门的挡墙可用C10混凝土砌筑。设有两个通风道的采区变电所，一个用于进风，一个作为回风。通道宽度以能通过最大件设备及安装标准防火、栅栏门为原则。

任务实施

结合所设计采区上山的布置层位与煤层产状特征，选择确定采区上、中、下部车场的布置形式。不同车场形式的主要应用条件及形式确定原则分述如下。

1. 采区上部车场

采区上部是平车场还是甩车场，主要根据轨道上山、绞车房及回风巷道的相对位置以及采区上部岩层条件来决定。

当车场巷道直接与总回风道联系，或者当上部为采空区或松软的风化带，绞车房维护比较困难时，可选择平车场。此外，在煤层群联合布置时，回风石门较长，为便于与回风石门联系也多选用平车场。

由于甩车场具有通过能力大、调车方便、劳动量小、安全性好等优点，当轨道上山沿煤层布置时，为减少岩石工程量，可尽量考虑选择采用甩车场布置形式。

2. 采区中部车场

采区中部车场主要分析是采用单向还是双向甩车，以及车场的甩入地点。一般情况下，单翼与双翼采区多采用单向甩车场。只有在轨道上山布置在煤层中，运输机上山不在同一层位，围岩条件相对较好的双翼采区才可选择采用双向甩车场。目前采区轨道上山运量一般不大，采区中部车场多采用单向甩车场，通过绕道到采区的另外一翼。

采区中部车场甩入地点，轨道上山在煤层中布置时，主要采用甩入平巷或绕道布置形式；当轨道上山在煤层底板岩层中布置时，采区中部车场只有采用甩入石门布置形式才能进入煤层。

3. 采区下部车场

对于装车站，如果是采区石门进入采区，石门又较长，一般采用石门装车式下部车场。大巷进入采区，主要采用大巷装车站，只有在一些特殊条件下，装车站才采用绕道式。

辅助提升材料车场，其绕道的位置主要根据煤层倾角决定。倾角小时可采用底板绕道布置方式，倾角较大时一般都采用顶板绕道的布置方式。

结合实际设计条件，确定采区上、中、下部车场的布置形式后，在采区巷道布置平面图与剖面图中正确进行绘制出车场布置形式。

思考与练习

1. 采区车场如何进行分类？采区上、中、下部车场各有哪些基本类型？

2. 画出某一采区下部车场巷道布置图。基本条件包括大巷装车站，顶板绕道，卧式布置，绕道出口朝向井底车场方向。

项目四　巷道掘进

任务一　巷道断面形状与尺寸

知识要点

矿井常用的巷道断面形状；巷道断面尺寸的确定。

技能目标

能根据具体的施工条件选择合适的断面形状；能够根据矿井具体条件进行巷道断面设计。

任务导入

巷道是井下生产的动脉，巷道断面设计合理与否，直接影响煤矿生产的安全和经济效益。巷道断面设计的原则是，在满足安全、生产和施工要求的条件下，力求提高巷道断面的利用率，提高施工速度，降低造价，以取得最佳的经济效果。

任务分析

巷道的断面形状和尺寸的选择主要取决于矿井的地质情况和巷道用途，矿井地质情况决定了巷道断面形状，巷道的用途决定了巷道尺寸设计。因此，在进行巷道断面设计的时候需要在了解不同巷道断面适用范围的基础上结合矿井地质情况来进行。本任务通过介绍不同巷道断面形状以及适用条件，结合巷道用途对巷道断面、水沟及管路布置进行设计。为了达到巷道设计目的需要掌握以下知识：

(1) 巷道断面形状分类及适用条件；

(2) 巷道断面计算方法。

相关知识

一、巷道断面形状

我国煤矿采用的巷道断面，按其构成的轮廓线可分矩形类、梯形类、拱形类和圆形类共四大类，如图 4-1 所示。

二、巷道断面形状的选择

选择巷道断面形状，主要考虑巷道的位置及围岩性质(即地压的大小和方向)、巷道的用

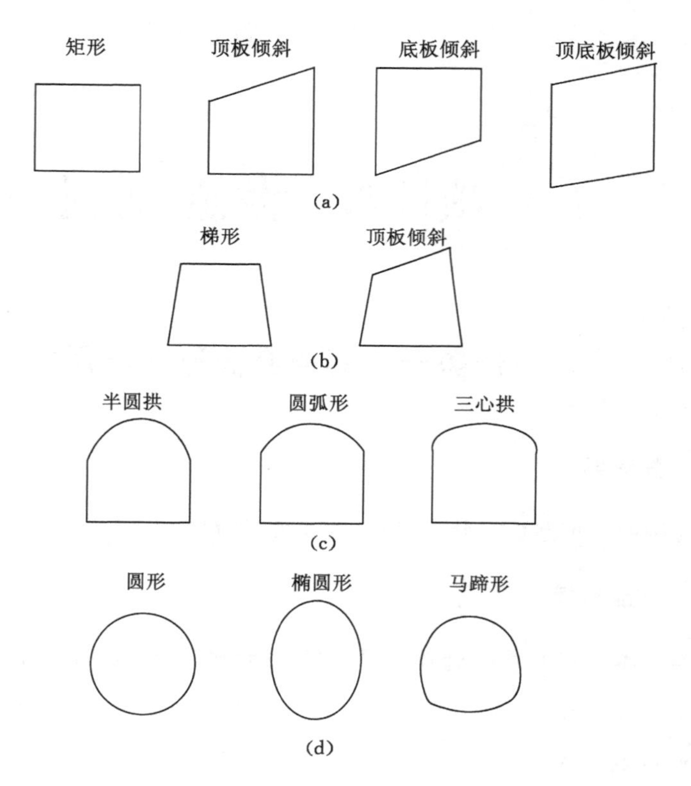

图 4-1 巷道断面形状

(a) 矩形类巷道;(b) 梯形类巷道;(c) 拱形类巷道;(d) 圆形类巷道

途及服务年限、支架材料和支护方式、掘进方法和掘进设备等因素。

1. 巷道的位置及围岩性质

巷道所处的位置不同,围岩性质(地压大小和方向)则有差异,作用在巷道上的地压大小和方向也不同,一般情况下以此作为选择巷道断面形状时考虑的主要因素。当顶压和侧压均不大时可选用矩形或梯形断面;当顶压较大、侧压较小时,可选用直墙拱形断面;当顶压、侧压都很大且底鼓严重时,适合选用马蹄形、圆形等全封闭断面。

2. 巷道的用途和服务年限

选择巷道断面形状还要考虑巷道的用途和服务年限。对于服务年限长达几十年的开拓巷道,可采用砖石、混凝土和锚喷支护的各种拱形断面;服务年限为 10 年左右的准备巷道,多采用梯形断面和拱形断面;服务年限短的回采巷道,多采用梯形断面和矩形断面。

3. 支护材料和支护方式

木支架、钢筋混凝土支架和工字钢支架多适用于梯形断面和矩形断面,砖石、混凝土砌碹和 U 形钢支架适用于拱形等曲线断面,锚杆支护和喷射混凝土适用于任何形状的断面。

4. 掘进方法和掘进设备

掘进方法和掘进设备也影响巷道断面形状的选择。目前,岩石平巷掘进以钻眼爆破法为主,它能适应任何形状的断面。在使用全断面掘进机组掘进岩石巷道时,选用圆形断面更为合适,而使用综掘机掘进煤巷可适用于多种巷道断面形状,但以矩形和梯形为主。

5. 通风要求

在通风量很大的矿井中，选择通风阻力小的断面形状和支护方式，既有利于安全生产，又具有显著的经济效益。

上述因素彼此密切联系而又相互制约，条件要求不同，影响因素的主次位置就会发生变化。在选择巷道断面时要统筹兼顾，综合考虑上述5个因素，抓住主要因素。

三、巷道断面设计应满足的条件

(1) 保证人员通行安全。

(2) 按照通过的运输设备等的要求和《煤矿安全规程》的有关规定铺设轨道，以保证通过的运输设备安全运行，并合理地布置管路及电缆等。

(3) 巷道断面通过最大风量时，不得超过《煤矿安全规程》规定的最高风速。

(4) 按通过的水量大小，合理设置水沟。

(5) 巷道断面不得小于《煤矿安全规程》规定的最小净断面和最小净高度。

(6) 满足其他要求，如需在巷道一侧堆放坑木和材料或安装其他设备。

四、巷道净宽度、净高度和净断面的确定

1. 巷道净宽度的确定

《煤矿安全规程》规定：巷道净断面，必须满足行人，运输，通风和安全设施及设备安装、检修、施工的需要。因此，巷道断面尺寸取决于巷道的用途、存放或通过的机械、器材和运输设备的数量及规格，人行道宽度和各种安全间隙，以及巷道的通风要求等。

对于直墙拱形和矩形巷道断面，其净宽度是指巷道两侧内壁或锚杆出露终端之间的水平距离。对于梯形巷道，净宽度是指从底板起1.6 m高度水平的巷道宽度，如巷道内设有运输设备，其净宽度是指车辆顶面水平的巷道宽度。如图4-2所示为拱形双轨巷道，净宽度为：

$$B = a + 2A_1 + C + t \geqslant 2.4 \text{ m} \tag{4-1}$$

式中　B——巷道净宽度，m。

a——《煤矿安全规程》规定，非人行侧的宽度，$a \geqslant 0.3$ m。巷道内安设输送机时，输送机与巷帮支护的距离以及综合机械化采煤矿井，$a \geqslant 0.5$ m；输送机机头和机尾处与巷帮支护的距离，$a \geqslant 0.7$ m。

A_1——运输设备最大宽度，m。

C——《煤矿安全规程》规定的人行道宽度，自道碴面起1.6 m高度内，$C \geqslant 0.8$ m；综合机械化采煤矿井，$C \geqslant 1.0$ m。

t——《煤矿安全规程》规定，在双轨运输巷道中，两列对开列车最突出部分之间的距离，$t \geqslant 0.2$ m；采区装载点，$t \geqslant 0.7$ m；矿车摘挂钩地点，$t \geqslant 1.0$ m。

巷道净宽度确定后，还要检查其是否能满足掘进机械化装载和铺设临时双轨调车以及运输综采支架的要求。一般拱形断面的主要运输巷道净宽度不小于2.4 m，采区巷道净宽度不小于2.0 m，且确定的巷道净宽度，应按只进不舍的原则，以0.1 m进级。

2. 巷道净高度的确定

矩形、梯形巷道的净高度是指自道碴面或巷道底板至顶梁或顶部喷层面、锚杆出露终端的高度；拱形巷道的净高度是指自道碴面至拱顶或锚杆出露终端的高度。

《煤矿安全规程》规定，主要运输巷道和主要风巷的净高，自轨面起不得低于2 m。架线

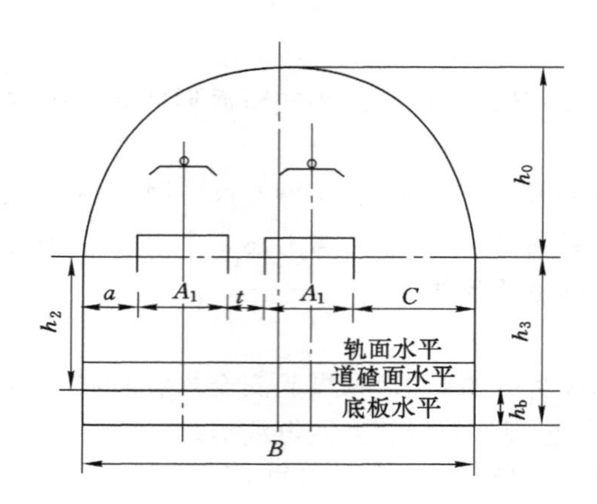

图 4-2 拱形双轨巷道净断面尺寸计算

电机车运输巷道架空线的悬挂高度，行人巷不小于 2 m，非行人巷不小于 1.9 m；架空线与巷道顶的距离不小于 0.2 m。采区（盘区）内的上（下）山和平巷的净高不得低于 2 m，薄煤层内不得低于 1.8 m。

拱形巷道的净高度为：

$$H = h_0 + h_3 - h_b \tag{4-2}$$

式中 H——拱形巷道的净高度，m。

h_0——拱形巷道的拱高，m。半圆拱 $h_0 = B/2$；圆弧拱一般取 $h_0 = B/3$ 或 $h_0 = 2B/5$。

h_3——拱形巷道的墙高，m。

h_b——道碴面高度，m。

3. 巷道净断面 S 的确定

半圆拱巷道净断面面积：

$$S = B(0.39B + h_2) \tag{4-3}$$

圆弧拱巷道净断面面积：

$$S = B(0.24B + h_2) \tag{4-4}$$

梯形巷道净断面面积：

$$S = (B_1 + B_2)H/2 \tag{4-5}$$

巷道净断面的选取，应符合现行《煤矿安全规程》和现行标准《煤矿巷道断面和交岔点设计规范》的有关规定。

4. 巷道风速验算

矿井通风量确定后，巷道的断面越小风速越大。风速大，既会扬起岩粉煤尘，损害工人身体健康，影响工作效率，又会引起瓦斯煤尘爆炸事故。《煤矿安全规程》规定的巷道允许最高风速见表 4-1。所以设计的巷道净断面，必须进行风速验算，即：

$$v = Q/S \leqslant v_{max} \tag{4-6}$$

式中 v——通过巷道的风速，m/s；

Q——设计要求通过巷道的通风量，m^3/s；

S——巷道的净断面面积，m^2；

v_{max}——巷道允许通过的最大风速（见表 4-1），m/s。

表 4-1 井巷中的允许风流速度

井巷名称	允许风速/m·s^{-1}	
	最低	最高
无提升设备的风井和风硐		15
专为升降物料的井筒		12
风桥		10
升降人员和物料的井筒		8
主要进、回风巷		8
架线电机车巷道	1.0	8
运输机巷,采区进、回风巷	0.25	6
采煤工作面、掘进中的煤巷和半煤岩巷	0.25	4
掘进中的岩巷	0.15	4
其他通风人行巷道	0.15	

五、巷道断面内水沟和管线布置

1. 水沟设计

巷道断面设计时,应根据流过该巷道涌水量的大小设计水沟。水沟一般布置在人行道一侧,并尽量避免穿越运输线路。在特殊情况下,可将水沟布置在巷道中间或非行人一侧。平巷水沟坡度取 0.3%~0.5%,或与巷道坡度相同,但不小于 0.3%。

运输大巷可用混凝土浇筑水沟,也可将钢筋混凝土预制件运到井下铺设。水沟上应铺设钢筋混凝土预制盖板,盖板顶面与道碴面齐平,以便行人。准备巷道的水沟,应根据巷道底板性质、服务年限、涌水量和运输条件等考虑是否支护。回采巷道服务年限短、排水量小,其水沟一般不用支护。

水沟断面形状有对称倒梯形、半倒梯形和矩形等几种,其断面尺寸应根据水沟的流量、坡度、支护材料和断面形状等确定。

2. 管线布置

巷道中管缆的布置要保证安全并便于架设与检修。具体要求如下:

(1) 管道一般设在行人一侧,也可在非行人侧。若设在人行道上方,则管道下部距道碴面或水沟盖板的垂高不小于 1.8 m;若在水沟上,则不能妨碍清理水沟。架设管道可采用管墩、托架或锚杆等方式。

(2) 管道不能直接置于巷道底板上,必须使用管礅架设,以免腐蚀管道。管道与运输设备之间的安全距离不小于 0.2 m。

(3) 通信和动力电缆不宜设在同一侧。如因受限制必须在同一侧,则通信电缆设在动力电缆上方 0.1 m 以上,以防电磁场干扰通信信号。

(4) 高压电缆和低压电缆在巷道同侧敷设时,其距离应大于 0.1 m;同时高压电缆之间、低压电缆之间的距离不得小于 50 mm。

(5) 电缆与管道同侧敷设时,电缆要挂在管道上方 0.3 m 以上。

(6) 电缆悬挂高度要保证矿车掉道时不撞击电缆,或电缆发生坠落时,不会落在轨道上或运输设备上。其高度一般为 1.5~1.9 m;电缆悬挂点的间距不大于 3.0 m;电缆与运输设备之间的安全距离不小于 0.25 m。

六、巷道断面设计示例

某煤矿，年产设计能力为90万t，矿井属低瓦斯矿井，中央分列式通风，井下最大涌水量为320 m^3/h。通过该矿第一水平东翼运输大巷的流水量为160 m^3/h，采用ZK10-6/250型架线式电机车牵引1.5 t矿车运输。该大巷穿过中等稳定的岩层，岩石坚固性系数$f=4\sim6$，大巷需通过的风量为28 m^3/s。巷道内敷设一趟直径为200 mm的压风管和一趟直径为100 mm的水管。试设计运输大巷直线段的断面。

1. 选择巷道断面形状

年产90万t矿井的第一水平运输大巷，一般服务年限在20 a以上，采用600 mm轨距双轨运输的大巷，其净宽在3 m以上，又穿过中等稳定的岩层，故选用钢筋砂浆锚杆和喷射混凝土支护，巷道为半圆拱形断面。

2. 确定巷道断面尺寸

（1）确定巷道净宽度B

ZK10-6/250型电机车宽$A_1=1\ 060$ mm，高$h=1\ 550$ mm；1.5 t矿车宽1 050 mm，高1 150 mm。根据《煤矿安全规程》，取巷道人行道宽$C=840$ mm，非人行过一侧宽$a=400$ mm。两电机车之间安全距离取为240 mm。

故巷道净宽度：

$$B=a_1+2A_1+c_1+t=400+2\times1\ 060+840+240=3\ 600\ \text{mm}$$

（2）确定巷道拱高h_0

半圆拱形巷道拱高$h_0=B/2=3\ 600/2=1\ 800$ mm。半圆拱半径$R=h_0=1\ 800$ mm。

（3）确定巷道壁高h_3

① 按架线电机车导电弓子要求确定h_3

由半圆拱形巷道拱高公式得

$$h_3\geqslant h_4+h_c-\sqrt{(R-n)^2-(K+b_1)^2}$$

式中 h_4——轨面起电机车架线高度，按《煤矿安全规程》取$h_4=2\ 000$ mm。

h_c——道床总高度。如选用22 kg/m钢轨，则$h_c=360$ mm，道碴面高度$h_b=200$ mm。

n——导电弓子距拱壁安全间距，取$n=300$ mm。

K——导电弓子宽度之半，$K=718/2=359$，取$K=360$ mm。

b_1——轨道中线与巷道中线间距，$b_1=B/2-a_1=3\ 600/2-930=870$ mm。

故$h_3\geqslant2\ 000+360-\sqrt{(1\ 800-300)^2-(360+270)^2}=1\ 502$ mm。

② 按管道装设要求确定h_3

$$h_3\geqslant h_5+h_7+h_b-\sqrt{(R^2-(K+m+D/2+b_2)^2}$$

式中 h_5——道碴面至管子底高度，按《煤矿安全规程》取$h_5=1800$ mm；

h_7——管子悬吊件总高度，取$h_7=900$ mm；

m——导电弓子距管子间距，取$m=300$ mm；

D——压气管法兰盘直径，$D=335$ mm；

b_2——轨道中线与巷道中线间距，$b_2=B/2-C_1=3\ 600/2-1\ 370=430$ mm。

故$h_3\geqslant1\ 800+900+200-\sqrt{(1\ 800^2-(360+300+335/2+430)^2}=1\ 613$ mm。

③ 按人行高度要求确定h_3

$$h_3 \geqslant 1\,800 + h_b - \sqrt{R^2 - (R-j)^2}$$

式中　j——距巷道壁的距离。距壁 j 处的巷道有效高度不小于 1 800 mm。$j \geqslant 100$ mm，一般取 $j=200$ mm。

故 $h_3 \geqslant 1\,800+200-\sqrt{1\,800^2-(1\,800-200)^2}$。

综上计算，并考虑一定的余量，确定本巷道壁高为 $h_3=1\,800$ mm。则巷道高度 $H=h_3-h_b+h_0=1\,800-200+1\,800=3\,400$ mm。

(4) 确定巷道净断面面积 S 和净周长 P

净断面积：
$$S = B(0.39B + h_2)$$

式中　h_2——碴面以上巷道壁高，$h_2=h_3-h_b=1\,800-200=1\,600$ mm。

故 $S=3\,600(0.39\times3\,600+1\,600)=10\,814\,400\ \text{mm}^2=10.8\ \text{m}^2$。

净周长：
$$P = 2.57B + 2h_2 = 2.57\times3\,600 + 2\times1\,600 = 12\,500\ \text{mm} = 12.5\ \text{m}$$

(5) 用风速校核巷道净断面面积

已知通过大巷风量 $Q=28\ \text{m}^3/\text{s}$，代入式(4-6)得
$$v = \frac{Q}{S} = \frac{28}{10.8} = 2.56 < 8\ \text{m/s}$$

设计的大巷断面面积、风速没超过规定，可以使用。

任务实施

本任务通过矿井巷道模型或实地观察生产矿井巷道，熟悉矿井各种断面形状的巷道，并测量模拟矿井巷道的净宽度、净高度和净断面。

思考与练习

1. 简述不同巷道断面所适用的条件。
2. 给出具体的条件进行巷道断面设计训练。

任务二　岩石巷道掘进

知识要点

钻眼机具的种类及工作原理；矿用炸药及爆破器材；电爆网络及连线方式；岩巷掘进设备及使用方法。

技能目标

熟悉凿岩机的操作；掌握炮眼布置的方法；熟悉爆破器材和爆破参数；熟悉装药的过程及起爆方法；认识爆破器材，学会电爆网路的连线方法。

任务导入

岩石巷道在矿井掘进过程中占较大比例，选择的掘进方法和掘进设备对岩石巷道的掘进效果影响较大。爆破掘进是目前常用的掘进方法，炮眼布置、炸药的选择、装药量都会对巷道质量产生影响。如何选择合适的掘进方法掘进出满足设计要求的巷道是本任务学习的重点。

任务分析

岩石巷道掘进方法的选择主要与矿井地质情况和矿井的机械化水平有关。在选择爆破掘进时，巷道炮眼布置、装药量、连线方式是决定巷道爆破效果的重要因素。在选择机械化掘进时，岩石巷道掘进设备的选择和使用就显得尤为重要。选择合适的掘进方法掘进出满足设计要求的岩巷需要掌握以下知识：

（1）熟悉钻眼机具的种类及工作原理。

（2）熟悉矿用炸药及爆破器材。

（3）掌握电爆网路的连线方法。

（4）了解岩石巷道掘进设备及使用方法。

（5）掌握钻眼爆破工作工艺过程及注意事项。

相关知识

一、钻眼机具

钻眼爆破就是用钻眼机具在岩石上打出许多炮眼，然后在炮眼中放置一定数量的炸药和起爆用雷管，眼口填塞炮泥，再用一定方法把炮眼内炸药引爆，把岩石从整体中破碎下来。

（一）冲击式钻眼机械

1. 风动凿岩机

风动凿岩机是以压缩空气为动力的钻眼机械，其动作原理是利用压缩空气推动机体的活塞做快速往复运动，活塞不断冲击钎杆尾部，使钎刃凿入岩石。每冲击一次，钎杆都要旋转一定的角度，使每次冲击钎刃始终作用在新的岩面上，并及时排出岩石碎屑。冲击、转钎、排粉往复循环，凿出圆形炮眼。

按其架设方式不同，风动凿岩机可分为手持式、气腿式、向上式（伸缩式）和导轨式几种。手持式凿岩机，因人工体力消耗大，较少使用。

气腿式凿岩机由于机身重量由气腿支撑，而且气腿能提供足够的轴向推力，减轻了工人的劳动强度，因而在岩巷掘进中广泛得到应用。气腿式凿岩机主要用于打水平和倾斜方向的炮眼。凿岩机外形如图 4-3 所示。

国产部分凿岩机主要技术特见表 4-2。

与气腿轴线平行（旁侧气腿）或与气腿整体连接在同一轴线上的凿岩机，称为向上式凿岩机，专门用于反井、煤仓和锚杆施工。

导轨式凿岩机功率大，配有导轨架和自动推进装置。钻眼时，要将导轨架、自动推进装置和凿岩机安设在起支撑作用的钻架上，或者与凿岩台车、钻装机配合使用。

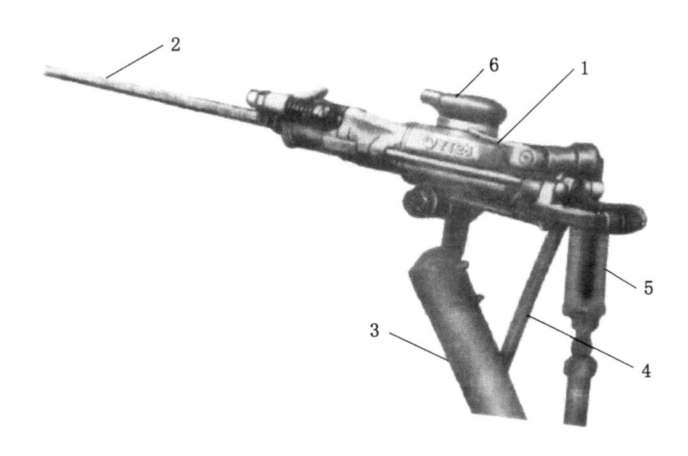

图 4-3 YT-28 型气腿凿岩机

1——主机;2——钎子;3——气腿;4——水管;5——注油器;6——消音罩

表 4-2 **国产部分气腿式凿岩机主要性能**

型号	机器质量/kg	气缸直径/mm	活塞行程/mm	冲击频率/Hz	钎头直径 m/m	风管直径/mm	水管直径/mm	耗风量/$m^3 \cdot min^{-1}$
YT-24	24	70	70	>30	34～42	19	13	<2.9
YT-26	26	75	70	>33	34～42	25	13	<3.5
YT-28	26	80	60	>37	34～42	25	13	<4.0
7655MZ	25	76	70	>34	34～42	25	13	<4.2

2. 电动、液压凿岩机

(1) 电动凿岩机

电动凿岩机以电能为动力,噪声和振动较小,主要由冲击机构、转钎机构、润滑装置和附属装置组成。部分电动凿岩机的技术特征见表 4-3。

表 4-3 **部分电动凿岩机的技术特征**

技术特征	YD2A 型矿用隔爆支腿式	YDT34 支腿式
机器质量/kg	31.5	34
外形尺寸/mm×mm×mm	625×333×225	770×285×200
冲击频率/Hz	44	
冲击能量/J	30	
扭矩/N·m	15	
水力支腿推力/kN	1400	
凿孔速度/$mm \cdot s^{-1}$	2.5	
凿孔直径/mm	38～43	34～42
最大凿孔深度/m	4	2
电动机功率/kW	2	3
电动机电压/V	127	380
电动机电流/A	15	7.6

(2) 液压凿岩机

它是用高压油液作为动力推动活塞冲击钎子，附有独立回转机构的一种凿岩机械。由阀控制活塞往复运动。油压比气压力高得多，达 10 MPa 以上。虽与风动凿岩机近似，但其活塞直径较小、长度较大。具有钻速快(比风动凿岩机高两倍以上)、频率高、能耗低(为风动凿岩机的 1/3 左右)、效率高等特点。液压凿岩机多数和地面液压工程车等配套使用，井下应用较少。

(二) 旋转式钻眼机具

电钻是采用旋转式钻眼法破岩并用电能作为动力的钻眼机械，按使用条件，可分为煤电钻和岩石电钻两种。

1. 煤电钻

煤电钻主要由电动机、减速器、手柄、散热风扇和外壳组成，其外形如图 4-4 所示。煤电钻的钻眼破岩原理是，利用轴向推力和旋转的钎刃切削岩石，切削下来的岩石碎屑，沿着钎杆的螺旋沟排出或用压力水排出。

图 4-4 ZM15T 煤电钻

煤电钻的外壳用铸铝合金制成，要求严密隔爆。壳外设有轴向散热片，由风扇冷却。手柄上设有开关扳手，手柄包有绝缘橡胶，以防触电。煤电钻的传动系统如图 4-5 所示。

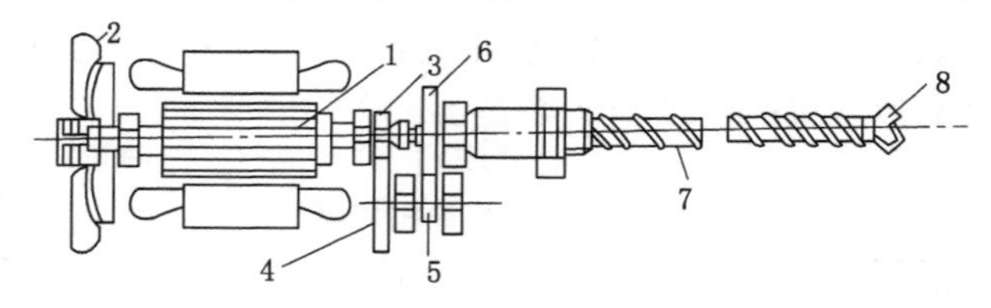

图 4-5 煤电钻的传动系统

1——电动机；2——风扇；3，4，5，6——减速器齿轮；7——钻杆；8——钻头

煤电钻主要用于煤层或 $f<4$ 的岩层中钻眼。部分煤电钻技术特征见表 4-4。

表 4-4 部分煤电钻主要技术特征

型号	机器质量 /kg	功率 /kW	电钻效率 /%	额定电压 /V	额定电流 /A	电钻转速 /r·min^{-1}	钻孔直径 /mm	适用条件
ZM15G	16	1.5	80	127	10.5	520	38～45	中硬煤层
ZM-12T	15	1.2	81	127	9	520	33～45	中硬煤层
ZM-12	18	1.2	81	127	9	630	33～45	中硬煤层
ZM12D(A)	15.5	1.2	80	127	9	520	38～45	中硬煤层

在 $f<4\sim6$ 的岩石中钻眼时，可用岩石电钻。岩石电钻的破岩方式也为旋转式破岩，但由于电动机容量大，重量大，钻进时需要很大的轴向推力，故配有自推推进与支撑设备。

2. 岩石电钻

岩石电钻能在中硬以下岩石中钻眼，它的扭矩、功率比煤电钻大，需施加较大的轴向推力。与冲击式凿岩机相比，岩石电钻直接用电，能量利用效率较高，设备简单，以切削方式破岩，噪声低。岩石电钻的构造原理与煤电钻基本相同，多采用 2～2.5 kW 电动机，同时需要有推进机构和架钻设备。

部分岩石电钻的技术特征见表 4-5。

表 4-5 部分岩石电钻技术特征

技术特征	型号			
	EZ_2-2.0(风冷式)	YZ2S(水冷式)	YDX-40A	YDX-40B
功率/kW	2	2	2	2
额定电压/V	127 或 380	380	127,220,380,660	127,220,380,660
额定电流/A	13 或 4.4	4.7	13.5,8,4.5,2.6	13.5,8,4.5,2.5
电动机频率/Hz	50	50	50	50
电动机相数	3	3	3	3
电动机转速/$r\cdot min^{-1}$	2 790	2 820	2 790	2 790
电钻转速/$r\cdot min^{-1}$	230 300 340	240 360	240 360	240

二、矿用炸药、爆破器材、电爆网路

1. 矿用炸药

矿用炸药的种类很多，按使用范围可分为露天矿用炸药和煤矿专用炸药。按炸药成分又可分为硝酸铵类炸药、硝化甘油类炸药、水胶炸药、乳化炸药等。按炸药的作用特点可以分为起爆药和猛炸药。起爆药的感度较高，遇一定的外能(热、摩 擦、冲击等)作用即能引起爆炸，常用来制作起爆材料。猛炸药的起爆感度比较低，需要通过起爆药爆轰能量的激发才能爆炸。猛炸药的威力大，常作为其他炸药的加强药使用。

目前矿用工业炸药几乎都是混合炸药，它是由几种爆炸成分和其他辅助成分(如敏化剂、可燃剂和防潮剂等)进行合理配比制成的。混合炸药根据不同的要求可以含有下列成分：

(1) 氧化剂。氧化剂为爆炸提供足够的氧。如硝酸铵就是以硝酸铵为主要原料的硝铵类炸药的氧化剂，而硝化甘油就是以硝化甘油为主要原料的硝化甘油类炸药的氧化剂。由于制造硝酸铵的原料丰富，故国内外都广泛采用硝酸铵作为矿用工业混合炸药的主要氧化剂。

(2) 敏化剂。敏化剂的主要作用是提高炸药的感度和做功能力。矿用工业炸药常用的敏化剂有梯恩梯和黑索金等。

(3) 可燃剂。可燃剂的作用是提高炸药的爆热，进而增加炸药的做功能力。铝粉、柴油等常用作炸药的可燃剂。

(4) 防潮剂。防潮剂的作用是增强混合炸药的防水能力，以便用于潮湿有水的爆破环境。石蜡和沥青常用作炸药的防潮剂。

(5) 疏松剂。疏松剂可以防止炸药吸湿结块。木粉、炭粉等常用作炸药的疏松剂。

(6) 消焰剂。消焰剂可以降低爆温与消焰,抑制爆炸火焰与瓦斯的连锁反应。食盐常用作炸药的消焰剂。

《煤矿安全规程》规定,井下爆破作业,必须使用煤矿许用炸药。目前,我国煤矿主要使用的炸药主要有硝铵类炸药、水胶炸药和硝化甘油炸药。

(1) 硝铵类炸药

硝铵类炸药是我国采矿工程应用最广泛的炸药,其主要成分是硝酸铵、梯恩梯、木粉、食盐等。硝酸铵(NH_4NO_3)含量约在60%以上,是一种白色结晶粒状或粉状的弱性炸药,感度很低,在良好的物理状态下,需要用较大的起爆能才能引爆。硝酸铵极易吸潮而结块,吸潮后感度进一步降低而很难起爆,明火也不能使其燃烧。但硝酸铵来源丰富、成本低廉,且含氧丰富,是混合炸药的主要成分。

梯恩梯(TNT),含量10%~20%。它是一种硝基化合物单质炸药,呈淡黄色片状结晶物,几乎不溶于水,冲击和摩擦感度低。梯恩梯爆炸时威力大,常作为硝铵炸药的敏化剂。

木粉,含量10%以下。它混合于硝酸铵炸药中,作为可燃剂;此外,还作为松散剂,防止硝酸铵吸潮结块。

石蜡或沥青,作为抗水剂,它们都是含碳丰富的物质。在炸药中还作为可燃剂。

对于煤矿许用炸药,还必须加入15%~20%的食盐(氯化钠)作为消焰剂,以吸收热量,降低爆温,防止引爆瓦斯。国产部分煤矿硝铵炸药的组成、性能见表4-6。

表4-6 国产部分煤矿硝铵炸药的组成、性能

组成和性能		炸药名称	
		2号抗水煤矿许用	3号抗水煤矿许用
组成/%	硝酸铵	72±1.5	67±1.5
	梯恩梯	10±0.5	10±0.5
	食盐	15±0.5	20±1.0
	木粉	2.2±0.5	2.6±1.5
	沥青	0.4±0.1	0.2±0.05
	石蜡	0.4±0.1	0.2±0.05
	水分(≤)	0.3	0.3
性能	密度/$g\cdot cm^{-3}$	0.95~1.10	0.95~1.10
	猛度(≥)/mm	10	10
	爆力(≥)/mL	250	240
	殉爆/cm		
	浸水前(≥)	4	4
	浸水后(≥)	3	2
	爆速/$m\cdot s^{-1}$	3 600	3 397

(2) 水胶炸药

水胶炸药是硝酸甲胺的微小液滴分散在含有多孔物质,以硝酸盐为主的氧化剂水溶液中,经稠化、交联而制成的凝胶状含水炸药。

水胶炸药的特点是抗水性强,煤矿水胶炸药浸在10~25 ℃的水中4 h,仍能用雷管起

爆;密度大;威力大;安全性好,对机械作用、火花均不敏感。

国产部分矿用炸药的特性见表 4-7。

表 4-7 国产部分矿用炸药的特性

炸药名称	密度/g·cm^{-3}	爆速/m·s^{-1}	爆炸能/J·g^{-1}	用途
SM-1	1.62	4 018	703	高瓦斯矿井硬煤爆破
SM-2	0.87	3 556	696	高瓦斯矿井软煤爆破
SM-3	0.73	4 138	758	高瓦斯矿井硬煤夹矸爆破
SM-4	1.72	4 200	807	高瓦斯矿井硬岩爆破
SM-5	1.02	3 453	546	突出矿井软岩爆破
SM-6	1.O2	3 384	480	突出矿井软煤爆破
SM-7	1.02	2 792	440	突出矿井软煤爆破

(3) 硝化甘油炸药

硝化甘油炸药是硝化甘油被可燃剂和(或)氧化剂等吸收后组成的混合炸药。硝化甘油炸药的优点是爆炸威力大,抗水性强,可以在水下使用,密度大,具有塑性,爆轰稳定性高。其缺点是使用的安全性差,成本高。

2. 爆破器材

在爆破工程中,任何炸药都需要借助起爆材料来完成爆炸,起爆材料一般有导火索、导爆索、继爆管以及雷管等。《煤矿安全规程》规定,在采掘工作面,必须使用煤矿许用瞬发电雷管或煤矿许用毫秒延期电雷管。使用煤矿许用毫秒延期电雷管时,最后一段的延期时间不得超过 130 ms。不同厂家生产的或不同品种的电雷管,不得掺混使用。不得使用导爆管或普通导爆索,严禁使用火雷管。

(1) 导爆索与继爆管

导爆索是以猛炸药为药芯,外包覆层和防潮层(或外覆塑料管),能传递爆轰波的索类起爆材料。导爆索经雷管起爆,可以引爆炸药,也可作为独立的爆破能源。目前生产的导爆索品种有普通导爆索、安全导爆索、油井导爆索和胀管导爆索。在煤矿生产中常采用安全导爆索。

继爆管是一种专门和导爆索配合使用的毫秒延期传爆元件,利用继爆管的毫秒延期继爆作用可以和导爆索配合进行毫秒爆破。

(2) 雷管

雷管是由外界能激发,并可靠地引起其起爆材料或猛炸药爆轰的起爆材料。按点火形式雷管可分为火雷管和电雷管两类。由于煤矿的特殊性,井下只使用煤矿许用电雷管。电雷管利用电能激发其爆炸,按其起爆能力分为 10 个号别。号越大,装药越多,起爆能力也越强。煤矿常用 6 号和 8 号两种电雷管。电雷管按其起爆间隔时间可分为瞬发电雷管和延期电雷管等。

① 瞬发雷管

通电后瞬时爆炸的电雷管叫瞬发雷管。普通瞬发电雷管的构造如图 4-6 所示。

瞬发雷管为直插式引火装置,引发过程是由电流通过桥丝产生电阻热,瞬间点燃并起爆

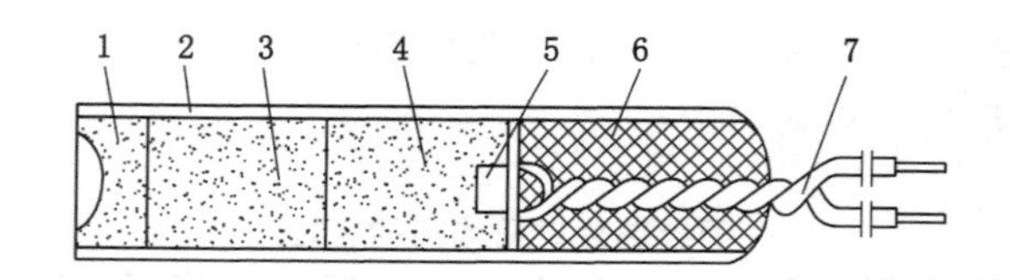

图 4-6 普通瞬发电雷管

起爆药(二遍药);2——管壳;3——副起爆药(头遍药);4——正起爆药;5——桥丝;6——硫黄;7——脚线

正起爆药,继而引爆副起爆药。正起爆药一经点燃,即使电流中断也能爆炸。瞬发电雷管由通电到爆炸的时间小于 13 ms,无延期过程。煤矿许用瞬发电雷管与普通瞬发电雷管结构基本相同,主要在副起爆药(黑索金)中添加适量的消焰剂,采用专门工艺加压而成。消焰剂通常为氯化钾,可以起到降低爆温、消焰和隔离瓦斯与爆炸火焰接触的作用,从而有效预防瓦斯爆炸。

② 延期电雷管

延期电雷管是通电后隔一定时间爆炸的电雷管,按延期间隔时间不同,分秒延期电雷管和毫秒延期电雷管,如图 4-7 所示。煤矿常用毫秒延期电雷管,即当通入电流时,各雷管间隔若干毫秒后起爆的雷管。毫秒延期电雷管分为普通型和煤矿许用型两种。煤矿毫秒延期电雷管是在煤矿瞬发电雷管的基础上,增加一个控制毫秒延期时间的延期元件而制成的。使用煤矿许用毫秒雷管时,我国规定总延期时间不应超过 130 ms。

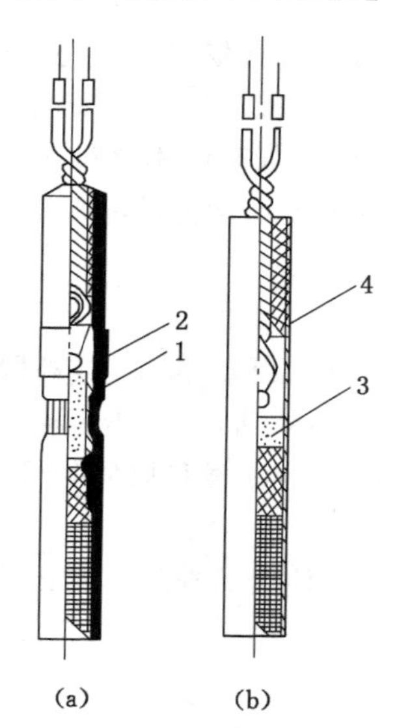

图 4-7 延期电雷管

(a) 秒延期电雷管;(b) 毫秒延期电雷管

1——导火线;2——排气孔;3——延期药;4——延期内管

3. 电爆网路

(1) 电爆网路的连线方式

井巷掘进时,电爆网路连线方式有串联、并联、串并联等。

串联电路是将各电雷管脚线一个接一个连在一起,最后连到爆破母线上,如图 4-8(a)所示。串联电路是煤矿井下最常用的连接网路，其缺点是一发电雷管断路就会导致全部拒爆，因此在装药之前必须对全部电雷管做导通检查。

并联电路是将各个电雷管的两根脚线分别连到两根连接线上或母线上。这种连接法又可分为分段并联和并簇联，如图 4-8(b)和图 4-8(c)所示。使用分段并联时应尽量设法减小连接线的影响，简单的办法是使用闭合反向电路，如图 4-8(d)所示。并联电路时，个别电雷管不导通不易查出，但不会影响其他电雷管。因需要电流大，必须使用线路电源爆破。并联电路在瓦斯矿井中使用不安全。

串并联电路是将若干个电雷管先行串联起来组成一个个串联组，然后再将各组并联起来的连线方法，如图 4-8(e)所示。这种连接法的优点是能起爆的电雷管数最多，缺点是连线复杂，容易出错。

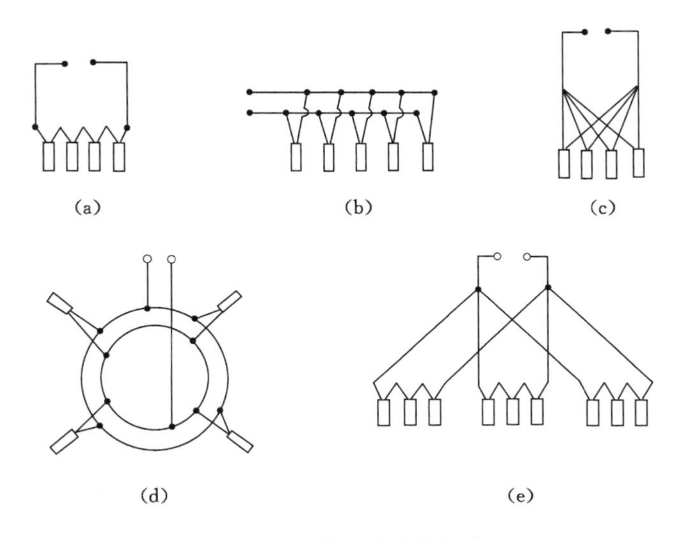

图 4-8　电爆网路连接方式

(2) 电爆网路的准爆条件

雷管技术标准规定，用直流电做起爆电源时的串联准爆电流值，康铜桥丝电雷管为 2 A，镍铬桥丝电雷管为 1.5 A。

使用交流电起爆时，通电时间有可能恰逢有效值最小，故准爆电流值应大些。

(3) 电爆网路的检测

《煤矿安全规程》规定，每次爆破作业前，爆破工必须做电爆网路的全电阻检查。严禁用发爆器打火放电检测电爆网路是否导通。电爆网路的实测值与计算值的误差不应超过 5%，如不相符，首先检查、排除故障，否则禁止连线起爆。

通过爆破作业前电爆网路的全电阻检查，可以有效减少拒爆现象的发生，从而减少爆破事故的发生概率。

三、钻眼爆破工作

(一) 钻眼工作

为了保证钻眼工作的安全，钻眼前要进行敲帮问顶检查围岩，加固靠近工作面支架，检查凿岩机、风管、水管等是否完好，并备齐钎杆、钎头等配件。

钻眼工作必须按照掘进巷道设计的断面规格尺寸、巷道的方向和坡度进行施工，巷道的方向和坡度由中线和腰线来控制。中线是巷道掘进方向的基准线，腰线是指示巷道坡度的基准线，中线和腰线的标定和延长由测量人员用仪器来完成，也可利用激光指向仪标定。激光指向仪一般安装在距工作面 100 m 以外围岩稳定的巷道顶板中心线位置上，其距工作面的最大距离以光斑清晰为准。由于爆破震动等原因，指向可能发生偏差，钻眼前要及时进行检查、调整。

为缩短钻眼时间，加快掘进速度，可采用多台气腿式凿岩机作业。一般在中硬岩石可按 1.5～2.0 m^2 配备一台，在硬岩中按 1.0～1.5 m^2 配备一台。多机作业时风、水管路较多，且拆装、移动频繁，为了提高钻眼工作效率和避免风管、水管相互纠缠，可采用两路供风、供水等方式。

（二）炮眼布置的方法

目前在我国煤矿行业，巷道掘进破岩工作仍以钻眼爆破法为主。钻眼爆破法的破岩效率和质量受多种因素的影响，炮眼布置是否合理是其中的主要因素之一。巷道掘进工作面的炮眼布置，按其用途和位置可分为掏槽眼、辅助眼和周边眼，其起爆顺序必须是先掏槽眼，其次辅助眼，最后周边眼，以保证爆破效果。炮眼布置时，首先选择掏槽方式和掏槽眼位置，其次布置好周边眼，最后根据断面大小布置辅助眼，如图 4-9 所示。

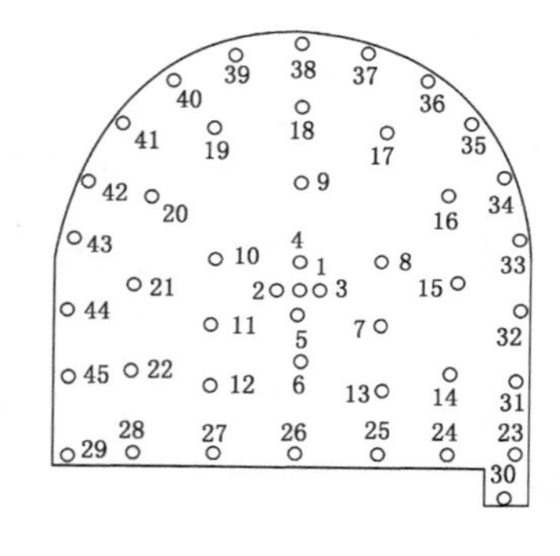

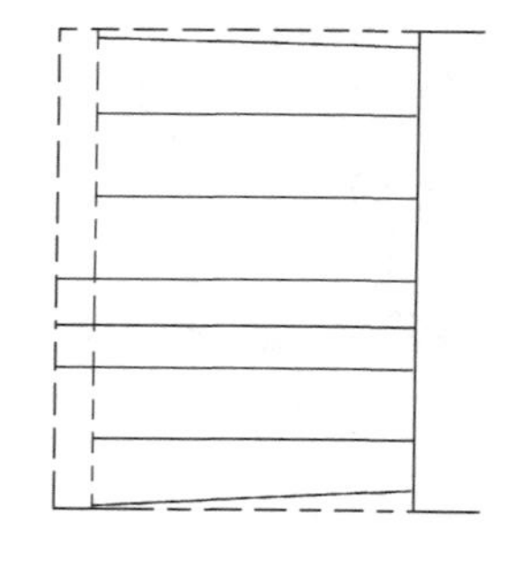

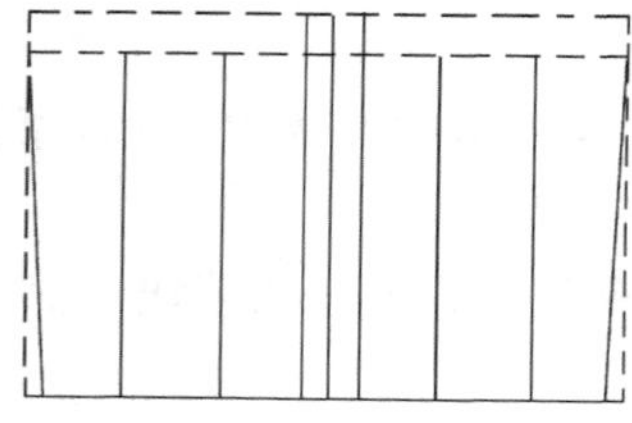

图 4-9 工作面炮眼布置图

1～5——掏槽眼；6～22——辅助眼；23～45——周边眼

1. 掏槽眼

掏槽眼是首先起爆的炮眼，其主要作用是将工作面的部分岩石首先破碎下来，在工作面上形成第二个自由面，为其他炮眼爆破创造有利条件，以提高爆破效率与炮眼利用率。掏槽眼爆破效果的好坏对循环进尺起着决定性作用。

掏槽眼一般布置巷道断面的中下部，以便在打眼时掌握方向，并有助于其他炮眼爆破时岩石能借助自重崩落。如果在掘进工作面中遇松软岩层，可将掏槽眼布置在这些松软岩层中。为了保证掏槽眼爆破效果，提高辅助眼和周边眼的炮眼利用率，掏槽眼通常比其他炮眼深 200～300 mm。

掏槽眼的布置方式称为掏槽方式。常见的掏槽方式有直眼掏槽、斜眼掏槽和混合式掏槽三大类。直眼掏槽的炮眼都与工作面垂直；斜眼掏槽的炮眼大都与工作面呈一定的夹角；混合式掏槽是在直眼掏槽的基础上再布置若干斜眼以扩大掏槽效果。

(1) 斜眼掏槽

斜眼掏槽的掏槽眼与工作面斜交，可分为单向掏槽和多向掏槽两种，如图 4-10 所示。斜眼掏槽可充分利用自由面逐步扩大爆破范围，掏槽面积较大，适用于较大断面的巷道。但因炮眼倾斜，掏槽眼深度受到巷道宽度的限制，循环进尺也受到限制；碎石抛掷距离较大，易损伤设备和支护；不利于多台凿岩机平行作业。

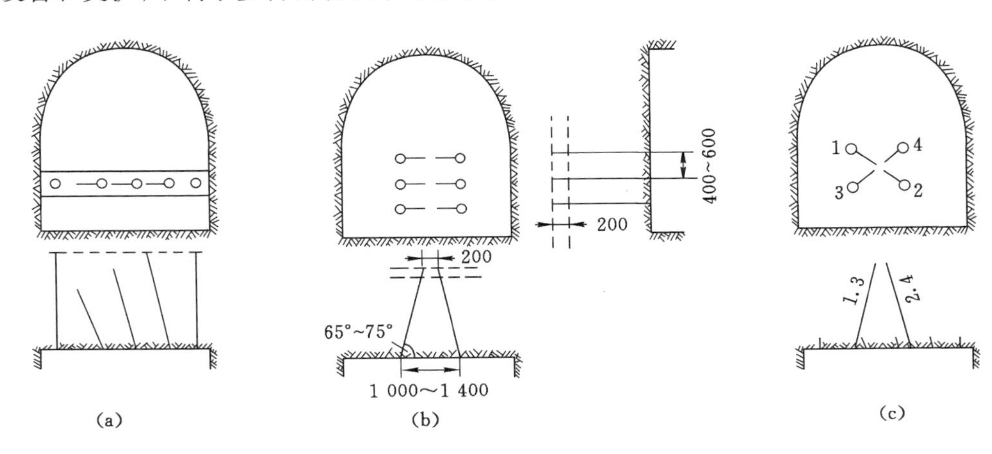

图 4-10 斜眼掏槽

(a) 单向掏槽；(b) 多向掏槽(楔形)；(c) 多向掏槽(锥形)

(2) 直眼掏槽

直眼掏槽以空眼作为附加自由面，利用爆破产生的破碎圈来破岩。当装药眼起爆后，爆轰波及产生的高温高压气体对空眼产生强力挤压作用，致使槽腔内的围岩被压碎，而后借助爆生气体的能量将已破碎的岩石从槽腔中抛出，从而达到掏槽的目的。空眼的作用一是对爆破应力和爆破方向起集中导向作用，二是使受压岩石有必要的碎胀空间(即补偿空间)。

直眼掏槽的形式有直线掏槽、螺旋掏槽、三角柱掏槽、菱形掏槽、五星掏槽和混合式掏槽。

直眼掏槽时，空眼与装药眼之间的距离一般不宜超过爆破破碎圈的范围，当采用等直径炮眼时，该间距为炮眼直径的 2～4 倍；当采用大直径空眼时，该间距不宜超过空眼直径的 2 倍。掏槽眼应尽量布置在软弱岩层中，严格保持炮眼平行，间距相等。

(3) 混合掏槽

混合掏槽是在直眼掏槽的基础上，为了加强直眼掏槽的抛碴力和提高炮眼利用率，采取以直眼掏槽为主，以垂直楔形斜眼掏槽为辅的掏槽方式。混合掏槽适用于断面较大、岩石较硬的巷道施工中。

2. 辅助眼

辅助眼是布置在掏槽眼和周边眼之间的炮眼。作用是大量崩落岩石并继续扩大自由面,并为周边眼的爆破创造有利条件。辅助眼的间距一般为 500～700 mm,方向通常与工作面垂直,装药系数一般为 0.45～0.60。

3. 周边眼

周边眼是控制巷道成形的炮眼,最后起爆。爆破后的巷道周壁应基本达到光面爆破的要求,即爆破后巷道轮廓线与周边眼相切,在岩面上残留的半圆形炮眼痕迹占周边眼总数的一半以上,岩面上不出现明显的爆破裂缝,巷道岩壁上局部凹凸不超过 50 mm。

周边眼的间距一般为 400～600 mm,眼口应基本布置在巷道设计掘进断面的轮廓线上,眼深一致,方向尽量平行于巷道轴线。底眼眼口要高出底板水平 150 mm 左右,底眼方向向下倾斜,可扎到底板标高以下 150～200 mm,以防飘底。

(三) 爆破器材和爆破参数的确定

1. 爆破器材选择

起爆器材一般采用 8 号电雷管,在穿过有瓦斯地层时,为避免因电雷管爆炸引爆瓦斯,应采用煤矿许用电雷管。发爆器采用电容式发爆器。

2. 爆破参数的确定

巷道掘进的爆破参数主要包括单位炸药消耗量、炮眼直径、炮眼深度和炮眼数目等。

(1) 炸药消耗量

爆破 1 m^3 原岩所需要的炸药量称为单位炸药消耗量,简称炸药消耗量。炸药消耗量是爆破工作一个很重要的参数,合理与否将直接影响炮眼利用率、岩石的块度、巷道轮廓的整齐程度以及围岩的稳定性等。影响巷道掘进炸药消耗量的主要因素有以下几项:

① 炸药性能。爆破同一种岩石,采用威力大的炸药时炸药消耗量小,反之炸药消耗量就相对较大。

② 岩石的物理力学性质。一般而言,岩石越坚固,炸药消耗量也越大;同一岩层中,当层理、节理及裂隙发育时,炸药消耗量就可以适当降低。

③ 巷道掘进断面积。通常巷道掘进断面积较小时,炸药消耗量较大。

在实际工作中,一般根据经验数据,合理确定每一炮眼的装药量,最后根据循环进尺和循环炸药消耗量计算出单位炸药消耗量。表 4-8 为采用光面爆破掘进岩巷的炸药消耗实例。

表 4-8　采用光面爆破掘进岩巷的炸药消耗实例

巷道掘进断面/m^2	岩石坚固性系数 f	炸药消耗量/$kg \cdot m^{-3}$	掘进掏槽方式	循环进尺/m
6.85	6～8(砂岩)	1.88	五星半空眼(山东)	1.5
7.22	4	2.22	楔形(开滦)	1.0
9.6	4～6(砂页岩)	1.92	五星掏槽(开滦)	2.5
11.8	6～8	1.6	混合(大同)	1.8
12.4	4～6	1.24	楔形(徐州)	1.5
27.2	花岗岩	1.25	五星半空眼(山东)	2.5
36.7	4	0.92	楔形(兖州)	1.8

(2) 炮眼直径

炮眼直径是根据药卷直径确定的。常用标准药卷的直径一般为 32 mm 或 35 mm，炮眼直径应比药卷直径大 4～7 mm。

(3) 炮眼深度

炮眼深度直接关系到一个循环的进尺量。当炮眼深度一定时，一个循环的钻眼和装岩等主要工序的工作量和完成这些工序需要的时间基本上就成为定值。因此，炮眼深度决定了每一个班能够完成的完整循环数。影响炮眼深度的因素主要有巷道断面尺寸和掏槽方式、岩石的物理力学性质、钻眼设备的性能、劳动组织和循环作业方式等。合理的炮眼深度应该是钻眼效率高、爆破效果好(炮眼利用率不低于 85%～90%)，有利于实现正规循环作业，有利于提高掘进速度和降低生产成本。

(4) 炮眼数目

炮眼数目的影响因素有断面的形状与尺寸、岩性、炮眼布置方式及所用炸药等。

炮眼数目的确定方法主要有两种：一是根据工作面的岩性、巷道断面形状和尺寸、所用的爆破材料，对各类炮眼分别进行合理布置，排列出的炮眼数就是一次爆破的总炮眼数，最后还要通过爆破实践来检验和修正。二是按一个循环的总装药量平均装入所有炮眼的原则进行估算，结果作为实际排列炮眼的参考，即

$$N = \frac{qS\eta m}{\alpha P} \tag{4-7}$$

式中　q——单位炸药消耗量，kg/m^3；

S——巷道掘进断面积，m^2；

η——炮眼利用率；

N——炮眼总数，个；

α——炮眼平均装药系数，一般取 0.5～0.7；

m——每个药卷的长度，m；

P——每个药卷的质量，kg。

3. 装药与起爆

炸药在炮眼内的装填有正向装药和反向装药两种，如图 4-11 所示。以这两种装药结构进行爆破作业，分别称为正向爆破和反向爆破。正向起爆是指起爆药卷位于柱状装药的外端，靠近炮眼口，雷管底部朝向眼底的起爆方法。反向起爆是指起爆药卷位于柱状装药的里端，靠近或在炮眼底，雷管底部朝向炮眼口的起爆方法。

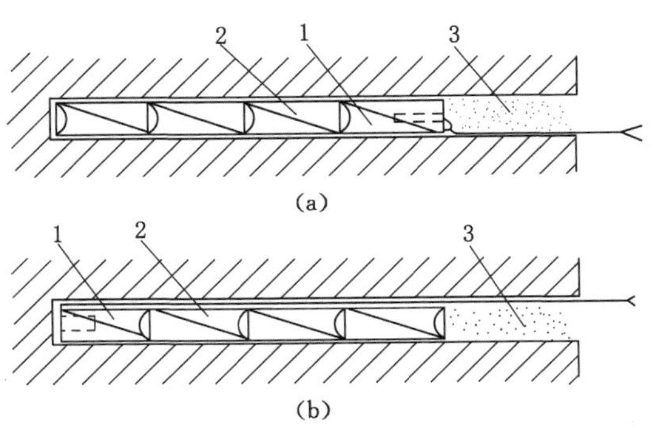

图 4-11　正向装药与反向装药

(a) 正向装药；(b) 反向装药

1——起爆药卷，2——被动药卷，3——炮泥

正向起爆时，爆轰波的运动方向为沿炮眼方向冲向眼底；反向起爆时，爆轰波的运动方向为沿炮眼方向冲向眼口。

《煤矿安全规程》规定：井下爆破作业，必须使用煤矿许用炸药和煤矿许用电雷管。使用煤矿许用毫秒延期电雷管时，最后一段的延

期时间不得超过 130 ms。

在掘进工作面应全断面一次起爆，不能全断面一次起爆的，必须采取安全措施。

在高瓦斯矿井、低瓦斯矿井的高瓦斯区域的采掘工作面采用毫秒爆破时，若采用反向起爆，必须制定安全技术措施。

《煤矿安全规程》对装药和连线的要求如下：装药前，首先必须清除炮眼内的煤粉或岩粉，再用木质或竹质炮棍将药卷轻轻推入，不得冲撞或捣实。炮眼内的各药卷必须彼此密接。炮眼封泥应用水炮泥，水炮泥外剩余的炮眼部分应用黏土炮泥或用不燃性的、可塑性松散材料制成的炮泥封实。

炮眼深度和炮眼的封泥长度应符合下列要求：

(1) 炮眼深度小于 0.6 m 时，不得装药、爆破。

(2) 炮眼深度为 0.6～1 m 时，封泥长度不得小于炮眼深度的 1/2。

(3) 炮眼深度超过 1 m 时，封泥长度不得小于 0.5 m。

(4) 炮眼深度超过 2.5 m 时，封泥长度不得小于 1 m。

(5) 光面爆破时，周边光爆炮眼应用炮泥封实，且封泥长度不得小于 0.3 m。

4. 爆破安全技术措施

爆破作业要严格执行“三人连锁爆破”制。即爆破工在检查连线工作无误后将警戒牌交给班组长，班组长接到警戒牌后，在检查顶板、支架、出口、风量、阻塞物、设备工具、洒水等爆破准备工作无误、达到爆破要求条件后负责布置警戒，组织撤离人员到规定的安全地点。清点人员确认无误后将爆破令牌交给瓦斯检查员；瓦斯检查员确认爆破地点附近 20 m 内风流中瓦斯浓度在 1.0%以下且煤尘符合规定后，再将爆破令牌交给爆破工。爆破工在接到爆破令牌后才允许将爆破母线与连接线进行连接，最后离开爆破地点。

(1) 爆破注意事项

① 在有瓦斯或有煤尘爆炸危险的采掘工作面，应采用毫秒爆破。在掘进工作面应全断面一次起爆，不能全断面一次起爆的，必须采取安全措施。

② 在有煤尘爆炸危险的煤层中，掘进工作面爆破前后，附近 20 m 的巷道内，必须洒水降尘。

③ 爆破前，必须有专人在警戒线和可能进入爆破地点的所有通路上担任警戒工作。警戒人员必须在安全地点警戒。警戒线处应设置警戒牌、栏杆或拉绳。

④ 爆破工必须最后离开爆破地点，并必须在安全地点起爆。起爆地点到爆破地点的距离必须在作业规程中具体规定。

⑤ 起爆器的把手、钥匙或电力起爆接线盒的钥匙，必须由爆破工随身携带，严禁转交他人。不到爆破通电时，不得将把手或钥匙插入起爆器或电力起爆接线盒内。爆破后，必须立即将把手或钥匙拔出，摘掉母线并扭结成短路。

⑥ 爆破工接到起爆命令后，必须先发出爆破警号，至少再等 5 s 后，方可起爆。装药的炮眼应当班爆破完毕。特殊情况下，当班留有尚未爆破装药的炮眼时，当班爆破工必须在现场向下一班爆破工交接清楚。

⑦ 爆破后，待工作面的炮烟被吹散，爆破工、瓦斯检查工和班组长必须首先巡视爆破地点，检查通风、瓦斯、煤尘、顶板、支架、拒爆、残爆等情况。如有危险情况，必须立即处理。

⑧ 通电以后拒爆时，爆破工必须先取下把手或钥匙，并将爆破母线从电源上摘下，扭结

成短路，再等一定时间(使用瞬发电雷管时，至少等 5 min；使用延期电雷管时，至少等 15 min)，才可沿线路检查，找出拒爆的原因。

(2) 拒爆的处理

起爆后，爆炸材料未发生爆炸的现象，称为拒爆。处理拒爆时，必须遵守下列规定：

① 由于连线不良造成的拒爆，可重新连线起爆。

② 在距拒爆炮眼 0.3 m 以外另打与拒爆炮眼平行的新炮眼，重新装药起爆。

③ 严禁用镐刨或从炮眼中取出原放置的起爆药卷或从起爆药卷中拉出电雷管。不论有无残余炸药，严禁将炮眼残底继续加深；严禁用打眼的方法往外掏药；严禁用压风吹拒爆炮眼。

④ 处理拒爆的炮眼爆炸后，爆破工必须详细检查炸落的煤、矸，收集未爆的电雷管。

⑤ 在拒爆处理完毕以前，严禁在该地点进行与处理拒爆无关的工作。

四、爆破图表的编制

编制爆破图表首先应做充分的调查研究工作，掌握第一手资料，然后根据所用钻眼设备和爆破器材进行综合分析，确定一个初步爆破图表，经过若干个循环的爆破实践，不断完善之后，才能正式作为指导钻眼、爆破工作的依据。如果巷道穿过多种岩层，则应选定两种(或两种以上)穿过量长的主要岩层，分别编制爆破图表。

1. 爆破作业图表的内容

爆破图表是指导和检查钻眼爆破工作的技术文件。其内容分三部分：第一部分是爆破条件；第二部分是炮眼布置图，并附有说明表；第三部分是预期爆破效果。关于爆破作业图表的编制内容，《煤矿安全规程》第三百四十八条规定：爆破作业必须编制爆破作业说明书，说明书必须符合下列要求：

(1) 炮眼布置图必须标明采煤工作面的高度和打眼范围或掘进工作面的巷道断面尺寸，炮眼的位置、个数、深度、角度及炮眼编号，并用正面图、平面图和剖面图表示。

(2) 炮眼说明表必须说明炮眼的名称、深度、角度，使用炸药、雷管的品种，装药量，封泥长度，连线方法和起爆顺序。

(3) 必须编入采掘作业规程，并及时修改补充。

爆破工必须依照说明书进行爆破作业。

2. 爆破作业图表的编制方法

为了使编制的掘进工作面爆破作业图表能够符合客观实际，在编制之前必须尽可能全面掌握有关资料。需要掌握的资料主要是地质资料和技术资料。地质资料主要有：巷道的围岩条件，包括组成巷道围岩的各岩层的厚度和岩性特征以及强度特征；巷道围岩的裂隙发育情况以及含水情况；瓦斯及煤尘情况；等等。技术资料主要有：本单位掘进巷道使用打眼设备的种类及技术性能；本地区能够供应的炸药品种及其性能参数；巷道断面设计及施工要求；工人的技术水平及施工单位组织管理水平；等等。

编制爆破作业图表首先应确定各个爆破参数。爆破参数常常根本矿区条件相同或相似巷道掘进的经验确定。当所有的爆破参数确定后，就可以绘制炮眼布置图，填写炮眼说明表和预期爆破效果表。爆破图表编制完成后，还需要通过若干循环的爆破实践加以修正，使其更趋合理。当工作面的地质条件发生变化时，也应及时对爆破图表进行修改。

五、机械化施工设备及方法

1. 掘进凿岩台车

在巷道掘进中，采用多台凿岩机打眼是国内目前情况下快速施工行之有效的常规方法，然而不难看出，使用手持式气腿凿岩机需用劳动力多，劳动强度大，且不易保证炮眼的规格质量，不利于推广光面爆破和保证巷道的规格质量。在平巷掘进中，用凿岩台车来代替气腿凿岩机，可以较大地提高掘进工效，减轻工人劳动强度和改善作业条件。

近年来，我国研制了多种型号的凿岩台车，如 CGJ2 型双轨液压台车，GT1 型双轨液压台车，CGZ-3 型三机液压台车及 CG-4 型、CG-15 型、CG-16 型等。就其动力形式看，有风动、电动和液压等多种。这些台车上装置的凿岩机 2～4 台，且多为轻型气腿式凿岩机，同时，除了个别型号外，均为非自行的轨轮式行走机构。国内已正式投入生产的凿岩台车有 CGJ2 型双机轨轮式凿岩台车和 CGJ3 型三机轨轮式凿岩台车。

（1）CGJ2 型双机轨轮式掘进台车

CGJ2 型双机轨轮式掘进台车的主要结构如图 4-12 所示。它是水平巷道的钻眼设备，在两个钻臂上共配有两台 YT-24 型风钻。台车由钻臂、车体、电气系统、液压系统、供风系统等部分组成。台车适用于巷道断面（高×宽）最小 1.8 m×2.0 m，最大为 2.8 m×3.2 m，巷道坡度 0‰～35‰，轨距 600 mm 的巷道中。

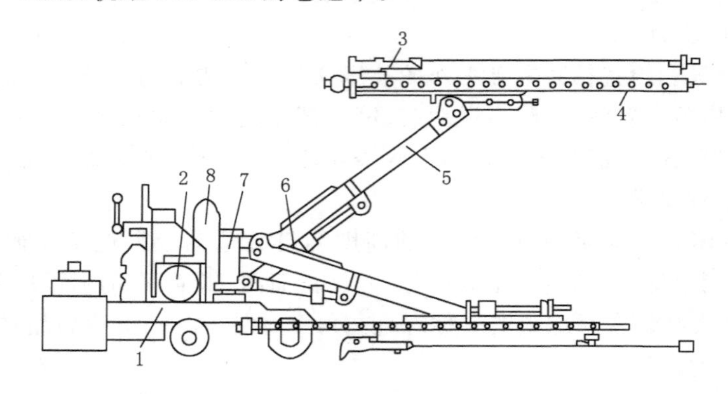

图 4-12　CGJ2 型双机轨轮式掘进台车

1——车体；2——直流电动机；3——凿岩机；4——滑架；
5——动臂；6——支承缸；7——转柱；8——固定气筒

（2）CGJ3 型三机轨轮式掘进台车

CGJ3 型三机轨轮式掘进台车由液压传动，行走配备了直流电动机自行。三台钻机由三个支臂支撑，中间的支臂是固定的。中间支臂上的凿岩机只能在垂直方向上下移动，目的是打一排 ϕ55～65 mm 的垂直龟裂掏槽眼和在同一垂直面上的几个小直径炮眼。两边的两个斜臂，除可旋转 360°外，上下还可摆动 30°，以便能打出周边炮眼。

凿岩台车给钻眼工作的机械化及自动化提供了条件，特别是全液压钻机的出现，给凿岩台车提供了全部液压化的条件，使台车有了更广阔的使用前景。由于无法补偿因使用凿岩台车而增加的辅助时间和难以实现凿装工序平行作业，以及在工作面与装岩设备的调动比较麻烦，所以，在总的钻眼掘进效率上没能大幅提高。

2. 岩巷掘进施工机械化作业线

我国通过引进吸收世界各国的先进装备和技术，大力发展机械化配套，通过多年的科研和施工实践，在生产中形成了多种形式的机械化作业线。从装运方面进行分类，岩巷掘进施工机械化主要有以下几种配套方式：

(1) 气腿式凿岩机、耙斗装岩机为主的机械化作业线。

这种作业方式采用多台气腿式凿岩机钻眼、耙斗或铲斗侧卸式装载机装岩、带式转载机转载、矿车及电机车运输。作业线配套设备均为常规设备，结构简单，机械性能可靠，机电维修技术水平要求不高；初期投资少；机动灵活，能组织钻眼、装岩平行作业，提高了掘进工时利用率；耙斗装岩机配备气动调车盘或带式装载机，缩短了调车时间，提高了装岩机的生产效率，加快了巷道的施工速度。因此这条作业线在我国岩巷掘进中是一种主要的配套形式。抚顺胜利矿采用了这条作业线，月进度达到了 1 037 m。

(2) 凿岩台车、侧卸式装载机为主的机械化作业线。

这种作业方式采用由凿岩台车钻眼、铲斗侧卸式装载机装岩、带式转载机转载、矿车及电机车运输。主要适用于巷道掘进宽度大于 4 m 的大断面全岩巷道快速掘进。

(3) 气腿式凿岩机、蟹爪式装载机、耙斗式装载机或侧卸式装载机、梭式矿车机械化作业线。

这种机械化作业线采用多台气腿式凿岩机钻眼，蟹爪式装载机、耙斗式装载机或侧卸式装载机装岩，梭式矿车转运，电机车牵引。某冶金矿山采用这条机械化作业线，在断面 6.7 m^2 的隧道施工中，创造了全岩巷道月进 1 403.6 m 的好成绩。

(4) 以钻装机为主的机械化作业线。

这种机械化作业线采用钻装机钻眼与装岩，带式转载机转载，矿车及电机车运输。钻装机是在耙斗装岩机上安装凿岩钻臂，利用安装在钻臂上的凿岩机打眼，耙斗装岩，它能一机多用，能钻眼、装岩，还能打锚杆眼，又称为钻装锚机。

(5) 液压钻车、侧卸装岩机配耙斗装岩机机械化作业线。

这种作业线将耙斗装岩机置于掘进工作面一侧，用全液压钻车打工作面炮眼，爆破后，侧卸装岩机将工作面矸石铲运至耙斗装岩机料仓前，由耙斗装岩机将矸石扒装入矿车。

该作业线具有减小侧卸装岩机行走距离，提高实际生产率的优点。另外，由于耙斗装岩机料仓前巷道一侧是天然的储矸场，侧卸装岩机可将矸石推至巷道一侧，储于耙斗装岩机料仓前，解决了带式转载机不能储矸的问题。一般情况下，出矸只需要正常矿车数量的一半，其余矸石可暂时储于耙斗装岩机前。侧卸装岩机可清理工作面，为全液压钻车进入做准备。在耙斗装岩机出矸时，可实现工作面打眼、临时支护等工序平行作业。该作业线适用于巷道宽度 4.25～4.5 m 及以上、巷道高度不低于 4.5 m，即断面 14 m^2 以上的巷道。

3. 岩巷掘进机械化作业线的选择

选用机械化作业线除考虑设备供应条件外，还必须注意以下几方面问题：

(1) 掘进巷道的岩石性质及断面。破碎带中的巷道、稳定性很差的软岩巷道，不适于采用高生产率的机械化作业线。

(2) 作业选择要与全矿的生产系统，如提升、运输、动力供应系统等相适应，使作业线的正常生产能力得到充分保证。

(3) 采用中深孔爆破，以充分发挥装岩机的生产效率。浅孔多循环的作业方式使装岩设备进出工作面频繁，增加辅助时间，不利于提高掘进效率。

(4) 机械化作业线掘进巷道高效率的发挥，必须有良好的组织管理水平及严密的机电维修制度，不断提高工人的操作技术水平。

4. *岩石装运工作*

(1) 装岩设备

工作面爆破工作完成后，即可进行装岩。目前我国井巷常用的装岩机的行走方式有轮胎式、轨道式和履带式三种。按其装岩机的臂斗形式可分为耙斗式、铲斗式、蟹爪式、立爪式等。轮胎式装岩机只适宜于空间较小的平巷工作，效率较低，吃料力度小；但价格最便宜。轨道式扒岩机适于配套有轨运输，其价格适中，效率较高，吃料力度较大，扒料多。履带式装岩机前期投入较高，可大大提高工作效率，但要求工作空间大。

① 耙斗装岩机

耙斗装岩机主要由固定楔、尾轮、耙斗、传动部分、导向轮、料槽以及电气部分等组成，行走方式为轨道式。图 4-13 所示为 P-30B 型耙斗装岩机外形图。

图 4-13 P-30B 型耙斗装岩机

耙斗装岩机主要通过绞车的两组卷筒分别牵引主绳、尾绳，使耙斗做往复运动，耙斗把岩石扒入进料槽，通过中间槽到卸料槽的卸料口卸入矿车，从而实现装岩。P-30B 型耙斗装岩机用于小煤矿和大矿采区巷道掘进时配合 MGC1.1 型固定式矿车使用。P-30B 型耙装机适用于岩巷掘进中配以固定车箱式矿车或箕斗进行装岩作业。适用于净高 2.2 m、宽 2.0 m 以上的水平巷道或倾角小于 30°的倾斜巷道，具有生产效率高、结构简单、操作方便等特点，是目前应用较广泛的装岩设备。

② 铲斗装载机

铲斗装载机有后卸式和侧卸式两大类。

铲斗后卸式装岩机工作方式为前装后卸。图 4-14 所示为 JCYRC-60X 型电动铲斗后卸式装载机外形图，行走方式为轮胎式。铲斗后卸式装载机主要适用于高度(自轨面算起)不小于 2.2 m 的井下水平岩石巷道装岩。

铲斗后卸式装岩机主要由装载提升机构、回转机构、行走机构和操作系统等四部分组成。开始装岩时，先放下铲斗，按前进按钮使机器向岩堆前进，当机器距岩堆 500～600 mm 时，再次按前进按钮使装岩机产生冲击力，将铲斗插入岩堆，通过铲斗在岩堆中发生抖动，使铲斗装满。再点按提升按钮提升铲斗同时后退，将矸石卸入装岩机后面的矿车中。卸载后又可开始下一个装岩循环。

铲斗侧卸式装岩机与铲斗后卸式装岩机相比，工作原理和主要组成部分基本相同。所

图 4-14 JCYRC-60X 型铲斗后卸式装岩机

不同的是，这种装岩机是正面铲取岩石，在设备前方侧转卸载。适用于宽度大于 4 m、高度大于 3.5 m 的巷道。

③ 立爪式装岩机

立爪式装岩机主要由机体、刮板输送机及立爪耙装机构三部分组成。其装岩过程是，立爪耙装岩石，刮板输送机转送岩石至运输设备。它的装岩顺序，一般自上而下，由表向里，首先装载岩堆中自由度最大的岩块。这比铲斗式装岩机要先插入岩堆内而后铲取岩石更合理。图 4-15 所示为 STB-180M 型履带行走立爪式装岩机外形图。

图 4-15 STB-180M 型立爪式装岩机

立爪式装岩机的主要优点是装岩机构简单可靠，动作机动灵活，对巷道断面和岩石块度适应性强，能挖水沟和清理底板，生产率高。但耙爪容易磨损，操作较复杂，维护要求高。

④ 蟹爪式装岩机

蟹爪式装岩机主要由蟹爪、履带行走部分、转载输送机、液压系统和电气系统等组成。装载机前端的铲板上设有一对由偏心轮带动的蟹爪，由电动机驱动不断连续交替扒取矸石，岩石经刮板输送机装入转运设备，机器履带式行走。

蟹爪式装岩机装岩宽度大，动作连续，生产率高，机器高度低。但结构复杂；为清除工作面两帮岩石，装载机需多次移动机身位置；要求底版平整，否则会给装岩机的推进带来困难。

(2) 调车工作

巷道掘进采用矿车运输时，当岩石装入矿车后，需要迅速调换空车继续装岩。合理选择调车方法与设备，缩短调车时间，减少调车次数，是提高装岩效率与加快巷道掘进的主要途径。

采用不同的调车和转载方式,装岩机的工时利用率差别很大。煤矿井下常用的调车方法有以下两种。

① 固定错车场调车

固定错车场调车如图 4-16 所示。这种调车方法简单易行,一般可用电机车调车,也可用人力调车。但错车场与工作面之间不能经常保持较短距离,调车间隔时间长,装岩机的工时利用率低。特别是在单轨巷道中施工,每隔一段距离需要加宽一部分巷道,以铺设错车道岔,构成环行错车道或单向错车道。在双轨巷道,可在巷道中轴线铺设临时单轨合股道岔,或利用临时斜交道岔,也可以铺设标准道岔进行调车。此种方法可用于工程量不大、工期要求不紧的工程。

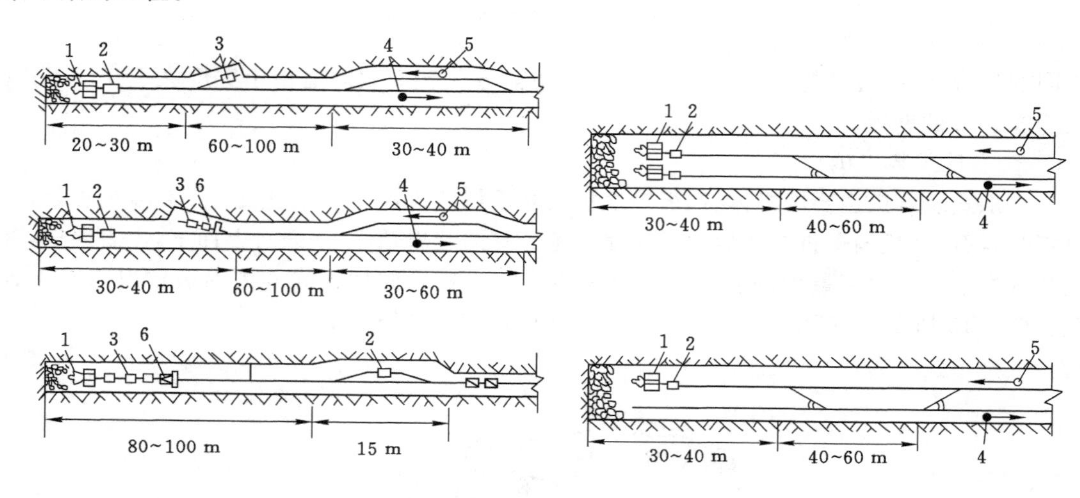

图 4-16 固定错车场

1——装载机;2——重车;3——空车;4——重车方向;5——空车方向;6——电机车

② 活动错车场调车

为了缩短调车时间,加快巷道掘进速度,将固定道岔改为专用调车设备(如浮放道岔),可以缩短调车距离,使装岩机的工时利用率比采用固定错车场调车提高了近一倍。

浮放道岔是临时安设在原有轨道上的一组完整道岔,它结构简单,可以移动,现场可自行设计与加工。

浮放道岔有对称浮放道岔、扣道式浮放道岔、菱形浮放道岔等多种形式。图 4-17 所示为浮放双轨错车道岔。

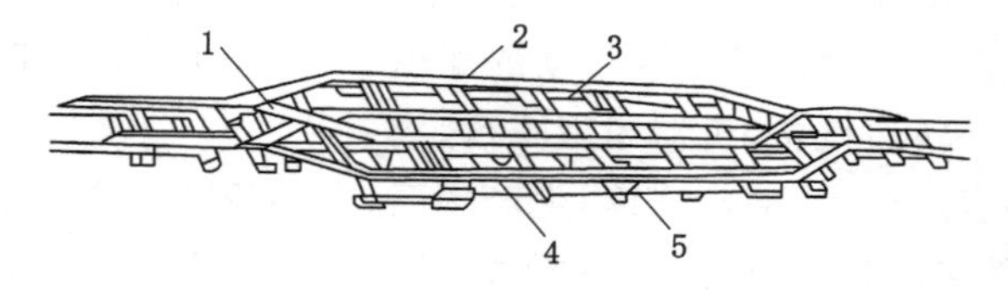

图 4-17 浮放双轨错车道岔

1——道岔;2——浮放双轨;3——枕木;4——轨道钢轨;5——支承装置

这种方法调车方便,距离可随意调整,浮放道岔安装和移动方便,工时利用率较高。

任务实施

通过模拟巷道观察炮眼布置及装药结构，并模拟现场进行钻眼、装药、连线训练；通过观看视频掌握不同掘进设备的工作原理及使用方法，并实地操作设备或者在仿真设备上操作。

思考与练习

1. 简述不同的装药结构对爆破效果的影响。

2. 根据具体的巷道断面形状设计爆破参数，并编制爆破图表。

任务三　煤巷及半煤岩巷掘进

知识要点

煤巷及半煤岩巷掘进方法和掘进设备。

技能目标

熟悉煤巷及半煤岩巷掘进设备和施工方法。

任务导入

煤巷及半煤岩巷道广泛存在于各个矿井。煤巷与半煤岩巷掘进不同于岩巷掘进，其掘进方法和掘进设备也存在较大差异。正确选择掘进方法以及掌握煤巷和半煤岩巷道的掘进设备的使用巷道掘进中起着关键作用。

任务分析

煤巷与半煤岩巷道具有不同于岩巷的特点，同时不同的煤层地质条件所需要的掘进方法各不相同，为了保证掘进效果，需要熟悉矿井煤巷和半煤岩巷道的掘进方法。针对不同的条件，应该能够选择合适的掘进方法，并能够掌握各种掘进设备的施工方法。本任务需要掌握的知识如下：

(1) 煤巷掘进方法。

(2) 半煤岩巷道掘进方法。

(3) 煤巷与半煤岩巷道掘进设备及施工方法。

相关知识

一、煤巷掘进方法

沿煤层掘进的巷道，在掘进断面中，若煤层占4/5(包括4/5)，称为煤巷。目前煤巷的掘进方法有爆破掘进和掘进机掘进两种。

（一）钻眼爆破法掘进煤巷

1. 破煤方法

煤巷炮眼布置方式与岩巷一样，也由3类炮眼组成。由于煤层容易爆破，掏槽眼应布置在煤层中，多数情况采用扇形、半楔形、楔形和锥形掏槽。为了防止崩倒支架，多将掏槽眼布置在工作面中下部。若炮眼较深，则可采用复式掏槽。煤巷掘进的掏槽方式如图4-18所示。

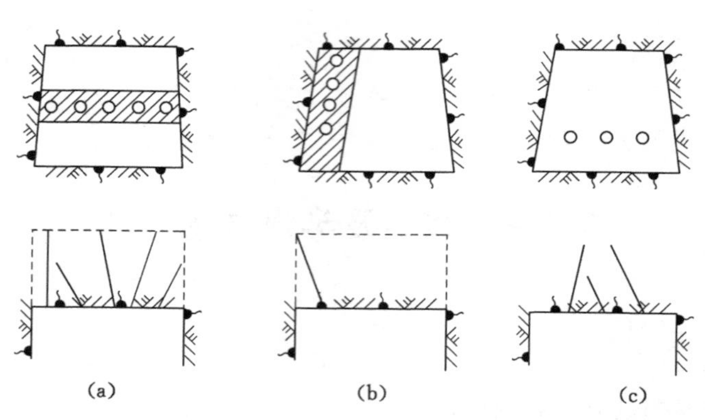

图4-18 煤巷掘进的掏槽方式

(a) 扇形掏槽；(b) 半楔形掏槽；(c) 复式掏槽

煤巷掘进炮眼深度一般为1.5～2.5 m。炮眼深度与围岩性质、钻眼机具、施工工艺所能达到的速度、支护及装运能力有关。

煤巷施工中推广光面爆破很重要，较为光滑平整的岩壁可以使巷道围岩稳定而且矸石外排量少。为了安全，煤巷中各圈炮眼都要采用毫秒爆破，在瓦斯煤层中，毫秒延期电雷管的总延期时间不得超过130 ms。

在煤层较松软时，为减少对巷道围岩的扰动，避免发生超挖现象，取得较好的光面效果，布置周边眼时应考虑巷道顶、帮由于爆破而产生的松动范围(硬煤一般为150～200 mm，中硬煤为200～250 mm，软煤为250～400 mm)，以及要与顶帮轮廓线保持适当距离，应适当减少其装药量。

2. 装煤方法

在煤巷掘进施工中，装运煤工作相对是一项费时的工序。装煤可采用蟹爪式装载机、耙斗式装载机或自制各种装载机械。

图4-19所示为ZMZ-17型蟹爪式装载机外形图。该机主要由蟹爪、可弯曲链板输送机和履带组成。其链板输送机机尾部可左右回转。适用于掘断面为8 m^2以上，净高1.6 m以上的煤巷及坡度在10°以下的上下山。

蟹爪式装载机能连续装煤，效率高。由于采用履带行走，机动灵活，装载宽度不受限制，清底干净，适应性强。为充分发挥其效能，应配备与之相适应的转载运输设备。

为满足小断面巷道煤巷装车需要，可自制一些小型装载机械，以减轻工人劳动强度，增加装车效率。

（二）煤巷掘进机掘进煤巷

煤巷掘进采用钻眼爆破法有不少缺点，如施工工序多，施工速度慢，劳动强度大，劳动效

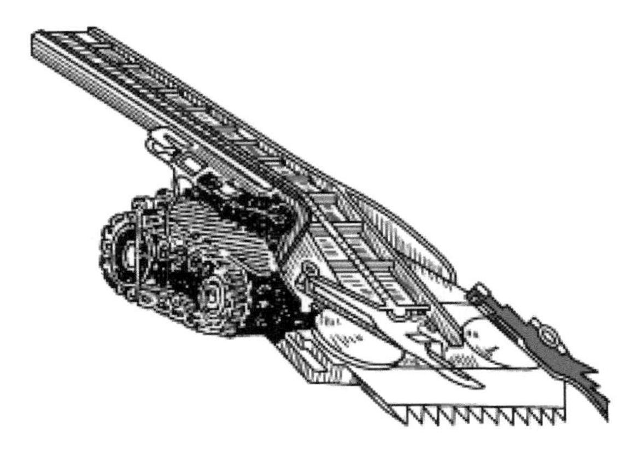

图 4-19　ZMZ-17 型蟹爪式装载机

率低和围岩易受爆破的震动破坏等。采煤工作面机械化程度的不断提高，使采煤工作面的推进速度愈来愈快，在这种情况下，便要求巷道的掘进速度也必须相应地提高，以实现采掘平衡。这样，提高煤巷掘进机械化程度就成为煤矿生产的必然要求，采用较多的掘进机械就是煤巷掘进机。

煤巷掘进机能够把掘进中破煤、装煤、转载等工作用一台机械完成，有的掘进机上还装有锚杆钻装机，可同时完成支护工作。它与钻眼爆破法相比，具有工序少，速度快，效率高，质量好，施工安全，劳动强度小等优点。

近年来，我国煤巷掘进机械化发展迅速，研制、引进和中外合作生产的煤巷掘进机有多种型号，如 ELMB 型、EL-90 型、EM_{1A}-30 型、AM-50 型及 MRH-S100-41(S-100)型等。这些掘进机的主要技术特征见表 4-9。

表 4-9　　　我国部分煤巷掘进机的主要技术特征

项目＼机型		单位	ELMB	EL-90	AM-50	EM_{1A}-30	S-100
整机	适应巷道断面	m^2	6～12	8～22	7.5～20	6～13	21
	最大掘进高度	m	3.5	3.76	4	3.75	4.05
	最大掘进宽度	m	4.7	6.23	4.8	4.0	5.1
	切割岩石硬度	MPa	0.4	0.60	0.60	0.46	0.60
	巷道最小曲率半径	m	10	10	10	7	7
	适用巷道坡度	(°)	±12	±16	±16	±0	±15
	总功率	kW	100	145.8	163	68	145
	质量	t	21.50	37.20	24.0	16	25
切割机构	切割头直径	mm	690	900	2×750	450	600～970
	切割头行程	mm	500	500		500	500
	切割头转速	r/min	56	21.3/60.3	73.5/88.7	71.60	23/46
	功　率	kW	55	90	100	30	100
装运机构	装载形式		耙爪式	耙爪式	耙爪式	双环型刮板	耙爪式
	运输机形式		双链刮板机	刮板机	单链刮板机	双链刮板机	双链刮板机
	装运生产能力	t/h	100	125	100	70	180
	功率	kW	55	2×10	2×11	10	100

续表 4-9

项目 \ 机型		单位	ELMB	EL-90	AM-50	EM_{1A}-30	S-100
行走机构	行走形式		履带式	履带式	履带式	履带式	履带式
	行走速度	m/min	2.86/5.04	2.0	5	3.9	7.5/9.5
	功率	kW	液压马达驱动	2×11.4	2×15	2×10	液压马达 2×17
转载机构	转载形式		带式转载	桥式转载机	桥式转载机	带式转载	带式转载
	输送带速度	m/s	1.67	1.6	1.6	1.6	
	输送带宽度	mm	500	650	650	500	
	输送能力	t/h	100	194	194	70	
液压系统	额定压力	MPa	20/25	14	20	14	20.6
	流量	L/min	126	66.1	34～40	8	
	功率	kW	26.7	13	11	100	45
电气系统	电压	V	660	660	660	660	660
	总功率	kW	100	153.8 *	163	68	145
喷水系统	水压	MPa	1.5		1.2～1.5	0.5	3
	水量	m^3/h		4.0	2.4	5	2.88

注：*（包括转载机功率）

1. ELMB 型煤巷掘进机

BLMB 型煤巷掘进机由工作机构、装运机构、行走机构、喷雾系统和电气控制系统等部分组成，其构造如图 4-20 所示。

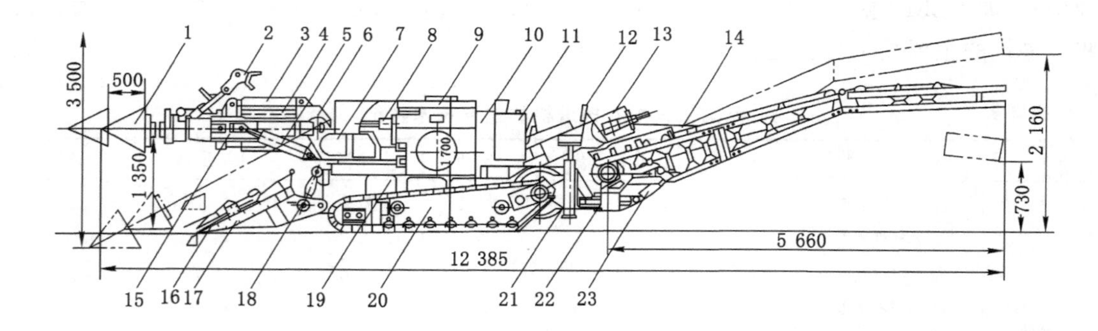

图 4-20 ELMB 型巷道掘进机

1——截割头；2——托梁器；3——伸缩液压缸；4——减速器；5——升降液压缸；6——电动机；7——回转座；8——回转液压缸；9——油箱与泵站；10——电控箱；11——操纵台；12——司机座；13——刮板输送机；14——带式转载机；15——导轨架；16——耙爪；17——铲板；18——铲板液压缸；19——主机架；20——行走部；21——起重液压缸；22——带式机转座；23——带式机升降液压缸

（1）工作机构

工作机构由截割头、减速器、电动机、导轨架、回转座、回转液压缸，升降液压缸和推进液压缸等部件组成。截割头、工作臂、电动机和减速器四个部件组成一个整体，利用推进液压缸使截割部在导轨内做前后整体滑动，实现机体不动而截割头自动钻进和回缩，滑动的最大行程为 500 mm。导轨架安设在回转座上，可随回转座转动。回转座是支承整个工作机构的承载部件，它通过回转轴承和底座固定在主机架上。利用升降液压缸和回转液压缸使截割部上下和左右运动，即可切割出所需要的巷道断面形状。

(2) 装运机构

装运机构由组合铲板、耙爪式装载机、双边链刮板输送机和装运液压马达等组成。装运机构的最大特点是装载和运输是联动的，刮板输送机的主动链由装在机头两侧的2台摆线液压马达驱动，通过刮板链带动刮板输送机尾链轮转动，然后传递到装载机构耙爪减速器的输入轴，耙爪减速器的输出轴带动装载部的耙爪运动，使耙爪以30次/min的速度不断地扒取落煤或矸石。

(3) 转载机构

为使掘进机能向不同配套的运输设备卸煤，机器后面安装了带式转载机，转载机构由带式输送机、输送机转座、升降液压缸和回转液压缸组成。输送机转座与掘进机主机架连接，转座由水平液压缸推动可绕立轴向左右各摆动20°，以适应不同的卸载位置。安装在转载机后架下部的升降液压缸，它不仅支撑转载机，可调节转载机的卸载高度，其调节范围为730～2 160 mm。转载机的主动卷筒用一台摆线式液压马达直接驱动。

(4) 行走机构

行走机构为履带式，由履带板、主链轮、导向轮、托链轮、支重轮、履带架及主机架等组成。左右履带架通过销轴与主机架连接，分别由一台内曲线大扭矩马达通过花键轴直接带动链轮再经履带板与驱动轮的啮合，实现履带的运动；通过操纵换向阀，可实现机器的前进、后退及左右转弯等动作。

正常情况下行走速度为2.86 m/min，若空载调动机器，可通过调节液压系统回路合流，将行走速度提高到5.04 m/min。

(5) 喷雾系统

为了防尘和降温的需要，该机装备了喷雾系统，包括内喷雾、外喷雾和引射喷雾器三部分。供水泵采用PB80/35型喷雾水泵，水泵输出的压力水经水门分成3条水路同时工作。

内喷雾的19个喷嘴按螺旋线布置在截割头上，截割头切割煤壁时，喷嘴也随截割头旋转，喷出的水雾渗进煤壁中，形成湿式切割，除降低煤尘外，还可大幅度降低刀齿温度，防止产生摩擦火花，确保生产安全。喷嘴工作水压为1.5 MPa。

外喷雾布置在截割头后面的工作臂上，8个喷嘴呈成马蹄形分布，喷出的水雾扩散后将截割头包围，以提高降尘效果。喷嘴工作水压为1 MPa。

引射喷雾器由喷嘴、引射风筒、底板等组成，压水力由喷嘴射出时在风筒后部形成负压区，带有煤尘的空气被吸入并随水雾一起射向前方。引射喷雾器安装在工作机构导轨架前方的两侧，喷嘴工作水压为1 MPa。

(6) 液压系统

掘进机的装运、行走、转载等各机构都采用液压传动。整个液压系统由一台45 kW双输出轴电动机带动一台$CBZ_2$063/032型和一台$CBG_1$025/025型双联齿轮泵，两台双联齿轮泵分别向工作机构、行走机构、装运机构和转载机构4个液压回路供油。液压油采用N68号普通液压油，油箱容积为700 L。

(7) 电气系统

电气系统由KBJM-125/660矿用隔爆型兼安全火花型电气箱和LHJM矿用安全火花型操作箱组成。电气系统具有失压、过载、断相、短路、漏电闭锁保护和显示以及截割功率负荷显示功能，可保证掘进机安全可靠地使用。掘进机的总功率为 100 kW。

2. 其他掘进机

AM-50 型掘进机具有切割断面大、切割硬度高、机体外形尺寸小、结构简单、拆装方便和维护容易等特点。与 ELMB 型掘进机相比，它在结构设计上采用了悬臂横轴式切割机构和转载部分采用桥式带式转载机。

EL-90 型掘进机是我国自行设计和制造的半煤岩巷掘进机，该机为悬臂纵切割方式。它对于切割 $f=6$ 的中等硬岩和硬煤比较好，也能适应大断面巷道掘进的要求。在兖州鲍店矿使用时，最高月进尺达 748 m。

EM_{1A}-30 型煤巷掘进机是适用于小断面采准巷道综合掘进机械化的主要配套设备。适用于断面为 6～13 m^2，煤岩硬度 $f\leqslant 4$ 的巷道。与 ELMB 型相比，它的行走机构和装运机构不是液压马达传动，而是采用电动驱动；装煤机构采用双环刮板，双环刮板装载机构由铲链、刮刀紧链装置和减速器等部件组成，对称均布在铲板两侧，每个刮板链上装有 6 把刮刀，刮板装载机构与中间输送机同步运转。

随着综合机械化采煤的迅速发展，工作面推进速度大大加快，要求回采巷道施工的速度相应提高。采用传统的钻眼爆破法施工往往不能满足煤矿生产的要求。为避免采掘失衡，保证采区和工作面的正常接续，在条件具备时，应尽量采用煤巷掘进机。

煤巷掘进机是一种既能落煤又能装煤，并能将煤转载装入矿车或转载到其他运输设备上的综合掘进机械。有时在掘进机上还装有锚杆钻装机，可同时完成巷道的支护工作。由此，巷道的多工序施工可由一机完成。较传统的钻眼爆破法，具有工序少、速度快、效率高、质量好、作业安全、劳动强度低等优点。

掘进机工作机构由一带有截割头的可伸缩悬臂，在液压缸控制下实现上下左右、上下移动等动作，由截割头上的截齿切割煤（岩），碎落的煤（岩）由扒爪送入带式转载机倒入后面的矿车而运出。按工作机构破落煤岩的方式不同，分为纵轴式掘进机（外形如图 4-21 所示）和横轴式掘进机（外形如图 4-22 所示）。掘进机适用掘进任何断面形状的巷道。

图 4-21　ELMB-75A 型掘进机外形（纵轴式）

（三）煤巷施工机械化作业线

煤巷在采用掘进机进行掘进时，必须有一套与之相适应的机械运输设备，它们相互配置形成一条机械化作业线。目前常用的有煤巷施工机械化作业线有以下几种。

1. 掘进机-刮板输送机机械化作业线

该作业线的主要设备是煤巷掘进机和刮板输送机，是目前国内采用较多的机械化作业线。掘进机截割下来的煤（岩）经装载机构、转载机卸给其下方的刮板输送机，经刮板输送机输送卸载到煤仓或其他运输设备上。当刮板输送机与掘进机的桥式转载机配套使用时，需

图 4-22 EBH100 型掘进机(横轴式)

要将胶带小车拆掉,换上落地车,落地车轮骑在刮板输送机槽帮两侧,随掘进机向前掘进而沿槽帮运行。掘进机向前掘进达到桥式转载机的最大搭接长度后,需要停机接长刮板输送机。因此该作业线虽然在机器工作时能连续运输,但由于频繁接长刮板输送机,仍然存在间断运输,劳动强度大,占用人员多的问题。该作业线主要用于巷边坡度变化大、巷道长度较短的条件。

2. 煤巷掘进机-可伸缩双向带式输送机机械化作业线

该作业线的主要设备是煤巷掘进机和可伸缩双向带式输送机,在大型煤矿的区段平巷掘进中得到了广泛使用,并取得很好的经济效果。掘进机切割下来的煤经装运机构、桥式转载机、可伸缩双向胶带机再卸至其他运输设备上,带式输送机向外送煤的同时,在带式输送机的下胶带上能向工作面运送各种材料,使上胶带出煤和下胶带(回空胶带)进料形成一个运输系统。为减少接长胶带辅助时间,胶带可储存 100 m 的长度。掘进工作面延长带式输送机的方法,见图 4-23(a)。掘进机在工作面向前掘进到桥式转载机的最大搭接长度以后,掘进机后退使其尾部与可伸缩带式输送机尾部连接,同时将可伸缩带式输送机的外段带式输送机尾部与中间架部分的连接装置脱开,如图 4-23(b)所示,通过掘进机前移,将外段带式输送机机尾部拖前 12～15 m,如图 4-23(c)所示。然后在预留的间隔空间中进行中间架的组装工作。

这种机械化作业线的主要特点是:可充分发挥掘进机的生产效率,切割、装载、运输生产能力大,掘进速度快,上胶带出煤,下胶带运料,胶带延长速度快(每延长 12 m 胶带仅需 30 min),并可利用伸缩胶带接长时间进行工作面永久支架安设工作,有效地利用掘进循环时间。

该机械化作业线主要适用于连续掘进的独头巷道长度大于 800 m 的条件,开滦钱家营矿采用 AM-50 型掘进机,配用 SDJ-44 型伸缩式带式输送机和 SGW-40 型输送机,创造了半煤巷单孔月进 1 421 m 和煤巷单孔月进 2 211.2 m 的好成绩。

3. 煤巷掘进机-梭式矿车(或仓式列车)机械化作业线

该作业线由煤巷掘进机、梭式矿车(或仓式列车)、电机车等几部分组成。掘进切割下来的煤经装载机构、带式转载机卸入梭式矿车(或仓式列车),然后通过梭式矿车(或仓式列车)车箱底板上刮板输送机逐渐运向后部,直至均匀装满仓车,由电机车牵引至卸载地点。

该机械化作业线不能连续作业,使掘进机效率不能充分发挥,因此,它适用于装卸地点距离较短的巷道,另外,井下必须有卸载点。大同大斗沟煤矿曾采用此作业线,最高月进尺

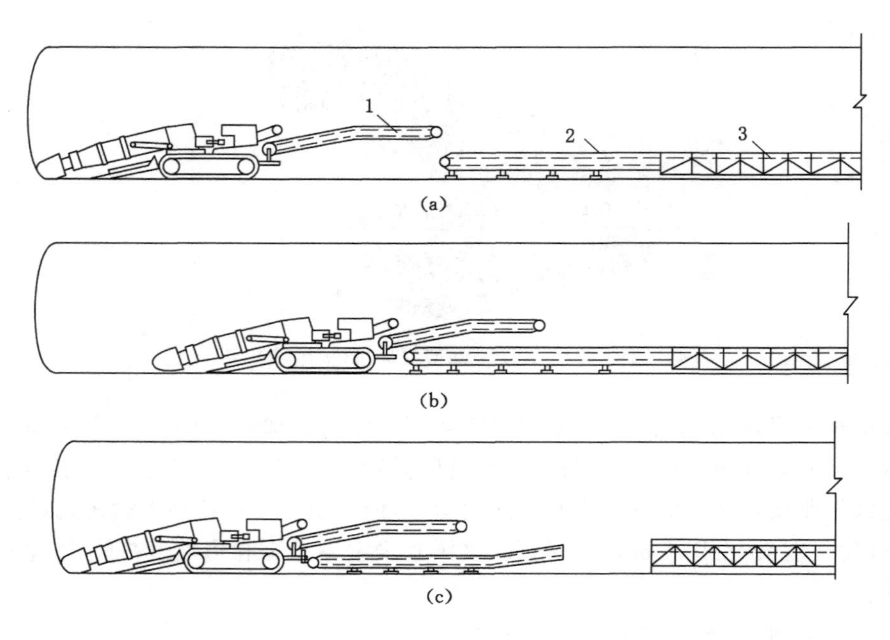

图 4-23 伸缩式带式输送机延长方法

(a) 胶带延长顺序Ⅰ；(b) 胶带延长顺序Ⅱ；(c) 胶带延长顺序Ⅲ

1——桥式转载机；2——外段带式输送机尾部；3——可伸缩带式输送机的中间架

达 2 405 m。

4. 煤巷掘进机-吊挂式带式转载机-矿车、电机车机械化作业线

该作业线对采用金属永久支架矿车运输的小断面巷道的机械化作业线较适用。为了提高掘进的效率，减少调车次数和调车停机时间，当巷边转弯半径允许的前提下尽量选用长度较大(可容 8～10 辆矿车)的吊挂式带式转载机。如图 4-24 所示，吊挂式带式转载机一端与掘进机相连，另一端通过行走导轮吊挂在巷边顶板专设的单轨梁上，随掘进机向前掘进，吊挂带式转载机随着一起向前移动。

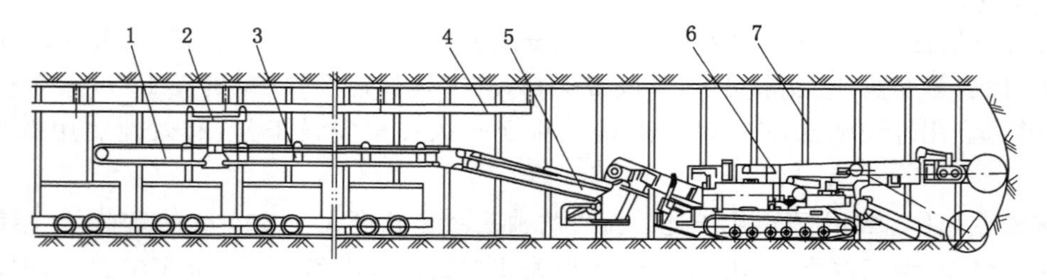

图 4-24 掘进机与吊挂带式转载机、矿车组成的机械化作业线

1——机尾部；2——吊挂小车；3——中间架；

4——I140E 轨道；5——机头部；6——掘进机；7——拱形支架

该机械化作业线，不能实现连续作业，掘进机工时利用率低，掘进速度与其他机械化作业线相比较低，另外，永久支架的安装质量要求比较严格，辅助工程量较大。多在输送机运煤系统未建成前采用。

二、半煤岩巷道掘进方法

沿薄煤层掘进巷道，或巷道位置在煤层顶底板附近时，巷道断面内常常是既有煤层，又有岩层。当断面内的岩层(包括岩石夹层)占断面面积在 1/5～4/5 之间时，称为半煤岩巷道。

半煤岩巷道施工方法与煤巷的施工方法基本相同，但有其自身的特点。

1. 半煤岩巷道采石位置的选择

半煤岩巷道，据煤层在其断面上的位置不同，采石位置有挑顶、卧底及挑顶兼卧底三种情况，如图 4-25 所示。采石位置的确定，首先要根据巷道的用途，考虑满足生产要求，再尽可能兼顾便于巷道的维护和施工等因素。多数情况下，尽量采用图 4-26 所示巷道布置位置。

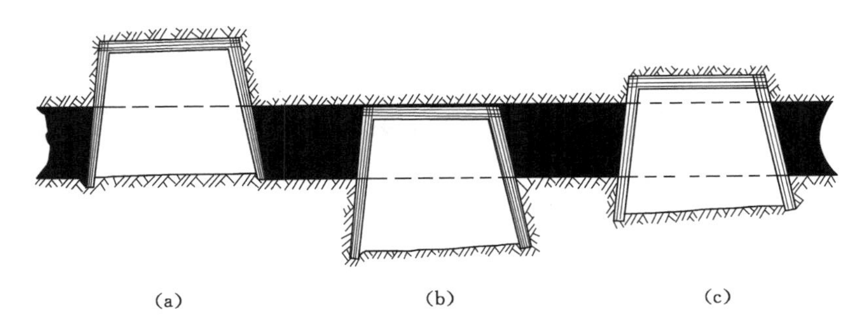

图 4-25 半煤岩巷采石位置

(a) 挑顶；(b) 卧底；(c) 挑顶兼卧底

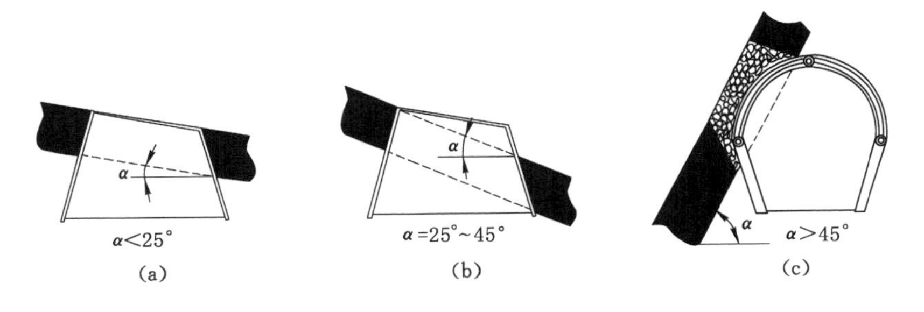

图 4-26 不同煤层倾角巷道断面位置

(a) 缓倾斜煤层；(b) 倾斜煤层；(c) 急倾斜煤层

2. 炮眼布置特点

由于煤层较软，掏槽眼多布置在煤层部分，掏槽方式以扇形和楔形为主。图 4-27 所示为半煤岩炮眼布置实例。

半煤岩巷施工，应尽量使动力单一化，一般煤岩均采用旋转式煤电钻钻眼，只有当煤、岩硬度相差悬殊时，才选用岩石电钻或凿岩机在岩层中打眼。

3. 施工组织特点

半煤岩巷道的施工组织有两种方式：一种是煤岩不分，全断面一次掘进；另一种是煤、岩分掘分运。

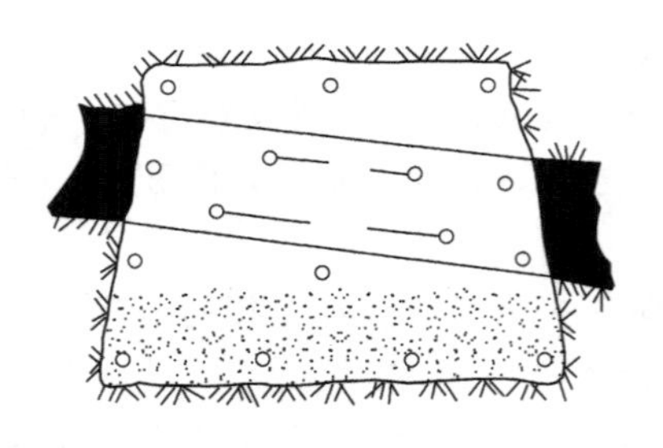

图 4-27 半煤岩巷炮眼布置

全断面一次掘进时，工作组织简单，能加快掘进速度，但煤炭的损失大，一般用于煤厚小于0.5 m，煤质差的情况。煤、岩分掘分运方式，能提高煤炭资源的回收，但组织工作复杂，掘进速度受影响。实际施工中，要根据矿井的采掘关系、资源利用及经济效益等方面全面考虑来选用组织方式。

当采用全断面一次掘进时，其施工方法与一般煤巷相同；若采用煤、岩分掘分运的方式，一般采用煤工作面超前岩石工作面的台阶工作面施工法。当煤厚大于1.2 m，且采用卧底掘进时，岩层工作面可钻垂直向下的炮眼（眼深≥0.65 m），钻眼容易，爆破效果好，如图4-28(a)所示。若煤层薄，岩石工作面的炮眼应平行于巷道轴线方向，如图4-28(b)、(c)所示。

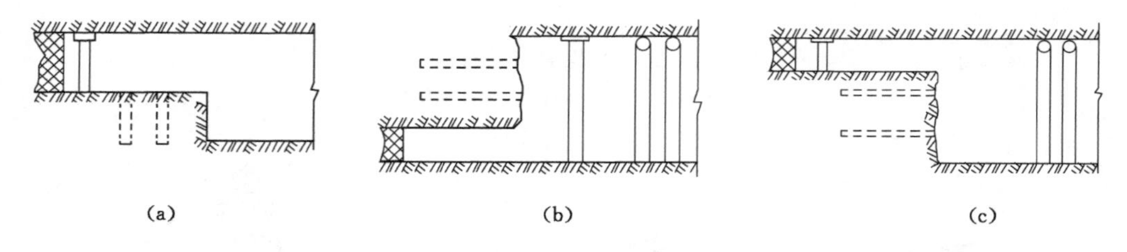

图 4-28 半煤岩巷道分掘分运岩层工作面炮眼布置

1——锚杆；2——临时支架；3——炮眼

在煤、岩分掘分运施工时，由于煤工作面超前岩石工作面，煤和岩石工作面每循环的进度必须配合好，其协调方法主要是调整岩石工作面的炮眼位置或炮眼的深度。

任务实施

通过模拟巷道或实地观察生产矿井巷道，掌握煤巷及半煤岩巷钻眼爆破法掘进方法，并通过参观掌握各种掘进设备工作原理及施工方法。

思考与练习

1. 简述不同掘进方法所适用的煤层和矿井条件。
2. 根据具体的矿井条件设计煤巷及半煤岩巷道掘进方法及过程。

任务四　上下山施工

知识要点

上下山掘进施工和通风、运料方法。

技能目标

能够根据具体的矿井条件确定上下山布置方式，并选择合适的上下山掘进方法和设备。

任务导入

上下山是连接运输大巷和回风大巷的重要巷道组成。上下山的布置合适与否关系着整个采区的生产状况。另外，不同的地质条件，上下山的布置存在较大差异。同时，上下山由于倾角的存在会出现自上向下掘进和自下向上两种方式，如何选择合适的掘进方式与矿井的具体情况和矿井机械化程度有关。

任务分析

上下山掘进根据具体的巷道布置分为上山掘进和下山掘进，不同的掘进方法所适用的地质条件不同，同时，根据掘进方法不同，所选用的掘进设备也不同。为了保证较好的上下山掘进效果，必须掌握如下知识：

(1) 上山掘进和下山掘进所适用的条件。

(2) 不同掘进方式所使用的设备和通风、运料方式的差异。

相关知识

上山和下山都是采区巷道中的倾斜巷道。自运输水平向上倾斜的巷道为上山，向下倾斜的巷道为下山。据不同的具体条件，上、下山巷道可选用自下向上进行施工，或自上向下进行施工。

一、上山掘进

上山多采用由运输水平自下向上掘进(但在瓦斯突出煤层，如无专门措施，只能由上一水平由上向下掘进)。采用由下向上掘进施工，装岩运输比较方便，不需排水，但通风比较困难。

1. 破岩和通风

倾斜向上用爆破法破岩时，要特别注意两点：一是底板经常掘不够，巷道上飘，若不及时纠正，就不能保持设计的倾斜角度；二是爆破时岩石抛掷下来，很容易打击棚子支架的顶梁，崩倒棚子。因此，多采用底部掏槽，槽眼数量视岩石软硬程度而定。如沿煤层或页岩层掘进，可采用三星掏槽方式，如图 4-29 所示。若岩石较硬，眼底可插入底板 200 mm 左右，并适当多装炸药，以免“拉底”使巷道上飘。

轨道上山和行人上山，在地质条件不复杂的情况下一般可同时掘进，每隔 20～30 m，开

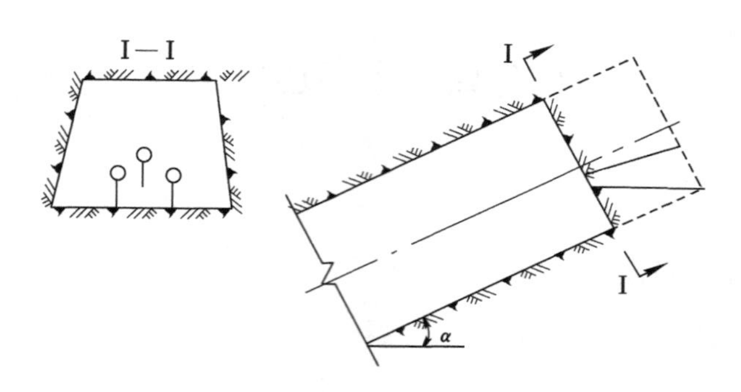

图 4-29 上山掘进掏槽方法

一条贯通联络巷，以满足通风的要求，同时可以利用这些联络巷作为避炮硐室。

由于瓦斯比空气轻，向上掘进时工作面易于积聚瓦斯，所以通风问题要特别注意，除可采用双巷掘进外，工作期间和交接班时也都不能停风，并要加强瓦斯检查。如因检修停电等原因不得不停风，则全体人员必须撤出，待恢复通风并检查瓦斯，符合规定之后，方可进入掘进工作面。

2. 装岩、提升运输

上山施工时，破碎后的煤、矸要运下来，施工设备、工具及材料要运上去，而上、下山的长度往往又比较长，倾斜角度又各不相同，为此就要选择比较合理的提升运输方案。

上山掘进时，在倾角较大的上山巷道，沿斜坡向下扒矸比较容易，可采用人工装岩。向下运煤、矸的方式与巷道的倾角有关。当倾角大于 35°时，煤、矸可以沿巷道底板自溜，当倾角为 25°～35°时可用铁溜槽，当倾角为 15°～25°时可用搪瓷溜槽，如图 4-30 所示。利用溜槽比链板运输机安装、接长方便得多，生产能力也大得多，但粉尘较大。为防止煤矸飞起伤人或砸坏设备，应在巷道中溜槽的一侧设置挡板，巷道下口应设置临时储矸仓以便装车。

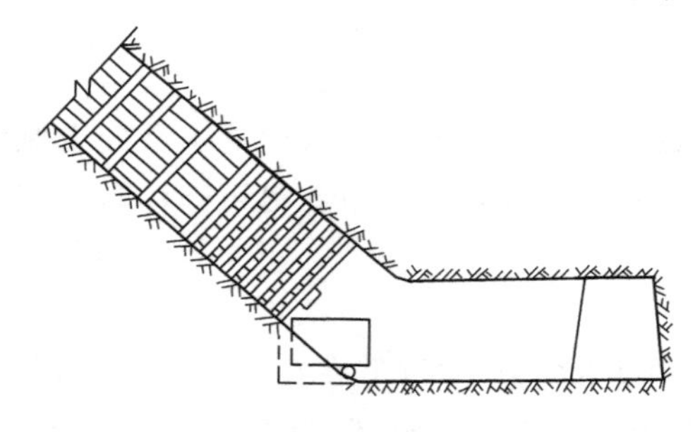

图 4-30 上山掘进利用溜槽运输

当巷道倾角小于 25°时，可选用链板运输机向下运煤、矸(当倾角大于 25°时，易出现煤、矸下滑现象)。倾角小于 10°的上山，可以使用 ZMZ-17 型装煤机，配合链板输送机运输。使用耙斗装载机时，为防止下滑，除用卡轨器固定外，在耙斗装载机后立柱上还需装设两个可以转动的斜撑，除了平时用来固定耙斗装载机，在移动时还可起到断绳保险的作用。司机前方必要时还应打护身点柱或加设挡板。耙斗装载机距工作面应不小于 6 m，以防爆落矸石砸坏机器或造成机体下滑。耙斗装载机每隔 20～30 m 向上移动一次。移动耙斗装载机可用提升绞车，如巷道倾角大，可用提升绞车和耙斗机绞车联合作业。为提高耙斗装载机装岩生产率，耙斗机与输送机或溜槽配套使用时，在耙斗机卸载部位需要另加一斜溜槽。

3. 材料运输

在选用上述运煤、出矸方式时，同时要考虑向工作面运送材料的问题。如系单斜巷掘进，采用输送机向下运输煤、矸时，通常需在巷道内铺设矿车轨道，用来送料，也可采用单轨吊送料。若上山距离较短，将来生产时不需要铺轨，施工时仅铺链板运输机时，可特制一个在链板输送机溜槽边沿上行走的专用小车，用来运料。小车的钢丝绳通过滑轮挂在输送机尾处的链板上，开动输送机就可将小车拉至工作面。小车的钢丝绳如直接挂在输送机的链子上，便可将小车下放到上山的下口去，如图 4-31 所示。

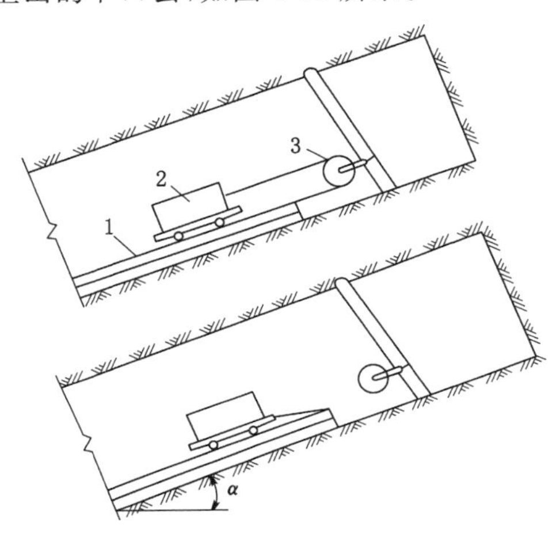

图 4-31 利用链板输送机向上运料的方法

1——链板运输机；2——小车；3——滑轮

若为双巷掘进，通常一条巷道铺设输送机运煤、矸，另一条巷道铺设轨道运送材料。利用轨道上山集中供料，再通过联络巷，可给输送机上山巷道的工作面转送材料。轨道上山巷的煤、矸下运，可直接用矿车运输，或利用短溜槽下放至联络巷，在联络巷铺设链板运输机，转运至运输上山巷集中下运。

凡倾角在 30°以内的上山巷道，均可单独采用矿车下运煤、矸及上运材料。采用矿车运输，为解决提升下放矿车的问题，提升下放矿车可在上山与水平大巷的交岔点处的临时硐室内，设置一专用小绞车，如图 3-32 所示。绞车的钢丝绳引至工作面绕过一固定滑轮（回头轮），然后用挂钩挂在矿车上。必须注意，要将回头轮安设牢固。若绞车的缠绳量不够，小绞车可随工作面的推进，每隔一段距离上移一次，如图 4-33(a)所示。如果上山的巷道斜长过大，缠绳量还是不够，则需采用多段提升的方式来解决，如图 4-33(b)所示。

二、下山掘进

下山施工一般由上向下进行，掘进通风比较容易，但装岩、运输比较困难，还需要解决排水和工作面跑车等问题。

1. 破岩、装岩与排矸

(1) 破岩

斜巷施工中主要采用钻眼爆破法进行破岩。实践证明，浅眼多循环的施工作业方式辅助作业循环时间长，设备效能不能充分发挥，施工速度和效率难以提高。根据我国目前常用

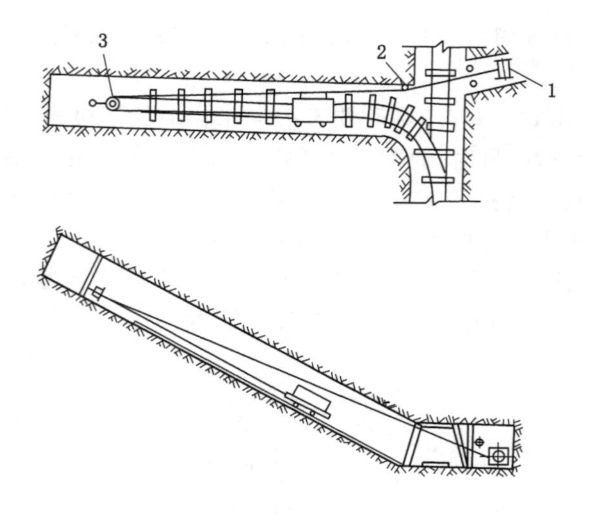

图 4-32　上山掘进时绞车及导绳轮的布置

1——绞车；2——立轮；3——滑轮

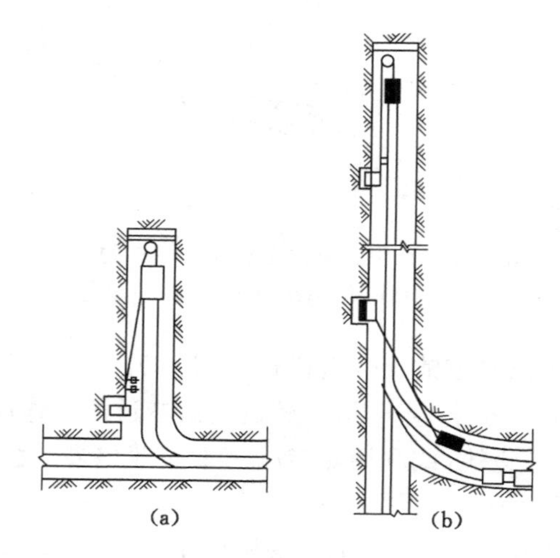

图 4-33　上山掘进时小绞车的其他布置方式

的凿岩机和爆破器材，应该推广中深孔全断面一次光面爆破和抛碴爆破技术。

中深孔爆破一般需要采用直眼掏槽或直眼与斜眼混合掏槽。下山掘进中为了取得较好的抛碴效果，底眼上部辅助眼（或专门打一排抛碴眼）的角度比下山倾角小 5°～10°；加深底眼 200～300 mm，使眼底低于巷道底板 200 mm，并加大底眼装药量，使底眼最后起爆（抛碴爆破后，碴堆距工作面以 4～5 m 为宜）。另外，施工中应特别注意下山的底板，使其符合设计要求。

下山掘进工作面往往会有积水，所以应选用抗水炸药，用毫秒延期电雷管全断面一次爆破。

(2) 装岩

下山掘进时装岩工作比较困难，装岩时间通常占循环时间的 60%，因此应尽量采用机械装岩。掘进时主要采用耙斗装载机装岩，其台数可根据工作面掘进宽度确定。采用气腿式凿岩机打眼、耙斗装载机装岩、矿车提升矸石的工作面布置情况如图 4-34 所示。

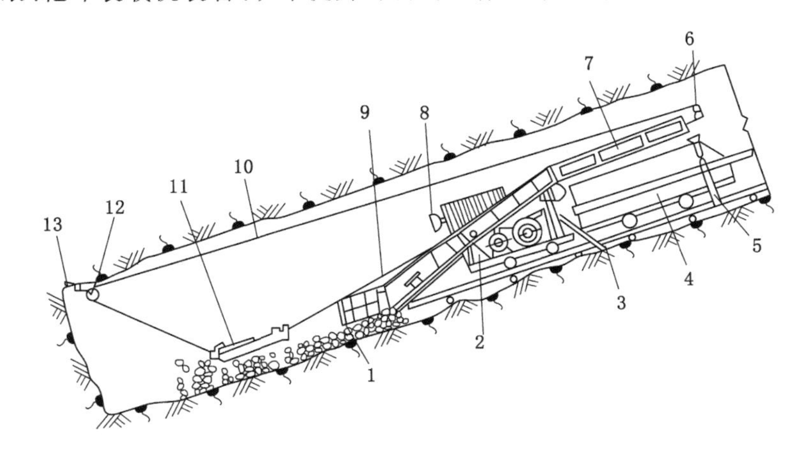

图 4-34 耙斗装载机在下山工作面布置

1——挡板;2——操作杆;3——大卡轨器;4——矿车;5——支撑;6——导绳轮;7——卸料槽;8——照明灯;9——主绳;10——尾绳;11——耙斗;12——尾绳轮;13——绳头与铁楔

使用耙斗装载机时应特别注意安设牢固,防止下滑。坡度在 25°以下时,除耙斗装载机自身所配的 4 个卡轨器外,还应加两个大卡轨器;坡度大于 25°时,需在巷道底板上钻两个深 1 m 左右的眼,楔入两根圆钢或工字钢,并用钢丝绳固定耙斗装载机。

在掘进中使用耙斗装载机,如果上部发生跑车事故,它还能起到阻挡跑车的作用,故掘进工作面相对比较安全。

(3) 排矸

下山提升工作中主要使用的排矸设备是矿车和箕斗,但无论使用哪一种设备,排矸都是不连续的,所以应使用提升能力和速度都较大的提升绞车。刮板输送机也可以使用,但只能用在下山倾角小于 25°的情况。下山倾角小于 30°时可以使用矿车,也可以使用箕斗;下山倾角在 30°以上时只能使用箕斗。

根据我国下山掘进的经验,使用箕斗提升装载简便,提升连接装置安全可靠,特别是使用大容积箕斗能有效增加提升量,加快掘进速度。

我国采用的箕斗有后卸式、前卸式和无卸载轮前卸式 3 种形式,其中无卸载轮前卸式箕斗由于去掉了箕斗箱体两侧突出的卸载轮,可以避免箕斗运行中发生剐碰管缆、设备与人员等事故;加大了箕斗有效装载宽度,提高了巷道断面利用率;卸载快(7～11 s);结构简单,便于检修。但过卷距小(仅 0.5 m 左右),要求提升绞车有可靠的行程指示器;若卸载时操作不当,卸载冲击力大,易引起绞车过负荷,并可使卸载架变形。卸载时利用安设在矸石仓中的活动轨翻卸载。

采用箕斗提升时,斜井上部需设矸石仓,这种提升方式多用于长度比较大的主要下山,特别是将来生产时安设带式输送机的下山,此矸石仓可作为生产时的煤仓。

装岩与提升工作是下山掘进过程中的主要生产环节,是决定掘进速度的关键因素,占掘井循环总时间的 60%～70%,因此应尽量采用机械装岩。

2. 排水与防治水

下山掘进时通常有水积聚在工作面,恶化了工作条件,影响掘进速度和工程质量。对水的处理应视其来源不同而采取不同的措施。如果是上部的含水层涌水，可将水流截引至水仓，不使它流到工作面，也可在含水层注浆封水。

工作面的积水可用水泵排除。如果涌水量为 5～6 m^3/h 时，可用潜水泵直接将水排入矿车内，随矸石一起排出。当工作面涌水量在 30 m^3/h 以内时，可利用喷射泵将水排至水仓，再由卧泵将水排出，这样可以防止卧泵吸入大量泥砂磨损水轮叶片。当工作面涌水量超过 30 m^3/h 时，应采用预注浆封水。

喷射泵是由喷嘴高速喷射高压水造成负压以吸取工作面积水的设备，它具有占地面积小，移动方便，爆破时容易保护，不易损坏，不怕吸入泥砂、木屑和空气等优点，但效率比较低。喷射泵排水工作面布置如图 4-35 所示。

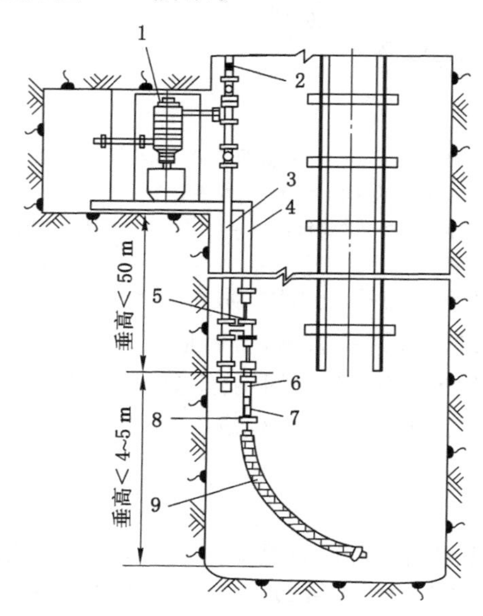

图 4-35 喷射泵排水工作面布置示意图

1——离心式水泵；2——排水管；3——压力水管；4——喷射泵排水管；5——双喷嘴喷射泵；6——伸缩管；7——填料；8——伸缩管法兰盘；9——吸水软管

当工作面涌水量很大，采取消极强排的方法不能解决问题时，就应该采用在含水层中进行注浆的方法进行封水，这对加快掘进速度非常有效。

3. 安全工作

倾斜巷道掘进施工中最突出的安全问题就是跑车。矿车若脱钩或断绳将加速下滑，直冲工作面，很容易造成人员伤亡事故。为此必须提高警惕，严格按规程操作；要经常对钢丝绳及连接装置进行检查，防患于未然；巷道规格、轨道铺设质量都应符合设计要求，并采取切实可行的安全措施。

为防止跑车冲至工作面事故的发生，应在距工作面不太远的地方设置挡车器。挡车器形式有多种，其中常用的是钢丝绳挡车帘，如图 4-36 所示。它以两根直径为 150 mm 的钢管作立柱，用钢丝绳和直径为 25 mm 的圆钢编成帘形。手拉悬吊绳将帘提起可让矿车通过，放松悬吊绳帘子下落就可起到挡车作用。

倾斜巷道施工中除设置阻车、挡车器外，还常在提升钢丝绳的尾部连接一根环形钢丝

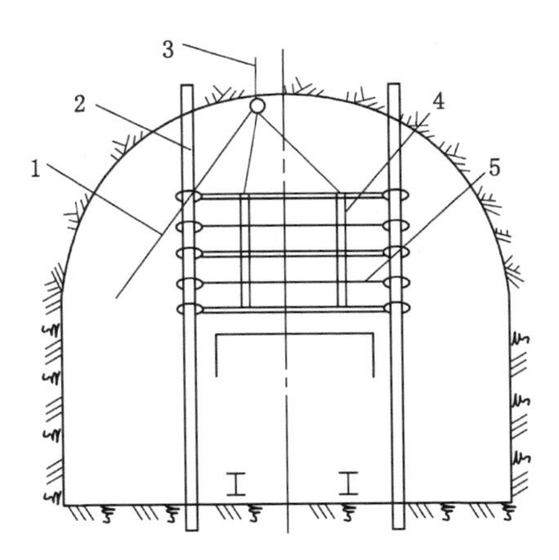

图 4-36　钢丝绳挡车帘

1——悬吊绳；2——立柱；3——锚杆式吊环；4——钢丝绳编网；5——圆钢

绳，提升时将它套在提升容器上，可避免因钩头损坏和插销拉断而造成的跑车事故。

综上所述，倾斜巷道施工中必须在井口、巷道中部、工作面上方设置防跑车的安全装置和挡车器，即“一坡三挡”。另外，这类巷道现场施工时，巷道一侧每隔一定距离(25 m 左右)施工一个躲避硐室(700 mm×1 200 mm×1 800 mm)，以避免由于跑车造成人员伤亡事故。

任务实施

本任务通过矿井巷道模型或实地观察矿井上下山；根据不同的地质条件选择合适的上下山布置方式；通过现场参观掌握上下山掘进设备及其使用方法。

思考与练习

1. 思考上山掘进和下山掘进所适用条件及原理。
2. 通过具体的矿井情况对上下山掘进进行设计。

任务五　巷道支护

知识要点

各种类型巷道支护材料；巷道支护的各种类型。

技能目标

熟悉各种类型巷道支护的原理；掌握各种支护的工作方式。

任务导入

巷道掘进后，为了保证巷道围岩的稳定，防止出现围岩垮落或产生过大变形，影响正常的生产和安全，对巷道围岩要立即进行支护。

任务分析

巷道支护主要分为三种类型：第一类为被动支护形式，包括木棚支护、钢筋混凝土支架、金属型钢支架、料石碹、混凝土及钢筋混凝土碹等；第二类是以各类普通锚杆支护为主，旨在改善巷道围岩力学性能的积极支护形式，包括锚喷支护、锚网支护等；第三类是以高强预应力锚杆和注浆加固为主的积极主动加固形式，如锚注支护等，能明显改善破裂岩体力学特征，支护结构整体性好，承载能力高，支护效果好。通过学习本任务应掌握以下知识：

(1) 各种支护材料的使用。

(2) 各种支护类型的工作原理。

(3) 不同支护类型的优缺点和应用。

相关知识

一、支护材料

巷道支护中使用的材料，主要有水泥、混凝土、砂浆、木材、金属材料、石材等，其中水泥是使用最广泛的胶凝材料。

(一) 水泥

水泥呈粉末状，与适量水混合后，经过水化作用，能固结成坚硬的人工石体，并能将散粒砂石胶结成一整体。水泥是水硬性胶凝材料，与水混合后既能在空气中硬化，又可在潮湿环境及水中硬化。常用的品种有硅酸盐水泥、普通硅酸盐水泥、矿渣硅酸盐水泥、火山灰质硅酸盐水泥和粉煤灰硅酸盐水泥等。

1. 硅酸盐水泥

(1) 矿物组成

硅酸盐水泥的生产过程可概括为“两磨一烧”，如图 4-37 所示。

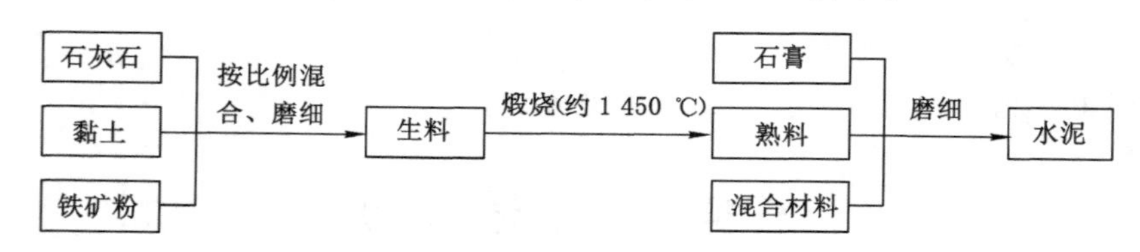

图 4-37 硅酸盐水泥的生产过程

硅酸盐水泥熟料的主要矿物组成及含量如下：

硅酸三钙 $3CaO \cdot SiO_2$ 简写为 C3S，含量 37%～60%

硅酸二钙 $2CaO \cdot SiO_2$ 简写为 C2S，含量 15%～37%

铝酸三钙 $3CaO \cdot Al_2O_3$ 简写为 C3A，含量 7%～15%

铁铝酸四钙 $4CaO \cdot Al_2O_3 \cdot Fe_2O_3$ 简写为 C4AF，含量 10%～18%

除此之外，还有少量游离氧化钙(CaO)、游离氧化镁(MgO)和碱，但其总含量不超过水泥量的 10% 。不同熟料矿物与水反映所表现的性能也不同，若改变熟料矿物组成的含量，水泥的技术性能也随之变化。如提高硅酸三钙的含量，水泥快硬高强；降低铝酸三钙和硅酸三钙含量，提高硅酸二钙的含量，水泥的水化热降低。

磨细的纯水泥熟料，凝结时间太短，无法正常使用。所以，熟料磨细时，常掺入3%左右的石膏，以调节水泥的凝结时间。

（2）凝结时间

水泥凝结时间有初凝时间和终凝时间。初凝时间是从给水泥加水拌和起至水泥浆开始失去可塑性所需的时间；终凝时间是从给水泥加水拌和起至水泥浆完全失去可塑性且开始具有强度所需的时间。

水泥的初凝时间不能太短，以便有足够的时间完成混凝土和砂浆的搅拌、运输与砌筑等工序；水泥的终凝时间也不能太长，以便施工后混凝土尽快硬化，具备一定强度，及早承载和进行下一步施工。国家标准规定，硅酸盐水泥的初凝时间不得早于45 min，终凝时间不大于390 min；其他水泥的初凝时间不小于45 min，终凝时间不大于600 min。

（3）强度

强度是水泥性能的重要指标，也是确定水泥标号的依据。国家标准规定用软练法检验水泥强度，即将水泥和标准砂按1∶2.5的比例混合，加入规定的水量，按标准尺寸（40 mm×40 mm×160 mm）制成试件，在标准条件下（温度20±3 ℃，相对湿度90%以上）养护后做抗折、抗压强度试验。根据3 d和28 d的强度，将硅酸盐水泥分为42.5、42.5R、52.5、52.5R、62.5、62.5R（R表示早强型）六个等级。各强度等级水泥的各龄期强度值不得低于表4-10的数值。

表4-10　通用硅酸盐水泥的强度（GB 175—2007）

品种	强度等级	抗压强度/MPa		抗折强度/MPa	
		3 d	28 d	3 d	28 d
硅酸盐水泥	42.5	≥17.0	≥42.5	≥3.5	≥6.5
	42.5R	≥22.0		≥4.0	
	52.5	≥23.0	≥52.5	≥4.0	≥7.0
	52.5R	≥27.0		≥5.0	
	62.5	≥28.0	≥62.5	≥5.0	≥8.0
	62.5R	≥32.0		≥5.5	
普通硅酸盐水泥	42.5	≥17.0	≥42.5	≥3.5	≥6.5
	42.5R	≥22.0		≥4.0	
	52.5	≥23.0	≥52.5	≥4.0	≥7.0
	52.5R	≥27.0		≥5.0	
矿渣硅酸盐水泥 火山灰硅酸盐水泥 粉煤灰硅酸盐水泥 复合硅酸盐水泥	32.5	≥10.0	≥32.5	≥2.5	≥5.5
	32.5R	≥15.0		≥3.5	
	42.5	≥15.0	≥42.5	≥3.5	≥6.5
	42.5R	≥19.0		≥4.0	
	52.5	≥21.0	≥52.5	≥4.0	≥7.0
	52.5R	≥23.0		≥4.5	

（4）使用

硅酸盐水泥标号较高，凝结硬化快，适用于重要结构的高强度混凝土、钢筋混凝土和预应力钢筋混凝土及早期强度高、凝结硬化快的工程。喷浆及喷射混凝土支护等宜于采用。

硅酸盐水泥水化时，放出大量热，适合冬季施工，但不适宜用于大体积混凝土工程。硅酸盐水泥抗软水侵蚀和抗化学侵蚀性差，不宜用于有流动软水和有水压作用的工程及受海水和矿物水作用的工程。

2. *普通硅酸盐水泥*

普通硅酸盐水泥是将硅酸盐水泥熟料、5%～20%的混合材料、适量石膏混合后磨细的水硬性胶凝材料，简称为普通水泥。按国家标准规定，普通硅酸盐水泥分为 42.5、42.5R、52.5、52.5R 四个等级。普通水泥的成分绝大部分是硅酸盐水泥熟料，其基本性能与硅酸盐水泥相同。因掺有少量混合材料，有些性能与硅酸盐水泥稍有不同。两者相比，普通水泥早期硬化稍慢，抗冻、耐磨等性能也比硅酸盐水泥略差。普通硅酸盐水泥应用范围广泛，是我国主要水泥品种之一。

3. *掺混合材料硅酸盐水泥*

混合材料按其性能可分为活性混合材料和非活性混合材料两大类。硅酸盐水泥熟料掺入适量活性材料，不仅能提高水泥产量、降低水泥成本，而且可以调节水泥的强度等级。常用的混合材料有粒化高炉矿渣、火山灰质混合材料和粉煤灰。非活性混合材料与水泥成分不起化学作用或化学作用很小，在水泥中仅起充填作用。例如石英砂、黏土、石灰石等，掺入硅酸盐水泥中仅起到提高水泥产量、降低水泥强度等级和减少水化热等作用。

我国目前生产的掺混合材料的硅酸盐水泥主要有矿渣硅酸盐水泥、火山灰质硅酸盐水泥和粉煤灰硅酸盐水泥三种。这三类水泥的组分应符合表 4-11 的规定。

表 4-11　　通用硅酸盐水泥的组分

品种	代号	组分/%				
		熟料＋石膏	粒化高炉矿渣	火山灰质混合材料	粉煤灰	石灰石
硅酸盐水泥	P·Ⅰ	100	—	—	—	—
	P·Ⅱ	≥95	≤5	—	—	—
		≥95	—	—	—	≤5
普通硅酸盐水泥	P·O	≥80 且<95	>5 且≤20			
矿渣硅酸盐水泥	P·S·A	≥50 且<80	>20 且≤50	—	—	—
	P·S·B	≥30 且<50	>50 且≤70	—	—	—
火山灰质硅酸盐水泥	P·P	≥60 且<80	—	>20 且≤40	—	—
粉煤灰硅酸盐水泥	P·F	≥60 且<80	—	—	>20 且≤40	—
复合硅酸盐水泥	P·C	≥50 且<80	>20 且≤50			

矿渣硅酸盐水泥是将硅酸盐水泥熟料、粒化高炉矿渣、适量石膏混合后磨细的水硬性胶凝材料，简称矿渣水泥。

火山灰质硅酸盐水泥是将硅酸盐水泥熟料、火山灰质混合材料、适量石膏混合后磨细的水硬性胶凝材料，简称火山灰水泥。

粉煤灰硅酸盐水泥是将硅酸盐水泥熟料、粉煤灰和适量石膏混合后磨细的水硬性胶凝材料，简称粉煤灰水泥。

矿渣硅酸盐水泥、火山灰质硅酸盐水泥和粉煤灰硅酸盐水泥的强度等级根据规定龄期的抗压强度和抗折强度划分，其强度等级分为32.5、32.5R、42.5、42.5R、52.5、52.5R六个等级。三种水泥各强度等级的各龄期强度不得低于表4-10的规定。

三种水泥凝结时间、细度要求与硅酸盐水泥相同。它们的共同特性是：凝结硬化速度较慢，早期强度较低，但后期强度增长较快，甚至超过同强度等级的硅酸盐水泥；水化放热速度慢，放热量也低；对温度的敏感性较高，温度较低时，硬化很慢，温度较高时（60～70 ℃或以上），硬化速度大大加快，往往超过硅酸盐水泥的硬化速度；抵抗软水及硫酸盐介质的侵蚀能力较硅酸盐水泥高。这三种水泥的抗冻性差，矿渣水泥和火山灰水泥的干缩性大，而粉煤灰水泥的干缩性小，火山灰水泥的抗渗性较高，矿渣水泥的耐热性较好。

（二）混凝土

混凝土用水泥、砂子、石子和水按一定比例混合拌制而成。砂子、石子是混凝土的骨架，也称骨料。混凝土的优点为：凝固前，具有良好的塑性和流动性，能浇灌各种形状的构件和整体支架，能用于喷射混凝土支护；它与钢材有牢固的黏结力，可制成各种钢筋混凝土构件和结构物；它的抗压强度较高，根据需要可设计不同标号的混凝土；其组成材料中，水泥除外，其他均经济廉价，可就地取材。但混凝土抗拉强度低，受拉时容易开裂，且自重大。

1. 混凝土的组成材料及要求

（1）水泥

在混凝土组成材料中，水泥为胶凝材料，与水拌和为水泥浆，与砂、石拌和胶凝并逐渐硬化为坚硬的固体。实际中要依据工程性质、施工工艺和施工条件等来选择水泥品种。

（2）骨料

在混凝土中，按粒径的大小把骨科分为细骨料和粗骨料，粒径在0.15～5 mm之间的砂粒称为细骨科，粒径大于5 mm的骨料称为粗骨料。粗、细骨料的体积占混凝土总体积的70%～80%，因此，骨料对所配制的混凝土性能有较大的影响。

细骨料多为天然砂，有海砂、河砂和山砂。河砂、海砂较纯净，砂粒呈圆形，表面光滑。山砂有棱角，表面粗糙，但含有较多的黏土和有机杂质。为保证混凝土的质量，必须限制砂中有害杂质的含量。

粗骨料按产源可分为卵石和碎石两种。卵石是天然的，碎石是将坚硬岩石如花岗岩、砂岩和石灰岩等经人工轧碎而成。碎石有棱角，表面粗糙，与水泥黏结好。卵石表面光滑，少棱角，与水泥的黏结较差。在水泥量和水量相同的情况下，碎石混凝土流动性较差，但强度较高；而卵石混凝土则流动性好，但强度较低。粗骨料按粒径可分为粗石（粒径40～100 mm）、中石（粒径20～40 mm）、细石（粒径20～25 mm）。

（3）水

清洁的天然水都能用来拌制和养护混凝土。污水和酸性水以及含油脂、糖类的水均不许使用。

2. 混凝土强度及等级

混凝土各种强度中，抗压强度最大，常用抗压强度作为其力学性能的指标。混凝土强度等级是用标准试块（150 mm×150 mm×150 mm），在标准条件下养护28 d，所测得的抗压强度值确定的，用符号 C 和抗压强度标准值表示，分为 C7.5、C10、C15、C20、C25、C30、C35、C40、C45、C50、C55、C60、C65、C70、C75 和 C80 共 16 个强度等级。

混凝土强度受很多因素影响，其中水泥和水灰比是主要因素。在同等条件下，水泥强度等级越高，混凝土强度就越高。对同一种水泥，水灰比主要决定混凝土强度。水泥水化所需的水占水泥重量的 20%左右，但在拌制混凝土拌和物时，为保证流动性，需使用 40%～70%的水，水灰比较大。当混凝土凝结硬化后，多余的水滞留在混凝土中产生水泡或蒸发形成孔隙，降低了混凝土强度，且会在孔隙周围发生应力集中。因此，在水泥强度等级相同时，水灰比越小，与骨料黏结力越大，混凝土强度就越高。但是，水灰比太小，拌和物过于干硬，难以保证浇灌质量，混凝土将会出现蜂窝、孔洞，强度降低。

（三）钢材

钢材的优点为：强度高，能支承较大的地压，使用寿命长，可重复使用，易安装，耐火性强，还可制成可缩性支架。常用金属支架的钢材有工字钢、角钢、槽钢、轻型钢轨、矿用工字钢及矿用特殊型钢等。

如图 4-38 所示，矿用工字钢为宽翼缘、小高度、厚腹板的工字钢，它既适合于梁，也适合于腿。图 4-39 为矿用特殊型钢，能制成可缩性拱形支架，用于困难条件下的巷道支护。它的竖向抗弯能力与横向抗弯能力相当，横向稳定性比其他型钢好。矿用工字钢与矿用特殊型钢的高度比一般型钢小，可减少巷道掘进高度。

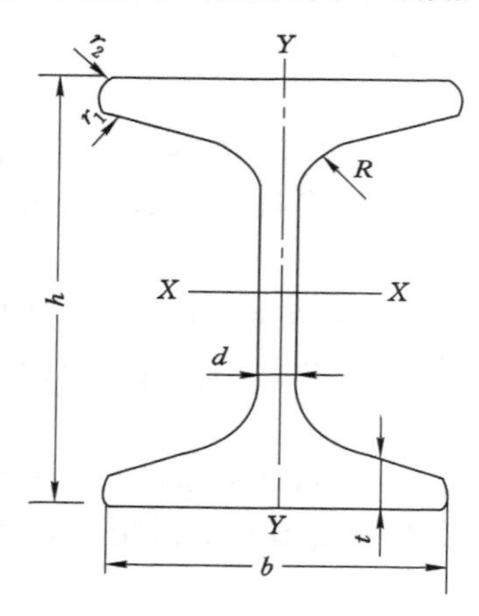

图 4-38 矿用工字钢断面

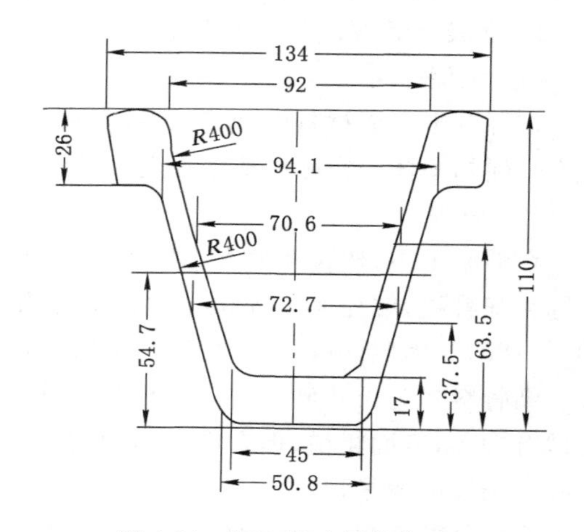

图 4-39 U25 号矿用特殊型钢

支护常用的钢材还有普通钢筋，在混凝土结构中，多用 3 号钢钢筋。结构的受力钢筋主要采用 20 号锰硅和 25 号锰硅普通低合金螺纹钢筋。一般钢筋混凝土结构的混凝土强度不低于 C20。当然，也可用轻型钢轨作支架和支护材料。

（四）其他材料

1. 木材

木材有很多优良性能，如质轻高强，有较好的弹性和韧性，易于加工等。矿山支护常用的坑木有松木、杉木、桦木、榆木和柞木等。木材强度各向异性、差别较大：顺纹抗拉强度远大于横纹抗拉强度；顺纹抗压强度也远大于横纹抗压强度，如表 4-12 所列。

表 4-12 木材各项强度关系(以顺纹抗压强度为 1)

抗拉		抗压		弯曲	抗剪	
顺纹	横纹	顺纹	横纹		顺纹	横纹
2～3	1/3～1/20	1	1/3～1/10	1.5～2.0	1/7～1/3	1/2～1

木材也有许多缺点,如构造不均匀,容易腐朽,不防火,耐久性较差。由于木材支护坑木消耗大,不利于环保,目前井下很少使用。

2. 石材

井下巷道支护用石材又称料石,料石是砌碹巷道支护的主要材料,按照加工程度可分为毛料石、粗料石和细料石。毛料石(也称片石)是在采石场采出、未经加工而直接使用的不规则石块,一般用于建筑物的基础、墙体基础、设备基础、大体积混凝土工程和砌碹巷道的壁后充填及填碹等工程。粗料石是仅有一面经人工加工,该面具有倾斜且相互平行槽纹(加工的)的规则石块,用于砌碹巷道的直墙和碹拱。

料石的强度等级以单向抗强度为主,依据所采岩石的品质而定。一般以细石英砂岩、细砂岩和石灰岩为好。粗料石的规格应在(250～300)mm×(200～250)mm×(150～200)mm之间,质量在 40 kg 以下,以便于搬运和砌筑。

3. 普通黏土砖

普通黏土砖是将黏土制成土坯后,再经过高温烧制而成的。多用于建筑物的墙体,也用于井下的密闭和风门等处。普通黏土砖的规格为 240 mm×115 mm×53 mm,质量 2.65 kg,每立方米砌体约需 512 块普通黏土砖和 20%～30%的砂浆。

4. 混凝土砌块

混凝土砌块是根据工程结构,将混凝土预制成各种需要的形状,有长方体、弧形体和特殊形体,分别用于井下砌碹巷道的直墙、顶拱、底拱和侧拱以及整体道床等。其规格与粗料石相同,质量为 30～40 kg,强度等级不低于 C20。

5. 混凝土外加剂

能改善混凝土性能的材料称为混凝土外加剂。一般在拌和混凝土时或在拌和前掺入,常用的有速凝剂、减水剂,还有引气剂、早强剂、缓凝剂、膨胀剂、防渗剂、高强剂等。

二、支护类型

目前我国矿山井下常用的巷道支护类型有金属支架、拱形砌碹支护、锚杆支护、喷射混凝土支护等。

(一) 金属支架

金属支架包括梯形和拱形金属支架两种形式,均采用矿用特殊钢材制作而成。矿用特殊钢材主要为矿用工字钢、矿用特殊型钢、轻便钢轨等。

1. 工字钢梯形金属支架

工字钢梯形金属支架用 18～24 kg/m 钢轨、16～20 号工字钢或矿用工字钢制作,由两腿一梁构成(图 4-40)。型钢棚腿下焊接一块钢板,以防止它陷入巷道底板。有时还可以在棚腿之下加垫木。

这种支架通常用在回采巷道中,在断面较大、地压较严重的其他巷道里也可使用。

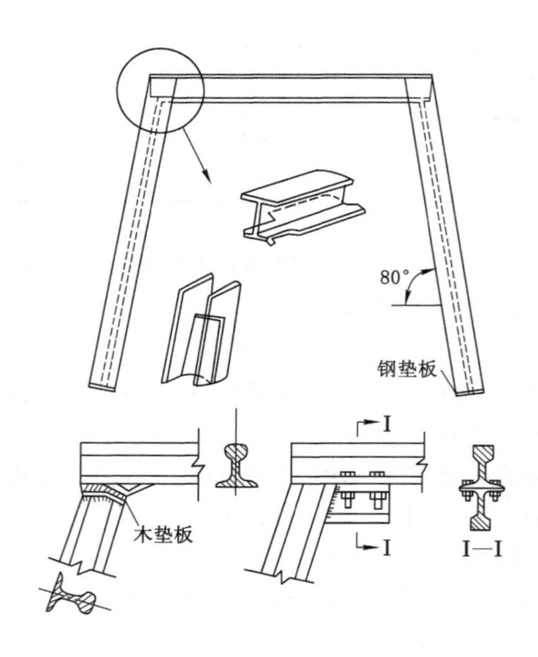

图 4-40　工字钢支护

2. U 形钢拱形可缩性金属支架

U 形钢拱形可缩性支架用矿用特殊型钢制作，它的结构如图 4-41 所示。每架棚子由三个构件组成，一根曲率为 R_1 的弧形顶梁和两根上端部带曲率为 R_2 的柱腿。弧形顶梁的两端搭接在柱腿弯曲的部分上，组成一个三心拱。梁腿搭接长度一般为 300～400 mm，该处用两个卡箍固定（每个卡箍包括一个 U 形螺杆和一块 U 形垫板，两个螺母）。柱腿下部焊有 150 mm×150 mm×10 mm 的铁板作为底座。

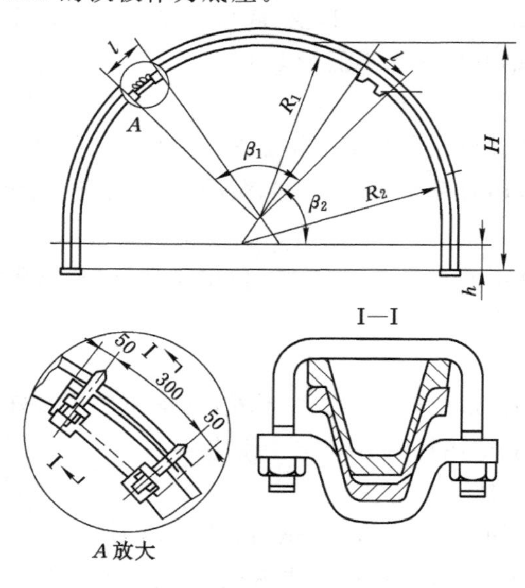

图 4-41　U 形钢拱拱形可缩性支架

采用矿用U形钢制作的可缩性拱形金属支架的工作原理是：支架在围岩压力作用下开始变形，使R_1逐渐变大，R_2逐渐变小，当R_1和R_2趋于某一半径R时，即顶梁和柱腿搭接部分的曲率半径趋于一致时，该处的摩擦阻力变小。同时作用在支架上的力克服了搭接部分卡箍产生的锁紧力，使拱梁和柱腿产生相对滑移，支架下缩变形。这时，围岩压力得到暂时卸除，支架构件在弹性力作用下，又恢复到原来的$R_1<R_2$状态，直到围岩压力继续增加至一定值时，再次产生可缩现象，如此周而复始。这种支架的可缩量可达200～400 mm，承载能力为10～20 t。

围岩的可缩性可以用卡箍的松紧程度来调节和控制，通常要求卡箍上的螺帽扭紧力矩约为150 N·m，以保证支架的初撑力。

这种支架的棚距一般为0.7～1.1 m，为了加强支架沿巷轴线方向的稳定性，棚子之间应用金属拉杆通过螺栓、夹板等互相紧紧拉住，或打入撑柱撑紧。拱形可缩性金属支架适应于地压大、地压不稳定和围岩变形量大的巷道，支护断面一般不大于12 m^2。

U形钢拱形可缩性支架结构比较简单、承载能力较矿工钢大、可缩性能较好、可用于大断面等优点，但其使用的技术难度较大，初期投资高，此外支架的运输、架设和回收不便，变形后修复困难，复用率低，每架成本比梯形工字钢支架高约1/2。一般在围岩中等稳定、巷道断面和围岩压力不太大的情况下应用。

（二）锚杆支护

锚杆是一种安设在巷道围岩体内的杆状锚栓体系。采用锚杆支护巷道，就是在巷道掘进后向围岩中钻锚杆眼，然后将锚杆安设在锚杆孔内，对巷道围岩进行加固，以维护巷道的稳定性。

1. 锚杆支护的作用原理

(1) 悬吊理论：把要冒落的危岩或软弱岩层，用锚杆悬吊于上部的坚硬岩体上，由锚杆来承担危岩或软弱岩层的重量，如图4-42所示，就像是“钉钉子”，把容易冒落的直接顶和危岩块“钉牢”在稳固的岩石上。

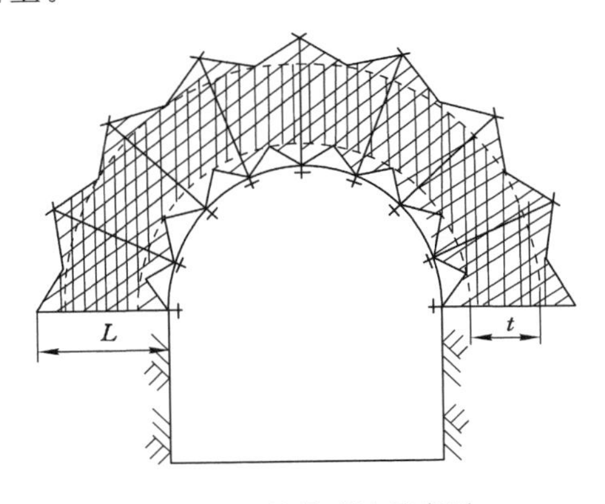

图4-42　悬吊理论示意图

(2) 组合梁理论：把平巷层状顶板看作是叠合梁，用锚杆组合后，就同一块板梁的弯曲一样。相同的荷载作用，组合后的梁比叠合梁的挠度和内应力都大为减少，提高了梁的抗弯强度。

(3) 组合拱(挤压加固拱)理论：系统布置锚杆，使巷道拱部节理发育的岩体连接在一起，便在一定范围内形成一个连续的、具有一定自承能力的挤压加固拱，原来作用在支架上的荷载变成了承载结构，支承其自身的重量和顶板压力。

锚杆支护是积极的支护方法。传统支护消极被动地抵御地压，围岩产生过大的变形或松散后才能充分受力，这便扩大了井巷周围的松碎范围，同时也恶化了支架的工作条件。而锚杆支架是通过锚入围岩内的锚杆，改变围岩的受力状态，充分发挥围岩的自身承载作用，把围岩从荷载变为承载，在锚杆和围岩共同作用下，形成一个完整而稳定的岩石带，用来抵御巷道地压和围岩变形，从而保持围岩的完整性和稳定性。

2. 锚杆的结构类型

锚杆在煤矿的应用较为普遍，不同类型的锚杆应用于不同的围岩条件下，依锚固方式主要类型如图 4-43 所示，其优缺点见表 4-13 所示。

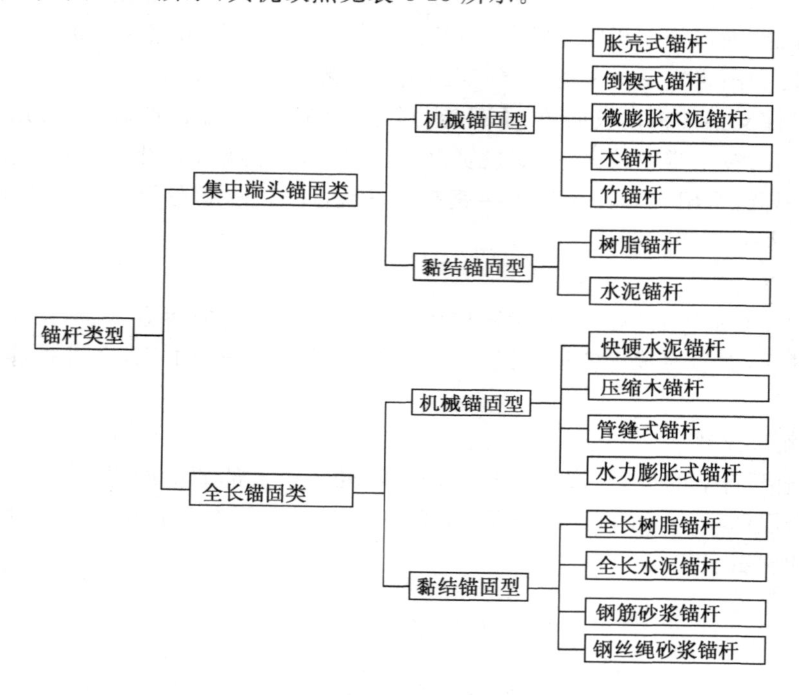

图 4-43 锚杆类型划分

表 4-13 各种类型锚杆的主要优缺点

锚杆类型		优点	缺点
端头锚固类	机械锚固型	安装迅速，及时承载	对深部围岩强度要求高
	黏结锚固型	易施工，制造简单	对深部围岩强度要求一般
全长锚固类	机械锚固型	易安装，及时承载	易腐蚀，锚固强度易衰减和丧失
	黏结锚固型	适用范围广，承载速度快、锚固力大	树脂锚杆成本高，树脂易燃、有毒

锚杆支护材料经历了低强度、高强度到高预应力、强力支护的发展过程。杆体材料从木锚杆发展到金属杆体；金属杆体从圆钢、建筑螺纹钢，发展到煤矿锚杆专用钢材——左旋无纵筋螺纹钢；锚固方式从机械锚固、水泥药卷锚固，发展到树脂锚固。总之，为确保巷道支护

效果与安全程度，锚杆支护材料向高强度、高刚度与高可靠性方向发展。常用锚杆的结构形式简介如下。

（1）木锚杆

木锚杆常用于围岩条件较好的回采巷道巷帮支护，由于不影响采煤机割煤，所以是同等条件下最经济的一种支护方式。木锚杆包括普通木锚杆和压缩木锚杆（图 4-44）。普通木锚杆杆体直径一般为 38 mm，长 1 200～1 800 mm。锚杆安装到位后，一般在孔口的锤击作用下，内楔块劈进锚杆体杆端的楔缝，使杆体楔缝翼与围岩钻孔孔壁挤紧，产生锚固力，然后放好垫板，再将外楔块插入锚杆体杆尾楔缝，并锤打楔块，将铺杆固定，实现对围岩的支护作用。木锚杆结构简单，易加工，成本低，施工安装方便，但锚杆强度和锚固力较低，一般锚固力在 10 kN 左右。压缩木锚杆直径一般为 38 mm，长 1 530～1 753 mm。锚杆安装后，能吸收水分，使杆体膨胀，而充满整个锚杆孔，实现全长锚固，锚固力 20 kN 左右。

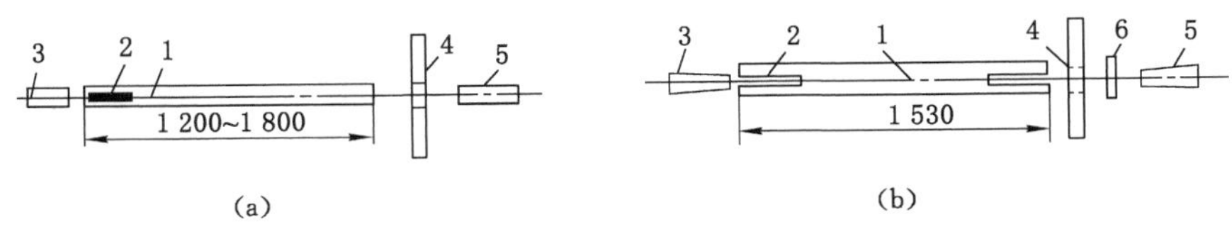

图 4-44 木锚杆结构

(a) 普通木锚杆；(b) 压缩木锚杆

1——杆体；2——楔缝；3——内楔；4——垫板；5——外楔；6——加固钢圈

（2）普通圆钢黏结式锚杆

普通圆钢黏结式锚杆是我国煤矿曾经广泛使用的锚杆形式。目前，在一些巷道围岩条件比较好的矿区仍在使用。这种锚杆一般采用端部锚固，按照黏结剂划分为水泥锚固与树脂锚固。

圆钢水泥锚固锚杆由杆体、快硬水泥药卷、托板和螺母等组成。杆体由普通圆钢制成，尾部加工成螺纹，端部制成不同形式的锚固结构。杆体直径大多为 16～20 mm。水泥药卷是以普通硅酸盐水泥等为基材掺一定外加剂的混合物，或单一特种水泥，按一定规格包上特种透水纸而呈长条状，浸水后经水化作用能迅速产生强力锚固作用的水硬性胶凝材料。水泥锚杆可端部锚固也可全长锚固。水泥锚杆具有锚固快、安装简便、价格低廉等优点，但是，各种快硬水泥药卷的浸水操作比较困难。如果浸水时间短、水化不够，会导致药卷内部还处于干燥状态；如果浸泡时间过长，则会因超过终凝时间而过早硬结，甚至造成水泥药卷在安装过程中破损，无法推入孔底而使锚杆与钻孔报废，或因水灰比过大，导致强度过低甚至不凝固，难以保证可靠的锚固力。因此，水泥药卷锚固剂已被逐步被淘汰。

圆钢树脂锚杆由杆体、树脂药卷、托板和螺母等组成，锚固形式为端部锚固，见图 4-45。

圆钢树脂锚杆长度多为 1.6～2.0 m，杆体直径多为 16～20 mm。杆体端部压扁并拧成反麻花状，以搅拌树脂药卷和提高锚固力。杆体端部设置挡圈，防止树脂锚固剂外流，并起压紧作用。杆体尾部加工螺纹，安装托板和螺母。

（3）摩擦锚固锚杆

摩擦锚固锚杆有管缝式、水力膨胀式锚杆等，其中管缝式锚杆用量较大。

管缝式锚杆的杆体由高强度、高弹性钢管或薄钢板卷制而成，沿全长纵向开缝。杆体端

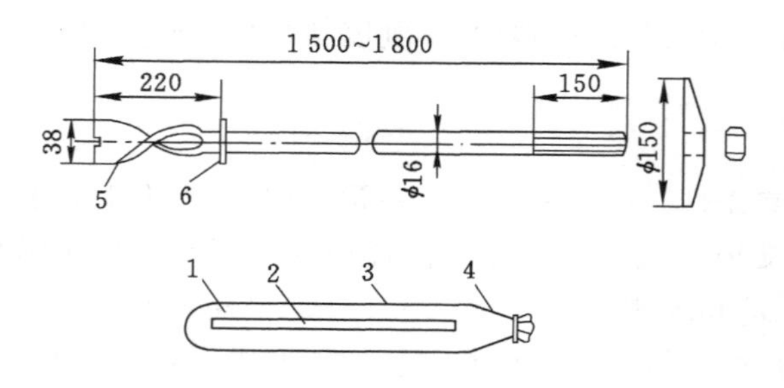

图 4-45 圆钢树脂锚杆及药包示意图

1——树脂、加速剂及填料；2——固化剂及填料；3——玻璃管；
4——聚酯薄膜外袋；5——杆尾左旋麻花；6——挡圈

部做成锥形，以便安装；尾部焊有一个用直径 6～8 mm 钢筋做成的挡环，用以压紧托板。其结构如图 4-46 所示。锚杆杆体直径为 30～45 mm，杆体直径比钻孔直径大 1～3 mm。壁厚一般为 2～3 mm，缝宽度 10～15 mm，长度根据需要加工，一般为 16～20 m。当管缝锚杆杆体被压入钻孔后，开缝钢管被压缩，钢管外壁与钻孔孔壁挤紧，产生沿钢管全长的径向压应力和轴向摩擦力，在围岩中产生压应力场，阻止围岩变形。

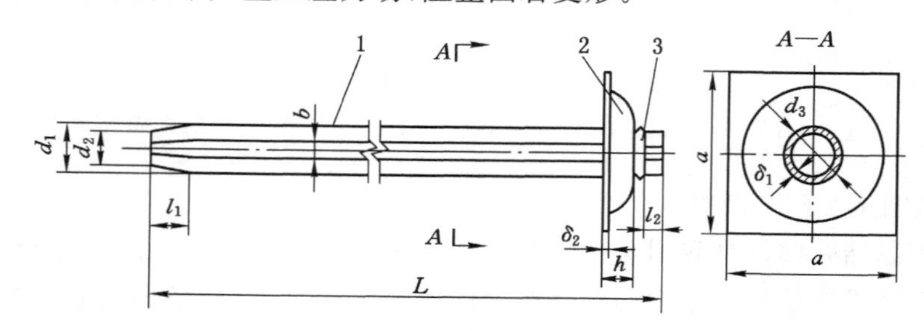

图 4-46 管缝式锚杆结构

1——杆体；2——托板；3——挡环

(4) 高强度锚杆

高强度螺纹钢树脂锚杆见图 4-47。螺纹钢锚杆杆体有普通建筑螺纹钢杆体、右旋全螺纹钢杆体和左旋无纵筋螺纹钢杆体三种形式。

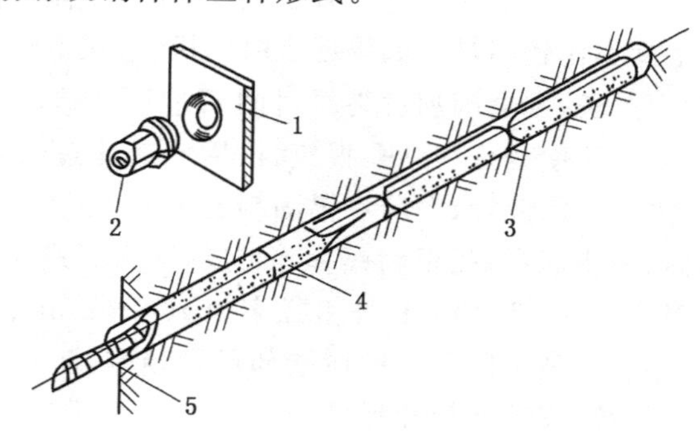

图 4-47 高强度螺纹钢树脂锚杆

1——托盘；2——螺母；3——快速凝固树脂药卷；4——中速凝固树脂药卷；5——螺纹钢杆体

普通建筑螺纹钢杆体由于杆体带纵筋搅拌树脂锚固剂效果不佳，已被逐步淘汰；右旋全螺纹钢杆体表面轧制有全螺纹，螺母可直接安装在杆体上；左旋无纵筋螺纹钢杆体在搅拌树脂锚固剂时，左旋螺纹会产生压紧锚固剂的力，有利于增加锚固剂的密实度，提高锚杆锚固力。

锚杆螺母和托板是锚杆的重要部件，主要作用是通过螺母压紧托板给锚杆施加预紧力，并在工作过程中螺母、托板和杆体共同作用，控制围岩变形。

目前，高强度锚杆已大面积推广应用，成为锚杆支护的主要形式之一。

（5）玻璃钢锚杆

玻璃钢锚杆采用玻璃纤维作为增强材料，以聚酯树脂为基材，经专用拉挤机的牵引，通过预成型模在高温高压下成为全螺纹玻璃纤维增强塑料杆体，加上树脂锚固剂、托盘和螺母组成玻璃钢锚杆。玻璃钢杆体具有可割性，很适合于综采工作面临时支护使用，而且具防腐性能好，可以部分取代钢锚杆，节约钢材。

玻璃钢锚杆杆体可切割，不会产生火花。玻璃钢的抗拉强度好，重量轻，成本低，具有良好的耐腐蚀性能，可在井下长期使用。因此，玻璃钢锚杆可替代现有煤帮金属锚杆、木锚杆等煤帮支护。

（6）注浆锚杆

在不稳定围岩中，锚杆支护所能提高的围岩强度达不到围岩稳定所需的强度要求时，过分加大锚杆长度既不经济，也不实用。如果在锚杆支护基础上，向围岩中注入浆液，不仅能将松散岩体胶结成整体，而且还可以将端头锚固变成全长锚固，提高围岩强度及自承力。对于不考虑初锚力，不需控压注浆的巷道施工、修复和加固，可采用普通内注式注浆锚杆，如图4-48所示。普通注浆锚杆杆体由带螺纹和小孔的钢管制成，螺纹用于安装托板与螺母，小孔用于射浆。这种锚杆结构简单，成本低，但不能施加预紧力，注浆压力不能控制。

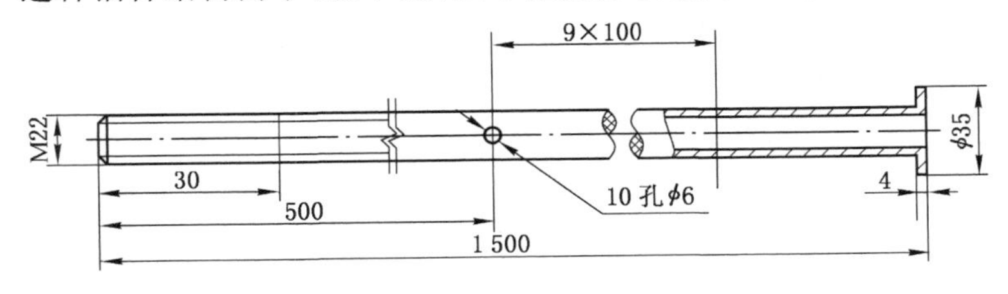

图 4-48 普通内注式注浆锚杆结构图

内锚外注式注浆锚杆是在普通注浆锚杆的端部增加一个锚固结构（图 4-49）。锚杆由锚固段、注浆段和封孔段组成。锚固段可采用水泥药卷、树脂药卷进行端部锚固，也可采用例楔式机械锚固。

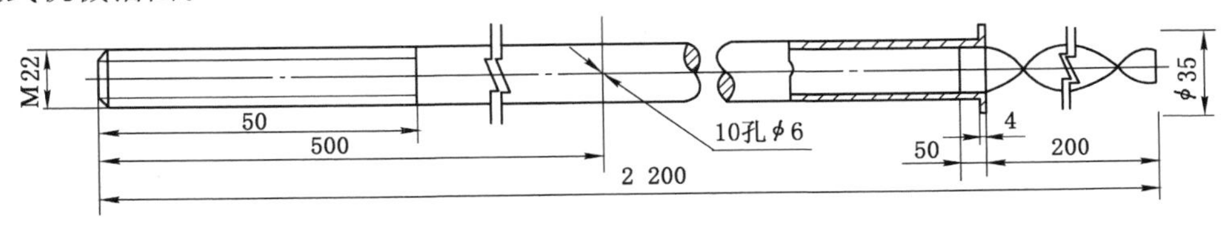

图 4-49 内锚外注式注浆锚杆结构图

在支护初期,锚杆当作普通端部锚固锚杆使用,当巷道围岩变形量达到一定数值时,再对围岩实施注浆,既能使巷道围岩得到卸压,又使注浆变得容易,达到最佳的支护效果。同时,安装锚杆与注浆分为两个工序进行,互不干扰,不影响巷道掘进速度。

(三)喷射混凝土支护

喷射混凝土支护是以压缩空气为动力,用喷射机将细骨料混凝土覆盖到需要维护的岩面上,凝结硬化后形成混凝土结构的支护方式。

1. 支护作用原理

喷射混凝土支护作用原理大体可以归纳为以下几个方面。

(1) 加固与防止风化

当在岩面上喷射混凝土(或砂浆)之后,喷层与围岩密贴成一体,形成致密、坚实的保护层,完全隔绝了围岩与空气、水的接触,有效地防止了因风化潮解而引起的围岩破坏剥落。

(2) 密填岩体整体补强作用

喷射混凝土(或砂浆)不但能及时封闭围岩,而且能有效地充填围岩表面裂隙、凹穴,将围岩黏结在一起,形成轮廓周边的连续支护,阻止围岩位移、松动,增补了围岩的强度,特别是井巷表面围岩的强度,这样能利用围岩本身的强度支护自身。

(3) 支撑危岩活石

喷射混凝土(或砂浆)具有良好的物理力学性能,尤其是抗压强度较高,因此它能支承围岩内由节理、裂隙等不连续结构面切割而形成的危岩活石。又因其凝结快、早期强度高,紧跟工作面施工,起到了及时支撑围岩的作用,可有效控制围岩的变形与破坏。

(4) 与围岩共同承载

喷射混凝土(或砂浆)的喷层与围岩密贴,在其交界面具有很高的致密度和强度,使喷层与围岩构成了整体组合结构,在矿山压力的作用下,共同变形、共同承载,形成了共同工作的力学系统,充分发挥了围岩的自承能力,提高了围岩的稳定性。

2. 喷射混凝土材料及要求

喷射混凝土是由水泥、砂子、石子、水以及速凝剂等材料组成的。为适应喷射混凝土施工工艺和支护作用等方面的特殊要求,对各种材料提出了一定的质量要求。

(1) 材料

① 水泥

喷射混凝土要求凝结快,早期强度高。一般应优先选用喷射水泥、快硬水泥,也可采用硅酸盐水泥。矿渣水泥、火山灰水泥和粉煤灰水泥不具备速凝早强特性,不宜作喷射混凝土材料。

② 砂子

喷射混凝土最好采用中砂或粗中砂混合的石英砂,采用细砂会增加水泥用量和混凝土的收缩变形,降低混凝土强度。

③ 石子

喷射混凝土可采用坚硬的河卵石或碎石。河卵石表面光滑,强度高,有利于管道输送,并能减少堵管现象;碎石表面粗糙,多棱角,虽然在喷射时容易嵌入塑性的砂浆层内而减少回弹量,但对输料管的磨损较严重,也容易堵管,影响喷射的连续性。故应尽可能采用河卵石作粗骨料。

④ 水

对水质的要求与普通混凝土相同。水不能使用污水和酸性水，要洁净，不含杂质。

⑤ 速凝剂

为了缩短混凝土的凝结时间和减少回弹量，增加喷层的塑性和黏性，缩短喷层之间施工的间隔时间，提高喷射混凝土的早期强度，及早地发挥喷层的支护作用，一般应在喷射混凝土中加入少量的速凝剂。但要严格控制速凝剂的掺入量，因掺入速凝剂后，混凝土的后期强度明显降低，掺量越多，强度损失也越大。

(2) 配合比

喷射混凝土配合比的确定，要综合考虑喷层的强度和喷射施工工艺两方面的要求。合理的配合比，应使喷层具有足够的抗拉、抗压、黏结强度以及较小的收缩变形，又要使水泥的用量少、回弹率低，以及机械故障率低。根据我国喷射混凝土的经验，井巷支护中喷射混凝土的重量配合比可参照表 4-14 选用。

表 4-14　　喷射混凝土的配合比

喷射部位	配合比	
	水泥：粗中混合砂：石子	水泥：细砂：石子
侧墙	1：(2.0～2.5)：(2.0～2.5)	1：2.0：(2.0～2.5)
顶拱	1：2.0：(1.5～2.0)	1：(1.5～2.0)：(1.5～2.0)

(四) 锚杆联合支护

随着煤矿开采技术和巷道掘进技术的不断发展，单纯的锚杆支护或喷射混土支护技术已不能完全满足巷道稳定及安全的需要，从而在锚杆支护和喷射混凝土支护的基础上形成了一系列的联合支护形式(见图 4-50)。如岩巷支护中以锚杆、金属网、喷射混凝土、钢带等组成的联合支护形式，简称为锚喷支护；煤巷支护中以锚杆、金属网、钢带或锚索等组成的联合支护形式，简称为锚网支护。目前这些技术已经在不同条件巷道支护中取得了较好的技术经济效果。

1. 锚喷支护

锚杆和喷射混凝土虽各有优点，但也都有不足之处。锚喷联合支护能使二者相互取长补短，互为补充，是一种性能更好的支护形式。锚杆与其穿过的岩体形成承载加固拱，喷射混凝土层的作用则在于封闭围岩，防止风化剥落，和围岩结合在一起，能对锚杆间的表面岩石起支护作用。

在喷射混凝土之前敷设金属网，喷后形成钢筋混凝土层，能有效地支护松散破碎的软弱岩层；在混凝土中加入钢纤维，也能显著提高喷层的整体性，改善喷层的抗拉性能；另外，为了克服喷网层整体性差和刚度低等缺陷，可采用钢带等将全断面内的锚杆连接起来后再喷浆封闭，形成复合结构。

2. 锚网支护

锚网支护是以锚杆为主要构件并辅以其他支护构件而组成的锚杆支护系统，主要用于煤巷支护，其类型主要有锚网支护、锚梁(带)网支护等。

(1) 锚网支护

联合支护：
- 锚杆＋喷射混凝土＋金属网
- 锚杆＋钢带＋金属网
- 桁架锚杆＋金属网
- 锚杆＋U形支架＋喷射混凝土＋金属网
- 锚杆＋钢筋梁＋金属网
- 锚索＋锚杆＋钢带＋金属网
- 锚杆＋钢带＋金属网＋锚索＋桁架
- 锚杆＋可缩支架＋锚索
- 锚杆＋锚注＋锚索
- 锚杆＋喷射混凝土＋金属网＋锚注
- 锚杆＋环形可缩支架
- 锚杆＋环形可缩支架＋锚索
- 锚杆＋环形可缩支架＋锚注
- 锚杆＋喷射混凝土＋网＋锚注＋环形支架

图 4-50　锚杆联合支护形式

锚网支护是将铁丝网或钢筋网、塑料网等用托盘固定在锚杆上所组成的复合支护形式。各种网主要用来维护锚杆间的围岩，防止小块松散岩石掉落，也可用作喷射混凝土的配筋。同时，被锚杆拉紧的网还能联系各锚杆起到组合支护的作用。各种网负担的松散岩石的荷载主要取决于锚杆间距大小。

网有多种形式，如图 4-51 所示。按材料划分，可分为金属网、非金属网和复合网。

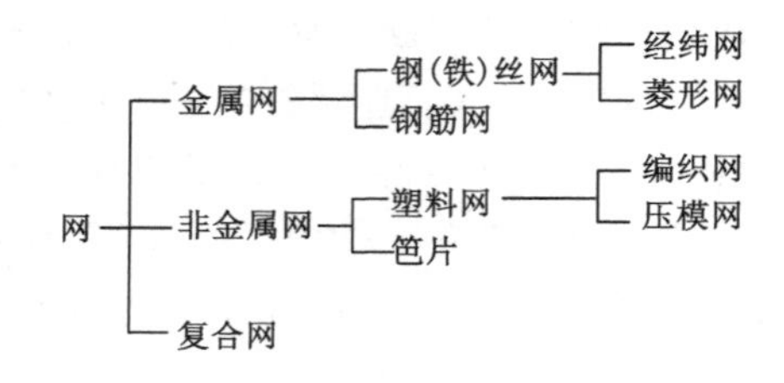

图 4-51　网的分类

金属网分铁丝网和钢筋网。铁丝网一般采用直径为 2.5～4.5 mm 的铁丝编织而成。根据网孔形状的不同，又分为经纬网和菱形网。由于菱形网具有柔性好、强度高、连接方便等优点，现在逐步代替经纬网。

钢筋网是由钢筋焊接而成的大网格金属网，钢筋直径一般为 6 mm 左右，网格在 120 mm×120 mm 左右。这种网强度和刚度都比较大，不仅能够阻止松动岩块掉落，而且可以有效增加锚杆支护的整体效果，适用于大变形、高地应力巷道。

为克服金属网钢材消耗量大、成本高等缺点，有些矿区采用塑料网。塑料网的特点是成本低、轻便、抗腐蚀等。塑料网分编织网和压模网。编织网强度和刚度低，整体性差受力后变形大，围岩易鼓出；塑料压模网整体性好，强度和刚度明显增大，护表能力显著提高。

复合网将钢丝与塑料采用一定的工艺复合在一起，整体性、强度和刚度进一步增大，控制围岩变形的能力强。

（2）锚带网支护

锚带网支护是由锚杆、钢带及金属网等组成的。其中钢带是锚带网支护系统的关键部件，它将单根锚杆连接起来，组成一个整体承载结构，以提高锚杆支护的整体效果。钢带根据断面形状和材料的不同，分为平钢带、W 钢带、M 钢带等形式。

平钢带由一定厚度和宽度的钢板制成，截面形状为矩形，一般适合于顶板压力较小的情况。W 型钢带是利用带钢经多组轧辊连续进行冷弯、辊压成形的型钢产品，是一种性能比较优越的锚杆组合构件。M 型钢带有专用托盘与之配套，可使钢带、托盘、锚杆三者之间成为一个更加统一的整体。

（3）锚杆桁架支护

锚杆桁架是由在巷道肩窝处顶板上沿 45°～60°方向安装钢丝绳、钢筋或钢绞线锚杆，并用拉紧装置将锚杆的外露部分连接起来再背上木楔而形成的锚杆桁架结构。

（五）其他形式联合支护

为了适应各种困难的地质条件，特别在软岩工程中，为使支护方式更为合理，或因施工工艺的需要，往往同时采用几种支护形式的联合支护，如锚喷（索）与 U 形钢支架、锚喷与大弧板或与石材砌碹、U 形钢支架与砌碹等联合支护。

顶板在破碎或顶板自稳时间较短的地层中，由于锚喷支护作用较为及时，在揭开岩石后立即施以先喷后锚支护，然后在顶板受控制的条件下，再按设计施以锚注、U 形钢或大弧板等支护。也有的先施以 U 形钢支架，然后再立模浇灌或喷射混凝土，构成联合支护。

联合支护应先施柔性支护，待围岩收敛变形程度每日小于 1.0 mm 后，再施以刚性支护，以避免先用刚性支护由于围岩变形量过大而破坏。

任务实施

本任务通过对巷道支护材料与类型的阐述，结合现场实习实训、分组讨论等，完成学生对巷道支护主要内容的理解和掌握。

思考与练习

1. 简述巷道支护材料、性能特点和用途。
2. 简述金属支架的形式、结构特点和用途。
3. 简述锚杆的类型，各类型结构、特点及用途。
4. 简述喷射混凝土支护的特点及对材料的要求。
5. 简述锚杆联合支护的形式、特点及适用条件。

任务六　巷道掘进的技术安全措施

知识要点

采区巷道掘进的技术安全措施。

技能目标

能编制采区巷道的施工技术安全措施。

任务导入

巷道掘进技术直接影响开采工作的正常进行，进行巷道掘进必须掌握巷道掘进技术安全措施，在保证巷道掘进工作人员的人身安全前提下才能顺利进行开采活动。

任务分析

通过本任务掌握采区巷道施工的技术安全措施的主要内容和编制方法。

相关知识

一、搞清地质情况

采区巷道是直接为采区回采服务的，多数巷道沿着煤层掘进，如遇到地质变化就应该按照生产的要求适当调整巷道的位置、方向和坡度。为此，必须尽量搞清地质情况。每条巷道施工前应根据邻近已掘的巷道和钻孔资料绘制预想的地质剖面图，用以指导巷道的掘进方向并累积实测地质资料。

二、采区中间巷道的掘进

条件允许，可待上山全部或部分掘完后再进行施工，这样可以详细探明采区内的地质情况。如有断层，可根据其位置来修改采区中间巷道的位置，避免采区布置不合理。

三、准备采区

在采区内构成通风系统以后，才许可开掘其他巷道。以往从通风及安全作业条件出发，煤巷都用双巷掘进，这就增加了许多生产上无用的工程，目前我国通风设备及技术管理水平已大有改进，凡条件适合的巷道均应推广单巷掘进。但必须严格遵守《煤矿安全规程》的有关规定。

四、预防煤和瓦斯突出及爆炸事故

由于采区巷道多在煤层和接近煤层的岩层中掘进，工作面往往有瓦斯或煤尘。因此施工中应特别注意安全，要严格遵守爆破制度，采取有效措施预防煤和瓦斯突出及爆炸事故。

五、注意防水

采区巷道施工要特别注意防止水患，对于可能有透水危险的地段，应严格按照《煤矿安全规程》的有关规定，采取必要的探、放水措施。

六、加强设备维修

采区巷道施工中，要加强机电设备的维护工作，确保一切机电设备正常运转，确保施工人员人身安全。

七、注意防止跑车事故

由上向下掘进斜巷时，应切实做好防止跑车事故的发生，对各种阻车、挡车安全装置，应做到认真检查，安全可靠。

八、加强贯通测量

两巷对头贯通掘进时，要加强测量工作，确保按设计要求贯通。当两个工作面相距一定距离(综合机械化掘进巷道 50 m、其他巷道 20 m)时，必须停止一个工作面的掘进工作，只能由一个掘进工作面进行贯通。

九、准确计算采区接替时间

新建矿井的采区巷道完工期限，要与矿井建设总工期密切配合；生产矿井采区巷道的准备工作，应根据本矿实际情况，准确计算采区接替时间，并留有适当富裕，但应避免过早完工，巷道闲置时间过久，增加维护工作量费与维护用。

任务实施

通过对巷道掘进技术安全措施的学习、现场实践，并通过编制采区巷道施工方案，掌握安全措施主要内容。

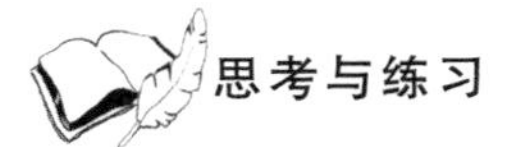

思考与练习

1. 分组讨论、描述巷道施工技术安全措施。
2. 通过实例编制具体巷道的施工技术安全措施。

项目五　长壁开采采煤工艺

目前，我国长壁工作面主要采煤工艺有爆破采煤工艺、普通机械化采煤工艺和综合机械化采煤工艺三种。

任务一　爆破采煤工艺

知识要点

爆破作业参数及要求；装煤与运煤方式；工作面单体支架布置；采空区处理方法。

技能目标

掌握爆破作业操作过程及安全措施；掌握单体支架的架设方法及要求；熟悉全部垮落法处理采空区的方法。

任务导入

赋存在地下的煤炭在较大范围内呈层状分布，对于煤炭的开采，如何将完整的煤体进行破碎？如何将破碎的煤炭运出？煤炭采出后暴露的空间如何进行有效的支护？这些工作进行是否合理会直接影响到安全生产与回采效率，本任务将针对炮采工作面各生产工序进行介绍。

任务分析

采煤工作面的生产工序包括落煤(破煤)、装煤、运煤、支护和采空区处理。爆破落煤，由打眼、装药、填炮泥、连炮线、爆破等工序组成。炮眼的布置要根据煤层厚度、硬度、节理裂隙状况及顶板条件确定。装煤主要依靠人工将崩落的煤块装入刮板输送机运出工作面。煤炭采出后，煤层顶板暴露，必须及时进行支护，炮采工作面多使用单体液压支柱配合金属铰接顶梁来支护顶板。随着工作面不断向前推进，除及时对工作面进行支护外，还必须对采空区顶板进行处理。这些工序的合理展开，是炮采工作面安全有序生产的重要保证。

相关知识

爆破采煤工艺，简称“炮采”，其特点是爆破落煤，爆破及人工(或辅助机械)装煤，机械化运煤，单体支柱支护作业空间顶板。其主要工艺过程包括电钻打眼、爆破落煤和运煤、人工装煤，可弯曲刮板输送机运煤，推移输送机，人工支护，回柱放顶等工序。

爆破采煤工艺在我国一些地质条件复杂不适合采用机械化采煤的矿井或机械化程度低的小型矿井应用较多。

一、爆破落煤

钻眼爆破是炮采工艺中最初的工序，钻眼的质量、爆破的效果会直接影响后序工序和安全生产。因此，既要保证爆破后工作面平直，保证规定进度，不留顶煤和底煤，不破坏顶板，不崩倒支柱，不崩翻工作面输送机，还要使崩落的煤块均匀，不崩向采空区，并尽量降低雷管和炸药消耗。因此，要根据煤层的硬度、厚度、节理和裂隙发育状况及顶板条件，正确确定炮眼布置参数与爆破参数。

（一）炮眼布置参数

1. 炮眼排列方式

一般常用的炮眼布置有以下三种：

（1）单排眼布置，如图 5-1(a)所示，一般适用于薄煤层或煤质软、节理裂隙发育的煤层。

（2）双排眼布置，如图 5-1(b)(c)(d)所示，其布置形式有对眼、三花眼和三角眼，一般适用于采高较小的中厚煤层，煤质中硬时可用对眼，煤质软时可用三花眼，煤层上部煤质软或顶板较碎时可用三角眼。

（3）三排眼布置，如图 5-1(e)所示，也称为五花眼，用于煤质坚硬或采高较大的中厚煤层。

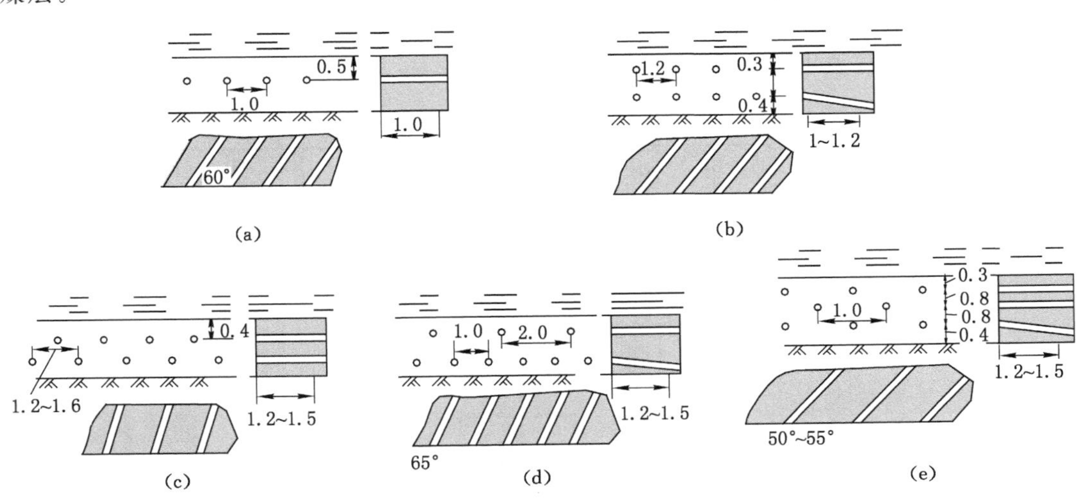

图 5-1　炮眼布置图

(a) 单排；(b) 对眼；(c) 三花眼；(d) 三角眼；(e) 五花眼

2. 炮眼角度

炮眼与煤层层面和垂直面上应有一定的角度：① 炮眼与煤壁的水平夹角一般为 50°～80°，煤质软时取大值，煤质硬时取小值。为了不崩倒支架，应使水平方向的最小抵抗线朝向两柱之间的空档。② 顶眼在垂直面上向顶板方向仰起 5°～10°，视煤质软硬和煤层粘顶情况而定，应在保证顶板完整的情况下，尽量将顶煤爆落。③ 底眼在垂直面上应向底板保持 10°～20°之间的俯角，眼底要接近底板，要避免留底煤和崩翻输送机。

3. 炮眼间距

相邻炮眼之间的间距，一般介于0.8～1.2 m之间，煤质软时取大值，反之取小值。

4. 炮眼深度

炮采工作面一般采用单体液压支柱配合金属铰接顶梁支护，铰接顶梁的长度一般为0.8 m、1.0 m、1.2 m，炮眼深度应与铰接顶梁长度相匹配，否则暴露的顶板无法及时支护。

（二）爆破参数

1. 炮眼装药量

炮眼的装药量，应根据煤质软硬、炮眼位置和深度及爆破次序等因素确定，也可根据吨煤炸药消耗定额计算。在生产中一般通过经验取值。由于底煤难以爆破，一般适当加大底眼的装药量，为150～600 g，顶眼、腰眼可酌情减少，顶眼、腰眼、底眼装药量之比可取0.75∶0.5∶1。

2. 一次起爆炮眼数量

爆破采用串联法连线。每次起爆的炮眼数目，应根据顶板稳定性、输送机启动及输送能力、工作面安全情况而定。条件好时，可同时起爆数十个眼；条件较差、顶板不稳定，每次只能爆破几个炮眼，甚至采用留煤垛间隔爆破的方法。

二、装煤与运煤

1. 爆破装煤

如图5-2所示，爆破前刮板输送机在悬臂支架掩护下推向煤壁，爆破后一部分落入刮板输送机内，爆破装煤率可达30%左右。

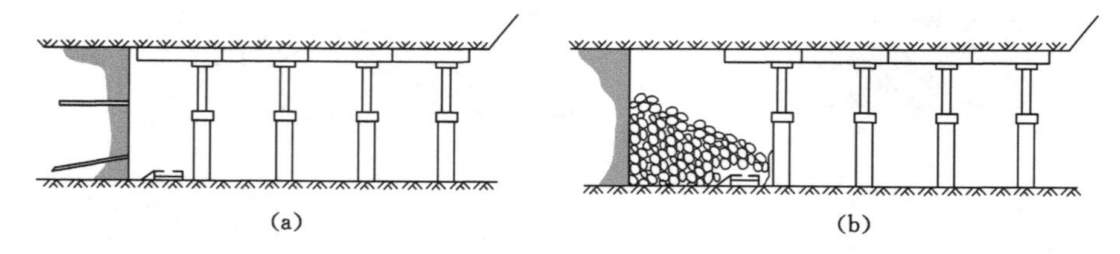

图5-2 爆破装煤示意图

(a) 爆破前；(b) 爆破后

2. 人工装煤

爆破后，对于崩落在输送机与新煤壁之间松散煤安息角以下或输送机后部采空区侧的煤块，需要工人用铁锹铲入刮板输送机。这部分工序是炮采工作面各工序的薄弱环节。

3. 机械装煤

为减轻工人劳动强度，提高装煤效率，我国部分矿井使用了多种装煤机械。下面以北宿煤矿炮采工作面介绍机械装煤作业布置，如图5-3所示。其布置特点是：在输送机的煤壁侧装上铲煤板6，在输送机的采空侧装上挡煤板4。挡煤板4靠其底座5上的支撑杆7支撑，通过操纵手柄可使支撑杆7带动挡煤板竖起或向采空侧放倒。工作面装备SGD型双伸缩切顶墩柱1，切顶墩柱通过大推力千斤顶3实现自行前移，并可在推移输送机时铲装煤。打眼和装药时将挡煤板放倒，爆破时挡煤板立起，防止煤被崩入采空侧，这样可使60%以上的煤自行装入输送机，余下的煤在大力千斤顶3的推动下被铲煤板铲入输送机。

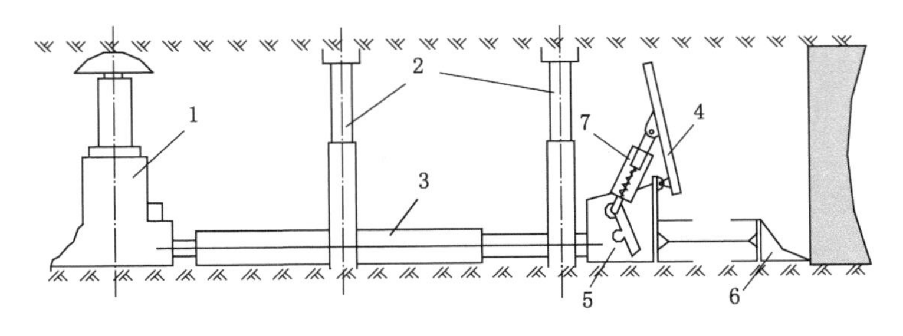

图 5-3　北宿矿炮采面机械装煤作业布置图

1——SQD 双伸缩切顶墩柱；2——单体液压支柱；3——千斤顶；4——挡煤板；

5——挡煤板底座；6——铲煤板；7——支撑杆

4. 运煤及推移刮板输送机

炮采工作面运煤方式的选择与煤层倾角有关，煤层倾角 30°的工作面可采用溜槽自溜运输；倾角小于 30°时多采用可弯曲刮板输送机。输送机推移器多为液压式推移千斤顶[图 5-4(a)]，工作面内每隔 6 m 设一台千斤顶，输送机机头、机尾各设 3 台千斤顶。一些装备程度较低的工作面，可使用电钻改装的推移器[图 5-4(b)]。推移输送机时应从工作面的一端向另一端推移，不得相向推移，防止机槽拱起损坏设备。

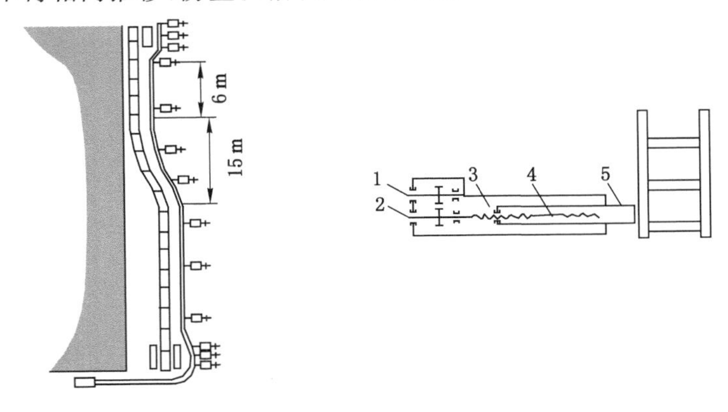

图 5-4　炮采工作面推移输送机示意图

(a) 液压千斤顶推移输送机；(b) 电钻改装的推移器

1,2——轴；3——螺母；4——丝杠；5——套筒

三、炮采工作面支护和采空区处理

(一) 工作面支护

我国炮采工作面多采用单体液压支柱与铰接顶梁组成悬臂支架支护顶板。按悬臂顶梁与支护的关系，可分为正悬臂与倒悬臂两种形式，如图 5-5 所示。正悬臂支架悬臂利于机道上方顶板支护，采空侧顶梁不易折断，倒悬臂支架则相反。

为行人和作业的方便，支柱在平行于工作面方向一般排成直线，称为直线柱。炮采工作面支架布置方式多使用正悬臂齐梁直线柱布置方式，如图 5-6 所示。

当工作面顶板坚硬完整时，可使用单体液压支柱和柱帽组成的戴帽点柱形式进行支护(如图 5-7 所示)。

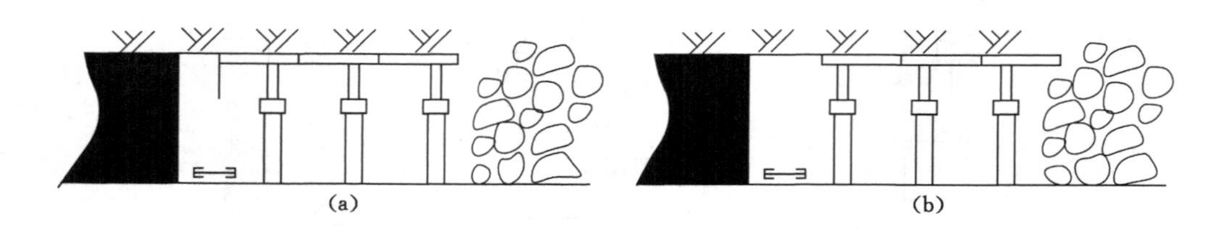

图 5-5　单体支柱正悬臂和倒悬臂支护示意图

(a) 正悬臂布置；(b) 倒悬臂布置

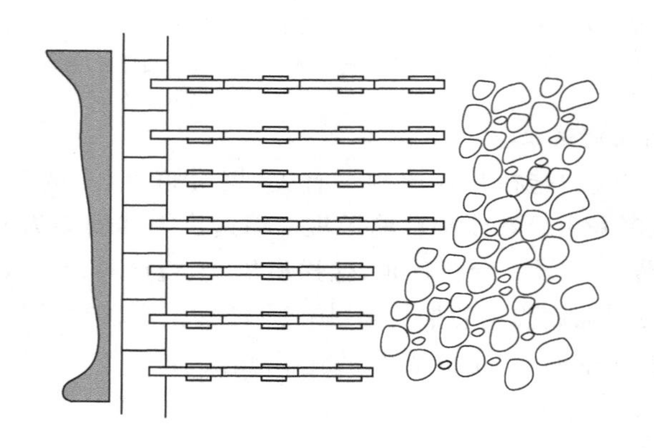

图 5-6　正悬臂齐梁直线柱布置

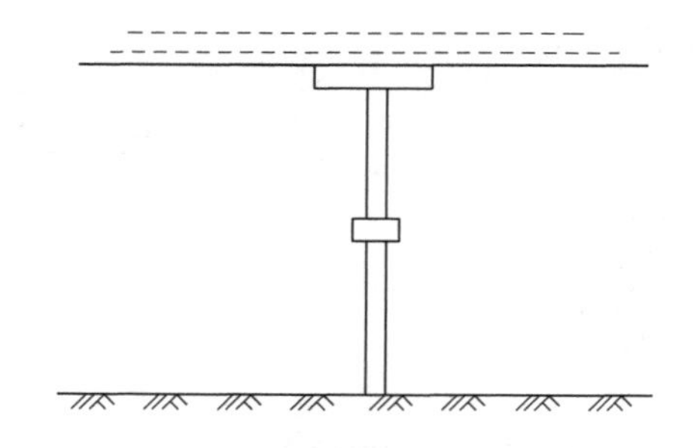

图 5-7　戴帽点柱支护示意图

为了保证足够的工作空间，工作面至少应有 3 排支柱，即应布置机道、人行道和材料道。工作面最大支护空间不应超过 4 排或 5 排支柱。通常推进一排或两排柱放一次顶，称为三四排控顶或三五排控顶。使采空区顶板有计划地自行垮落或强迫垮落的过程称为放顶；撤除放顶区的支柱称为回柱；工作面沿走向一次放顶的宽度称为放顶步距；放顶前采煤工作面沿走向的最大宽度称为最大控顶距；放顶后采煤工作面沿走向的宽度称为最小控顶距，如图 5-8 所示。

在有周期来压的工作面中，当工作空间达到最大控顶距时，为了加强对放顶线处的支撑，回柱之前常在放顶线处另外架设一些支架，称为工作面的特种支架。特种支架的形式有多种，如丛柱、密集支柱、木垛、斜撑支架，以及切顶墩柱等，如图 5-9 所示。

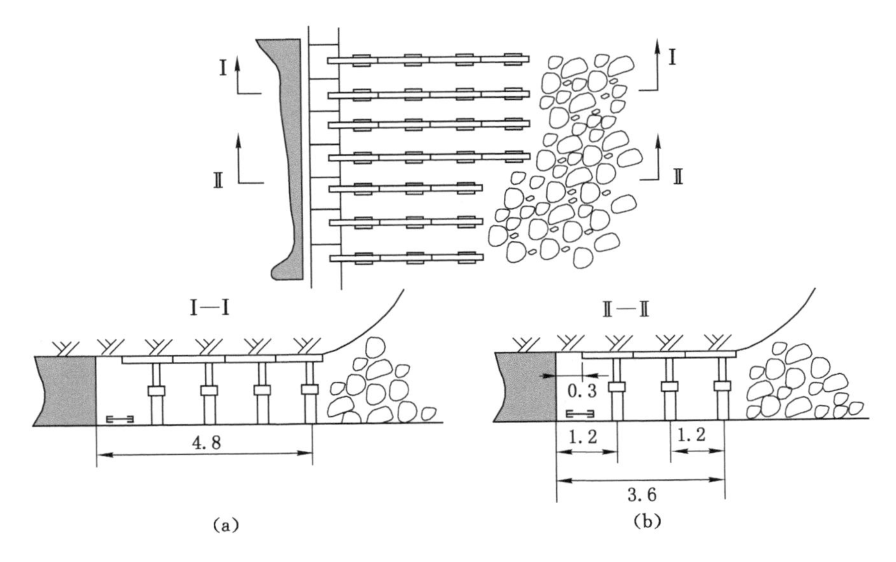

图 5-8　最大最小控顶距示意图

(a) 最大控顶距；(b) 最小控顶距

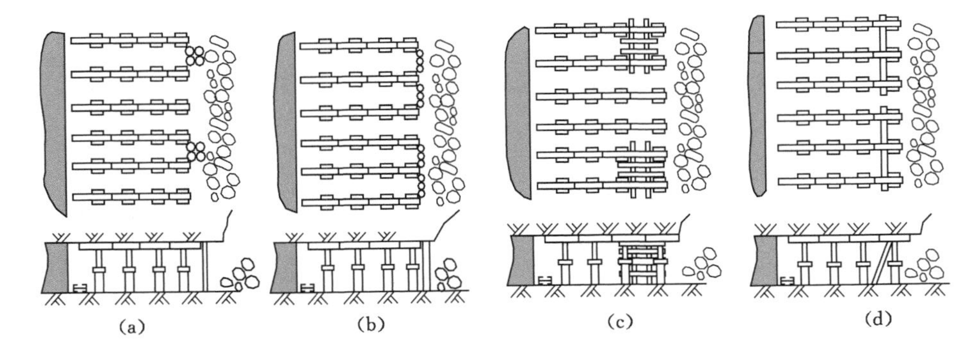

图 5-9　炮采工作面各形式特殊支架

(a) 丛柱；(b) 密集支柱；(c) 木垛；(d) 斜撑支架

（二）采空区处理

随着采煤工作面不断向前推进，顶板悬露面积越来越大，为了工作面的安全和正常工作，需要及时对采空区进行处理。由于顶板特征、煤层厚度和保护地表的特殊要求等条件不同，采空区有多种处理方法，最常用的是全部垮落法。

全部垮落法，通常适用于直接顶易于垮落或具有中等稳定性的顶板。其方法是，当工作面从开切眼推进一定距离后，主动撤除采煤工作空间以外的支架，使直接顶自然垮落，以保持工作面最小的悬顶面积，减轻顶板压力，垮落的松散岩石充填采空区后，又能支撑采空区内裂缝带岩层，减弱了上覆岩层对采煤工作空间的影响。以后随着工作面推进，每隔一定距离就按预定计划回柱放顶。

采用全部垮落法处理采空区简单可靠、费用少，但这种方法对上覆岩层及地表会有影响。当地表有水体或建筑物时不允许使用。

(1) 根据工作面开采条件，选择工作面炮眼参数；选择工作面运输设备、装煤方式；确定工作面支护形式及参数。

(2) 画出采煤工作面炮眼布置图和最大、最小控顶距断面图。

(3) 实地参观炮采工作面，熟悉炮采工作面工艺过程。

1. 陈述名词概念：炮采工作面、正悬臂、倒悬臂、最大控顶距、最小控顶距。
2. 简述单体支柱支护特点及支架支护方式
3. 简述炮采工作面工艺过程、炮眼布置主要参数。
4. 简述炮采工作面特殊支架形式及架设方法。

任务二　普通机械化采煤工艺

普采工作面主要设备；普采工作面工艺流程；采煤机进刀方式。

熟悉普采工作面主要设备及配套；能根据煤层赋存条件选择合理的进刀方式；熟悉采煤机操作过程；能进行工作面支护方式选择。

由于炮采工作面机械化程度低，工人劳动强度大，产量和生产效率低，安全条件较差等原因，爆破采煤工艺在我国绝大多数矿井已经被淘汰，单体支架工作面逐渐采用普通机械化落煤。本任务主要介绍机械落煤的普采工作面设备及工艺流程。

普采工作面主要工艺过程中，破煤和装煤由采煤机来完成，运煤、工作面支护和采空区处理方法和炮采工作面基本相同。重要的是普采工作面设备选型，确定采煤机运行方式，工作面支护方式，采煤工作面工程质量与安全管理措施等内容。

普通机械化采煤工艺，简称普采，其特点是采煤机落煤（爆破辅助开缺口），机械装煤、运煤，单体支柱支护作业空间顶板。其主要工艺过程包括采煤机割顶煤、挂梁、割底煤、推移刮板输送机、立柱支护、回柱放顶等工序。

普采工作面机械化程度较炮采工作面有所提高，但产量和生产效率仍然偏低，顶板支护条件也较差，但具有投资少，对地质条件适应性较强等优点，对于推进距离短、形状不规则、小断层和褶曲较发育的工作面，采用普采可取得较好效果。

一、普通机械化采煤工艺实例

图 5-10 所示为某矿单滚筒采煤机普采工作面布置，工作面长度为 140 m，煤层厚度 2.1 m，煤层倾角 6°～8°，煤层普氏系数 $f=1.5$，顶板中等稳定，采用全部垮落法处理采空区。工作面采用设备如表 5-1 所示。

表 5-1　　某矿普采工作面主要设备

序号	设备名称	型号	数量
1	采煤机	MDY-150	1
2	输送机	SGB-630/150	1
3	乳化液泵	XRB-2B	1
4	输送机移置器	YQ-1000C/1000	25
5	煤电钻	MZ-1.2	2
6	水泵	PB-120/45	1
7	绞车	JD-11.4	2
8	支柱	DZ-22	1 000
9	铰接顶梁	HDJA-1000	1 000

每班开始时，工人通过钻眼爆破的方式在工作面两端预开切口，下切口长度为 3～5 m，上切口长度一般为 8～10 m。

切口完成后，MDY-150 型采煤机自工作面下切口开始割煤，滚筒截深为 1 m，滚筒直径为 1.25 m。采煤机向上运行时升起摇臂，滚筒沿顶板割煤，并利用滚筒螺旋及弧形挡煤板装煤。工人随机挂梁，托住刚暴露的顶板，梁距 0.6 m，如图 5-10 所示。

采煤机运行至工作面上切口后，翻转弧形挡煤板，将摇臂降下，开始自上而下运行，滚筒割底煤并装余煤。采煤机下行时负荷较小，牵引速度较快。滞后采煤机 10～15 m，依次开动千斤顶推移输送机，与此同时，输送机槽上的铲煤板清理机道上的浮煤。推移完输送机后，开始支设单体液压支柱。支柱间的柱距，即支柱与支柱沿煤壁方向的距离为 0.6 m；排距，即支柱与支柱垂直于煤壁方向的距离，等于滚筒截深(1.0 m)。

当采煤机割底煤至工作面下切口时，支设好下端头处的支架，移直输送机，使采煤机滚筒进入新的位置，以便重新割煤。

采煤机完整地割完一刀煤，并且相应完成推移输送机、支架和进刀工序后，工作面由原来的 3 排柱控顶变为 4 排柱控顶。为了有效控制顶板，要回掉 1 排柱，让采空区顶板自行垮落，重新恢复工作面 3 排柱控顶，同时检修有关设备。

割煤和回柱期间，乳化液泵站始终向工作面供液，以保证推移输送机和液压支柱工作正常进行。

普采面这一采煤工艺全过程称为一个循环。该实例完成一个循环为 8 h。

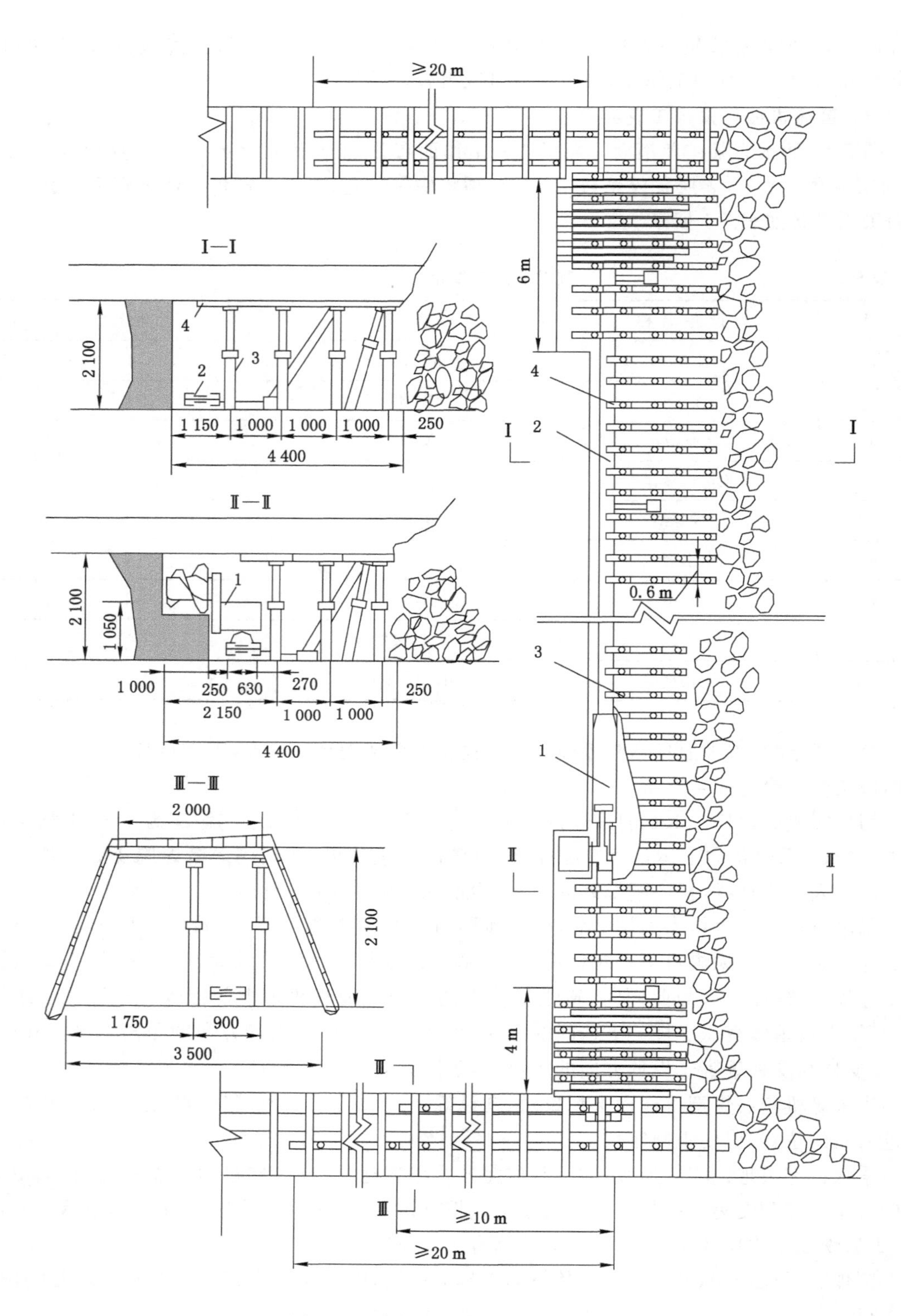

图 5-10　单滚筒采煤机普采面布置图

二、采煤机工作方式

(一) 滚筒位置和旋转方向

普采工作面单滚筒采煤机的滚筒一般位于机体朝向工作面下端头一侧。这样可缩短工作面下切口的长度,使煤流尽量不通过机体下方,有利于工作面技术管理。

滚筒的旋转方向对采煤机运行中的稳定性、装煤效果、煤尘产生量及安全生产影响很大。单滚筒采煤机的滚筒旋转方向与工作面方向有关。当我们面向回风平巷站在工作面时,若煤壁在右手方向,则为右工作面;反之为左工作面。右工作面的单滚筒采煤机应安装左螺旋滚筒,割煤时滚筒逆时针旋转;左工作面安装右螺旋滚筒,割煤时顺时针旋转。这样的滚筒旋转方向,有利于采煤机稳定运行。当采煤机上行割顶煤时,其滚筒截齿自上而下运行,煤体对截齿的反力是向上的,但因滚筒的上方是顶板,无自由面,故煤体反力不会引起机器振动。当机器下行割底煤时,煤体反力向下,也不会引起振动,并且下行时负荷小,也不容易产生"啃底"现象。这样的转向还有利于装煤,产生煤尘少,煤块不抛向司机位置。

(二) 采煤机割煤方式

普采工作面的生产是以采煤机为中心的。采煤机割煤以及与其他工序的合理配合,称为采煤机割煤方式。采煤机割煤方式选择是否合理,直接关系到工作面产量和效率的提高。

1. 双向割煤、往返一刀

采煤机沿工作面倾斜由下而上割顶煤,随机挂梁,到工作面上端后,采煤机翻转弧形挡煤板,下放滚筒由上而下割底煤,清理浮煤,机后 10～15 m 推移输送机,支单体支柱,直至下部切口。采煤机往返一次,煤壁推进一个截深,挂一排顶梁,打一排支柱。

一般中厚煤层单滚筒采煤机普采工作面采用由下向上割顶煤方式,当煤层倾角较大时,为了补偿输送机下滑量,推移输送机必须从工作面下端开始,为此可采用下行割顶煤、随机挂梁,上行割底煤、清浮煤、推移输送机和支柱的工艺顺序,如图 5-11 所示。

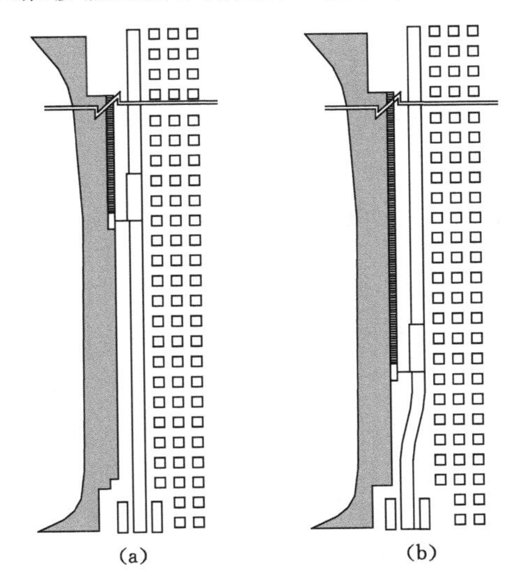

图 5-11 下行割顶煤、上行割底煤

(a) 采煤机下行割顶煤、随机挂梁;(b) 采煤机上行割底煤、清浮煤、推移输送机和支柱

双向割煤、往返一刀割煤方式适应性强,在煤层粘顶、厚度变化较大的工作面均可采用,

无须人工清浮煤。但割顶煤时无立柱控顶(即只挂上顶梁而无立柱支撑)时间长,不利于控顶;实行分段作业时,工人的工作量不均衡,工时不能充分利用。

2. “∞”字形割煤、往返一刀

“∞”字形割煤、往返一刀是将工作面分为两段,中部斜切进刀,采煤机在上半段割煤时,下半段推移输送机;采煤机在下半段割煤时,上半段推移输送机(也称半工作面采煤方式),如图 5-12 所示。其特点是在工作面中部输送机设弯曲段,其过程为:在图 5-12(a)状态采煤机从工作面中部向上牵引,滚筒逐步升高,其割煤轨迹为 A-B-C;在图 5-12(b)状态采煤机割至上平巷后,滚筒割煤轨迹改为 C-D-E-A,同时全工作面输送机移直;在图 5-12(c)状态滚筒割煤轨迹为 A-E-B-F,工作面上端开始移输送机;在图 5-12(d)状态滚筒割煤轨迹为 F-G-A,全工作面煤壁割直,而输送机机槽在工作面中部出现弯曲段,回复到图 5-12(a)状态。

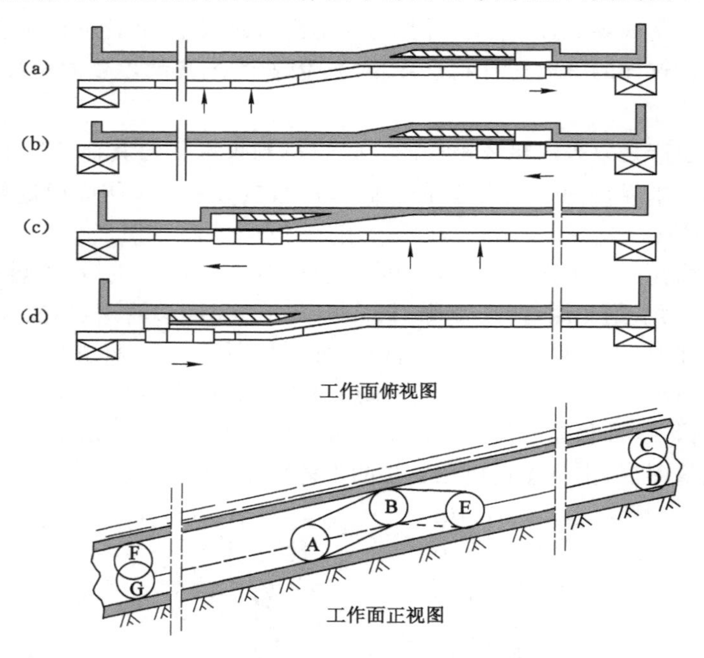

图 5-12　单滚筒采煤机“∞”字形割煤方式

这种割煤方式可以克服工作面一端无立柱控顶时间过长、工人的工作量不均衡等缺点,并且割煤过程中采煤机自行进刀,无须另外安排进刀时间,在中厚煤层单滚筒采煤机普采工作面中常采用。

3. 单向割煤、往返一刀

单向割煤、往返一刀割煤方式其工艺过程为:采煤机自工作面下(或上)切口向上(或下)沿底割煤,随机清理顶煤、挂梁,必要时可打临时支柱。采煤机割至上(或下)切口后,翻转弧形挡煤板,快速下(或上)行装煤及清理机道丢失的底煤,并随机推移输送机、支设单体支柱,直至工作面下(或上)切口。这种割煤方式适用于采高 1.5 m 以下的较薄煤层、滚筒直径接近采高、顶板较稳定、煤层粘顶性强、割煤后顶煤不能及时垮落等条件。

4. 双向割煤、往返两刀

双向割煤、往返两刀割煤方式又称穿梭割煤。首先采煤机自下切口沿底上行割煤,随机挂梁和推移输送机，并同时铲装浮煤、支柱，待采煤机割至上切口后，翻转弧形挡煤板，下行重复同样工艺过程。当煤层厚度大于滚筒直径时，挂梁前要处理顶煤。该方式主要用于煤层较薄并且煤层厚度和滚筒直径相近的普采工作面。

普采工作面使用双滚筒采煤机时，一般也采用双向割煤、往返两刀的割煤方式，这种割煤方式也是综采工作面采煤机常用的割煤方式。

（三）单滚筒采煤机的进刀方式

滚筒采煤机每割一刀煤之前，必须使其滚筒进入煤体，这一过程称为进刀。滚筒采煤机以输送机机槽为轨道，沿工作面运行割煤，只有与推移输送机工序相结合才能完成进刀。因此，进刀方式的实质是采煤机运行与推移输送机的配合关系。单滚筒采煤机的进刀方式主要有直接推入和斜切进刀两种。

1. 推入式进刀方式

当采用单滚筒采煤机时，采煤机的滚筒不能直接截割到工作面的两端煤壁，为了使输送机头、机尾和采煤机滚筒进入新的位置，往往采用预先开缺口的办法，如图 5-13 所示，在采煤机进入预先开的缺口后，直接推进输送机机头（机尾）和采煤机靠近煤壁，实现采煤机的进刀。

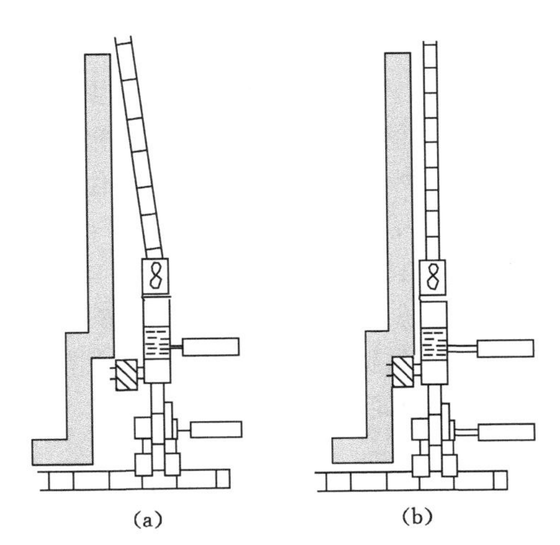

图 5-13　直接推入法进刀方式

(a) 推入切口前；(b) 推入切口后

2. 斜切式进刀方式

常用的斜切进刀方式主要有以下几种。

(1) 割三角煤进刀

以采煤机上行割顶煤、下行割底煤的割煤方式为例说明，斜切进刀割三角煤进刀的具体过程（图 5-14）为：在(a)状态采煤机割底煤至工作面下端部；由(b)状态采煤机反向沿输送机弯曲段运行，直至完全进入输送机直线段，当其滚筒沿顶板斜切进入煤壁达到规定截深时便停止运行；从(c)状态推移输送机机头及弯曲段，使其成一直线；至(d)状态采煤机反向沿顶板割三角煤直至工作面下端部；到(e)状态采煤机进刀完毕，上行正式割煤，开始时滚筒沿底板割煤，割至斜切终点位置时，改为滚筒沿顶板割煤。这种进刀方式有利于工作面端头管理，输送机保持成一条直线，但比较费时，采煤机要在工作面端部 20～25 m 行程内往返一次，并要等待移机头和重新支护端头支架。

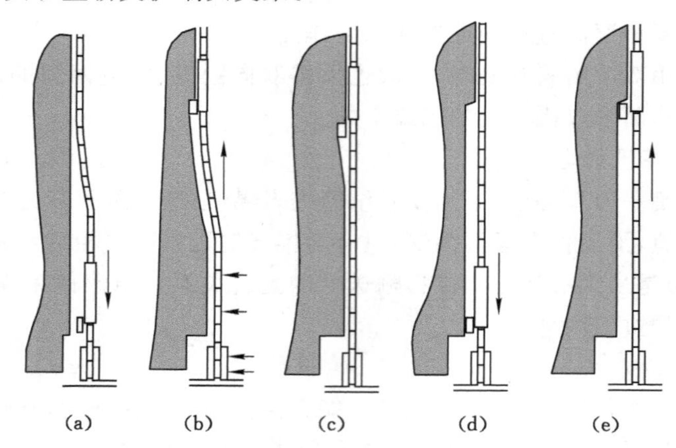

图 5-14　割三角煤进刀

(a) 割至下端部；(b) 上行斜切；(c) 移直输送机；(d) 下行沿顶割三角煤；(e) 上行正式割煤

(2) 留三角煤进刀

留三角煤进刀的过程(如图 5-15)为：在(a)状态采煤机割煤至工作面下端头后，反向上行沿输送机弯曲段割三角底煤(上刀留下的)，割至输送机直线段时改为割顶煤直至工作面上切口；到(b)状态推移机头和弯曲段，将输送机移直，在工作面下端部留下三角煤；至(c)状态采煤机下行割底煤至三角煤处改为割顶煤直至工作面下端部；再到(d)状态随机自上而下推移输送机至工作面下端部三角煤处，完成进刀全过程。这种进刀方式与割三角煤方式相比，采煤机无须在工作面端部往返斜切，进刀过程简单，移机头和端头支护与进刀互不干扰。但由于工作面端部煤壁不直，不易保障工程规格质量。普采面双滚筒采煤机的进刀方式与综采面双滚筒采煤机进刀方式相同。

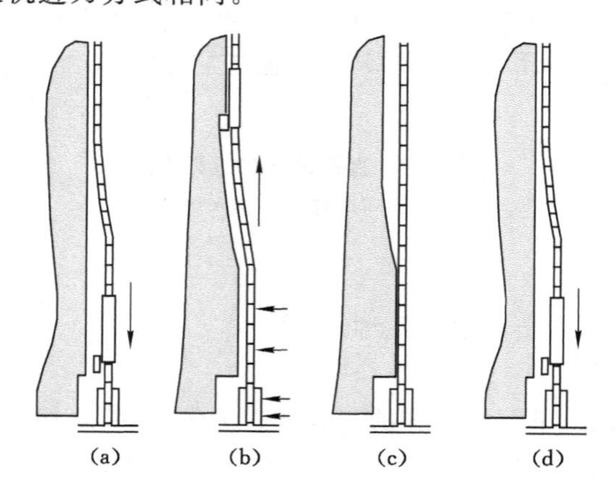

图 5-15　留三角煤进刀

(a) 进刀初始状态；(b) 上行割煤；(c) 移直输送机；(d) 下行割煤，随机移输送机

斜切进刀多在机采工作面两个端头进行，特殊情况下也可在工作面中部进行，如前述

“∞”字形割煤(图 5-12)。

(四) 滚筒采煤机装煤方式

滚筒采煤机主要采用滚筒上的螺旋叶片和弧形挡煤板进行装煤。其原理是滚筒上的螺旋叶片有一定的升角，当滚筒旋转割煤时，螺旋叶片就将割下的煤由工作面煤壁装入刮板输送机溜槽内；弧形挡煤板起辅助装煤作用。在采煤机的滚筒直径与采高相匹配，采煤机牵引速度、滚筒转速及螺旋叶片升角相匹配的条件下，不用弧形挡煤板也能很好地装煤。

刮板输送机内侧靠近煤壁的少量余煤可通过推移刮板输送机，利用刮板输送机煤壁侧安装的铲煤板进行装煤。普采工作面实现了机械化装煤。

三、普采工作面支护

1. 工作面支架的布置方式

工作面支架的布置方式一般采用悬臂支架。悬臂支架按布置方式有齐梁式支护(如图 5-16 所示)和错梁式支护(如图 5-17 所示)两种。

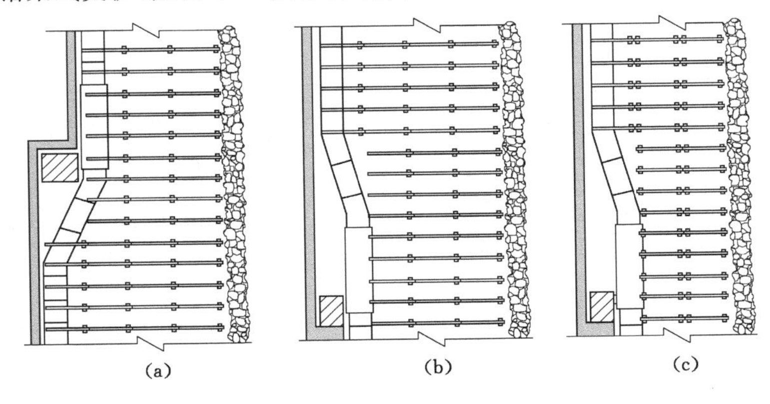

图 5-16　齐梁式布置

(a) 截深等于梁长；(b) 截深为梁长的一半，一梁一柱；(c) 截深为梁长的一半，一梁二柱

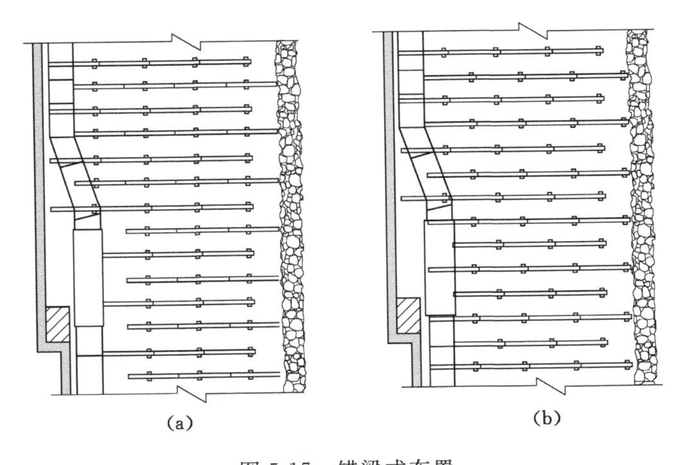

图 5-17　错梁式布置

(a) 错梁直线柱布置；(b) 错梁错柱布置

错梁式支护布置方式是采煤工作面顶板比较破碎时采用的一种支护方式。错梁式支护

是相邻支架的顶梁相错半排，每进一刀隔一架棚挂一根梁，顶梁交错向前。这样可使每刀悬露的顶板面积减小，且能及时支护悬露的顶板，每次挂梁数少，故可提高追机速度。

2. 工作面端头支护方式

工作面上下端头是工作面和平巷的交会处，此处控顶面积大，设备人员集中，又是人员、设备和材料出入工作面的交通口。

工作面端头支护形式有：用 4～5 对长梁加单体支柱组成的迈步走向抬棚支护，如图 5-18(a)所示；用基本支架加走向迈步抬棚支护，如图 5-18(b)所示。除机头、机尾处支护外，在工作面端部可用连体铰接顶梁配单体支柱支护，如图 5-19 所示。连体铰接顶梁配单体支柱是工作面上、下端头的专用支架形式，其可使上下出口的支护形成一个牢固的网状整体，适用于各类顶板，尤其适用于煤层地质构造复杂，顶板破碎，工作面上、下出口支护比较困难的条件。

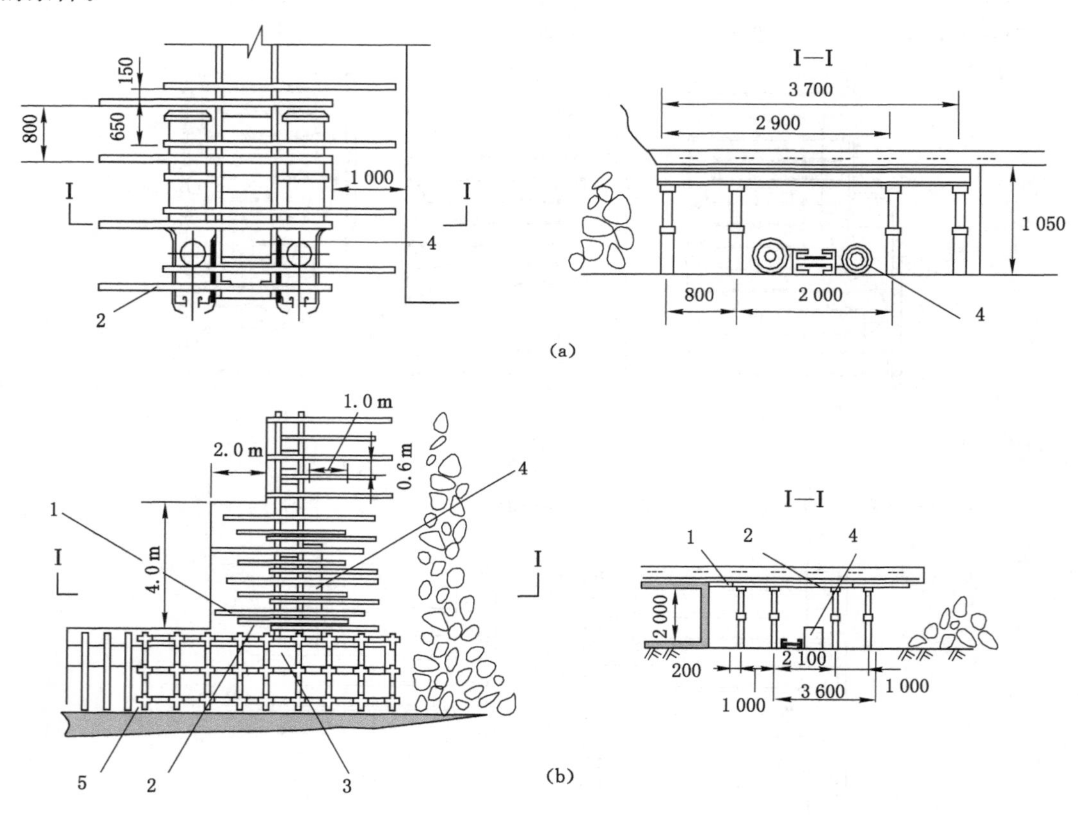

图 5-18 工作面端头支护

(a) 迈步走向抬棚支护；(b) 基本支架加走向迈步抬棚支护

1——基本架；2——抬棚长梁；3——转载机；4——输送机头；5——十字铰接顶梁

端头支护应满足以下要求：要有足够支护强度，保证工作面端部出口的安全；支架跨度要大，不影响输送机机头、机尾的正常运转，并要为维护和操纵设备人员留出足够活动空间；要能够保证机头、机尾的快速移置，缩短端头作业时间，提高开机率。

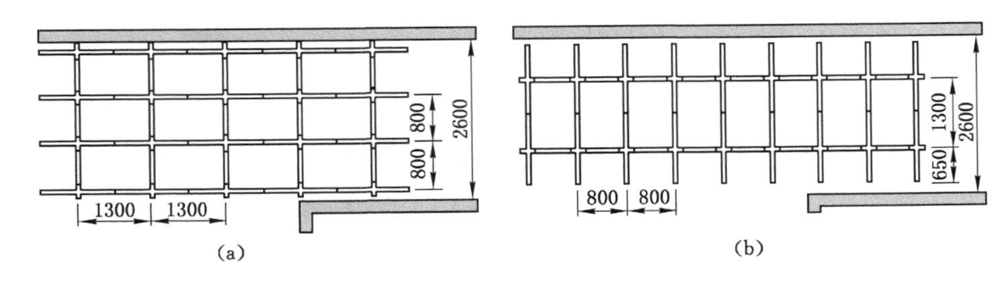

图 5-19　连体铰接顶梁支护

(a) 沿走向布置；(b) 沿倾斜布置

任务实施

(1) 利用多媒体(视频)、模型、实物等讲解单、双滚筒采煤机普采工艺过程。

(2) 分小组研讨单、双滚筒采煤机普采工艺过程，或利用模型、实物等，观察单、双滚筒采煤机普采工艺过程。

(3) 生产矿井普采工作面参观实习。

思考与练习

1. 简述单滚筒采煤机普采工艺过程。
2. 简述滚筒采煤机进刀方式。
3. 简述滚筒采煤机割煤方式。
4. 简述普采工作面支架布置与采煤机截深的关系。

任务三　综合机械化采煤工艺

知识要点

综采工作面设备布置；综采工作面采煤机主要参数及工作方式；综采工作面液压支架类型及工作方式。

技能目标

熟悉综采工作面主要设备及配套；熟悉综采工作面工艺操作过程；能熟练进行综采工作面设备选型；掌握综采工作面生产安全措施。

任务导入

普通机械化采煤使工作面破煤、装煤和运输等工序实现了机械化操作，但工作面支护工作劳动强度大，安全可靠性不高。综合机械化采煤工艺与普通机械化采煤工艺的区别在于，工作面支护实现了机械化，使工作面破煤、装煤、运煤、支护和采空区处理等主要工序全部实现机械化，大幅度降低了劳动强度，提高了生产效率及安全性。

任务分析

综采工作面完成落煤、装煤工序的主要设备是双滚筒采煤机，采煤机滚筒在割煤的同时，利用滚筒的螺旋叶片和滚筒旋转的抛掷作用，把煤直接装入刮板输送机，通过刮板输送机把煤运出工作面，依靠自移式液压支架实现机械化支护，液压支架前移采空区顶板自行垮落。本任务主要明确综采工作面设备类型及其配合关系，明确综采工作面生产工艺流程。

相关知识

综合机械化采煤工艺，简称综采，是用机械方法破煤和装煤、输送机运煤和自移式液压支架支护顶板的采煤工艺。

一、综采工作面主要设备

综合机械化采煤工作面布置如图 5-20 所示。

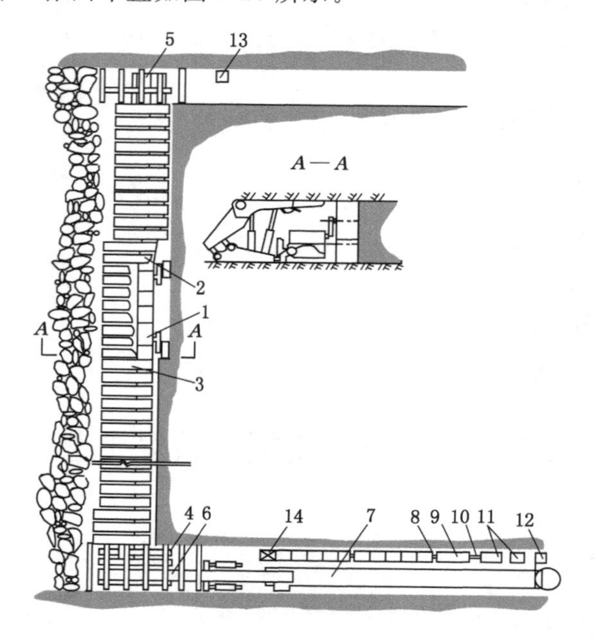

图 5-20　综合机械化采煤工作面布置

1——采煤机；2——刮板输送机；3——液压支架；4——下端头支架；5——上端头支架；6——转载机；7——带式输送机；8——配电箱；9——乳化液泵站；10——设备列车；11——变电站；12——喷雾泵；13——液压安全绞车；14——集中控制台

工作面内设备有采煤机、可弯曲刮板机、液压支架和工作面端头支架等。两巷内布置有转载机、可伸缩带式输送机、设备列车（移动变电站、乳化液泵站、集中控制台）、绞车、轨道等。

综采工作面一般采用双滚筒采煤机，工序简化为割煤、移架和推移输送机。采煤机骑在输送机上割煤和装煤，一般前滚筒割顶煤，后滚筒割底煤。液压支架与工作面刮板输送机之间用千斤顶连接，可互为支点以实现推移刮板输送机和移架。移架时，支柱卸载，移架千斤顶收缩、支架前移，而后支柱重新加载支护顶板。综采工作面的移架工序，可同时实现普采

(或炮采)工艺中的支护和处理采空区两道工序。

转载机是一台结构特殊的重型刮板输送机,它的一端与工作面输送机相搭接,另一端在带式输送机的机尾上,在工作面刮板输送机和区段运输巷可伸缩带式输送机之间起转载作用。转载机能随采煤工作面的推进,用机械动力将其整体纵向前移。

可伸缩带式输送机是区段运输巷中的运煤设备,其特点是具有一套能储存 50～100 m 的储带装置。随着工作面的推进,通过储带装置可调节输送机的长度,工作面每推进 25～50 m,调整一次带式输送机的长度。

二、综采工作面双滚筒采煤机工作方式

双滚筒采煤机正常工作时,一般其前端的滚筒沿顶板割煤,后端滚筒沿底板割煤,如图 5-21(a)所示。这种布置方式司机操作安全,煤尘少,装煤效果好。在某些特殊条件下,例如煤层中部含硬夹矸时,可使采煤机前滚筒割底煤,后滚筒割顶煤,如图 5-21(b)所示。在下部采空的情况下,中部硬夹矸易被后滚筒破落下来。

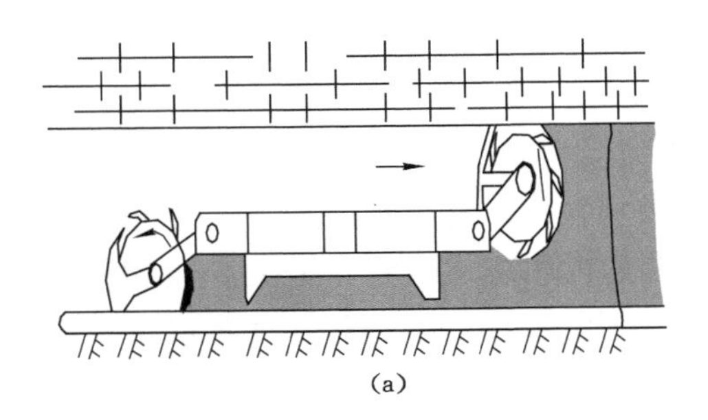
(a)

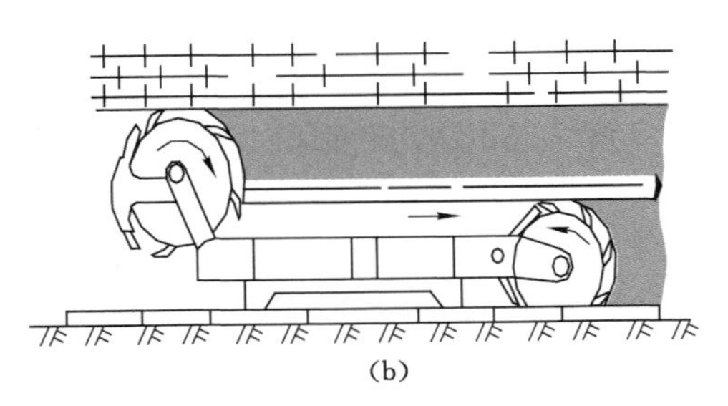
(b)

图 5-21 综采面采煤机滚筒的转向和位置
(a)“前顶后底”;(b)“前底后顶”

(一) 双滚筒采煤机的割煤方式

综采工作面采煤机的割煤方式分为单向割煤和双向割煤两种方式。

1. 单向割煤

采煤机往返一次进一刀,即采煤机上行(或下行)割煤,滞后采煤机 2～3 架支架跟机移架直至端头。采煤机下行(或上行)清理浮煤,滞后 10～15 m 推移刮板输送机。采煤机往返一次工作面推进一个截深。

2. 双向割煤

采煤机往返一次进两刀,即采煤机上行(或下行)割煤,机后 2～3 架支架跟机移架,滞后 10～15 m 推移刮板输送机,到工作面上(下)端头,采煤机在端头完成进刀后,下行(上行)重复上述过程。采煤机沿工作面往返一次推进两个截深。

(二) 综采工作面采煤机的进刀方式

综采工作面采煤机的进刀方式与普采工作面进刀方式基本相同。我国综采工作面主要采用斜切式进刀方式。斜切式进刀分为端部斜切进刀和中部斜切进刀。在采用双向割煤时,必须采用端部割三角煤的进刀方式。单向割煤时可采用端部留三角煤斜切进刀或中部斜切进刀。

图 5-22 所示为工作面端部割三角煤斜切进刀示意图,进刀过程和单滚筒采煤机基本相

同，只是需要采煤机在不同位置通过摇臂调整前滚筒和后滚筒的上下位置，反向割底煤而完成进刀过程。

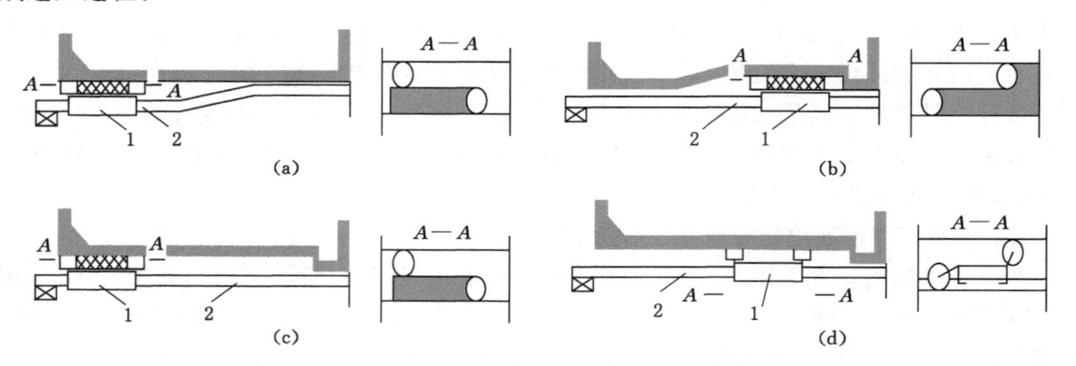

图 5-22　工作面端部割三角煤斜切进刀

(a) 起始；(b) 斜切并移直输送机；(c) 割三角煤；(d) 开始正常割煤

1——综采面双滚筒采煤机；2——刮板输送机

留三角煤进刀法与单滚筒采煤机留三角煤进刀法相似(见图 5-15)。

综采工作面端部斜切进刀，要求运输巷及回风巷有足够的宽度，工作面输送机机头和机尾尽量伸向平巷内，以保证采煤机滚筒能割至平巷的内侧帮。如果平巷过窄，或输送机机头和机尾伸出不多，或采煤机摇臂不长，则需辅以人工开切口方能进刀，这就难以发挥综采的生产能力了。

采煤机进刀段的长度与输送机机头(尾)布置的位置和长度、采煤机机身长度、输送机弯曲段长度等因素有关。当输送机机头(尾)完全布置在平巷内时，进刀段的长度等于采煤机机身的长度加上输送机弯曲段长。双滚筒采煤机机身长度一般为 7～9 m，输送机弯曲段的最小长度与溜槽宽度有关，一般为 15～20 m，因此进刀段的长度一般为 20～30 m。当输送机机头(尾)不完全布置在平巷内时，进刀段的距离还要长一些。

三、综采工作面支护

(一) 液压支架的种类及适用条件

根据液压支架的结构特点和对顶板的支护方式，液压支架分为三种基本架型，即支撑式、掩护式和支撑掩护式支架，如图 5-23 所示。

支撑式支架的特点是：顶梁较长，没有掩护梁，后部有简单的挡矸装置，立柱对顶梁和底座基本是垂直支撑的，支撑能力大，切顶性能好，通风断面大，结构简单。适用于中等稳定以上的顶板条件。

掩护式支架在结构上有掩护梁，立柱斜撑支架，顶梁较短，支柱通过掩护梁对顶板起支撑作用。掩护式支架的特点是：顶梁较短，掩护梁较长，防矸性好，支撑能力小，工作空间小。适用于顶板破碎或中等稳定以下的顶板条件。

支撑掩护式支架兼有支撑式和掩护式支架的结构特点，支柱大部分或几乎全部通过顶梁对顶板起支撑作用，也可有部分支柱通过掩护梁对顶板起作用。支撑掩护式支架的特点是：具有较长的顶梁和较短的掩护梁，以支撑作用为主，同时又具有掩护性能。在顶板破碎或顶压较大的条件下，均可使用。

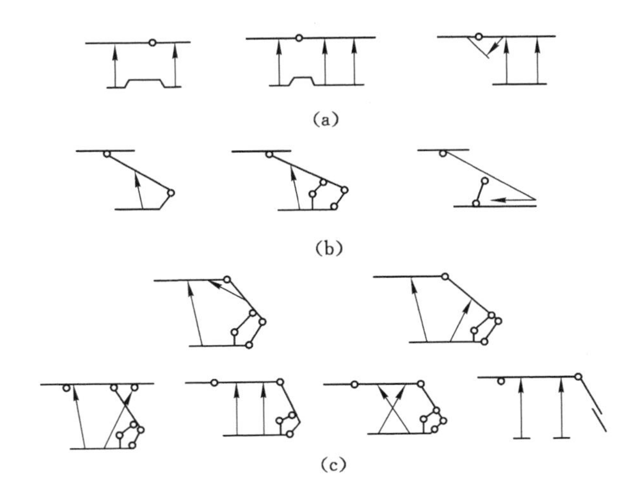

图 5-23　液压支架的类型

(a) 支撑式;(b) 掩护式;(c) 支撑掩护式

高产高效工作面对液压支架的基本要求是:高支护性能,高可靠性,快速移架和大推移步距。为满足这些要求,有些矿井采用电液控制液压支架,我国主要推广使用大流量液压支架。

(二) 液压支架支护方式

综采工作面割煤、移架、推移输送机三个主要工序,按照不同顺序有两种配合方式,即及时支护方式(图 5-24)和滞后支护方式(图 5-25)。

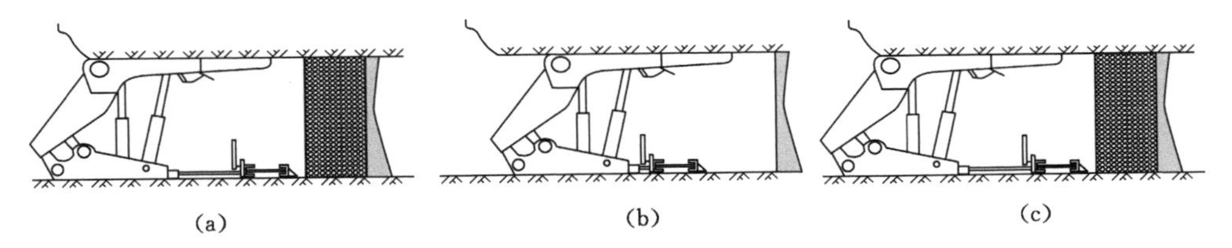

图 5-24　及时支护方式

(a) 割煤;(b) 移架;(c) 推移输送机

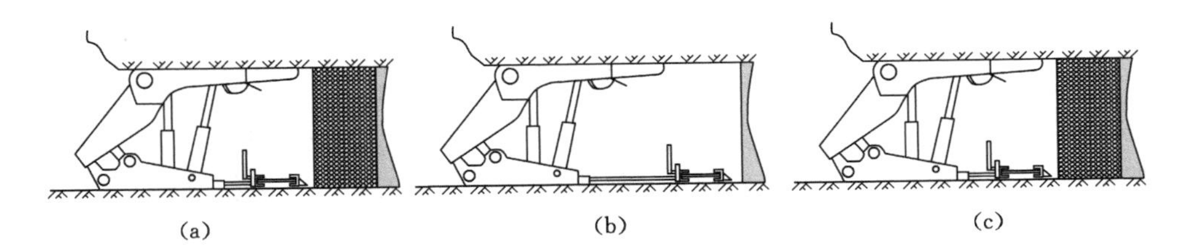

图 5-25　滞后支护方式

(a) 割煤;(b) 推移输送机;(c) 移架

1. 及时支护方式

及时支护方式是采煤机割煤后,支架依次或分组随机立即前移、支护顶板,输送机随移架逐段移向煤壁，推移步距等于采煤机截深。这种支护方式，推移输送机后，在支架底座前端与输送机之间要留一个截深的宽度，工作空间大，有利于行人、运料和通风；若煤壁片帮，可先于割煤进行移架，支护新暴露出来的顶板。但这种支护方式增大了工作面控顶宽度，不利于控制顶板。

2. *滞后支护方式*

滞后支护方式是割煤后输送机首先逐段移向煤壁，支架随输送机前移，二者移动步距相同。这种配合方式在底座前端和机槽之间没有一个截深富裕量，比较能适应周期压力大及直接顶稳定性好的顶板，但对直接顶稳定性差的顶板适应性差。为了克服该缺点，在某些综采面支架装有护帮板，前滚筒割过后将护帮板伸平，护住直接顶，随后推移输送机，移架。

无论是及时支护式或滞后支护式，均由设备的结构尺寸决定，使用中不能随意改动。

（三）综采工作面液压支架移架方式

综采工作面的移架工序同时实现了工作面支护和采空区处理。移架方式、速度对工作面作业安全及生产效率都有重要影响。目前，我国采用较多的移架方式主要有三种，如图5-26所示。

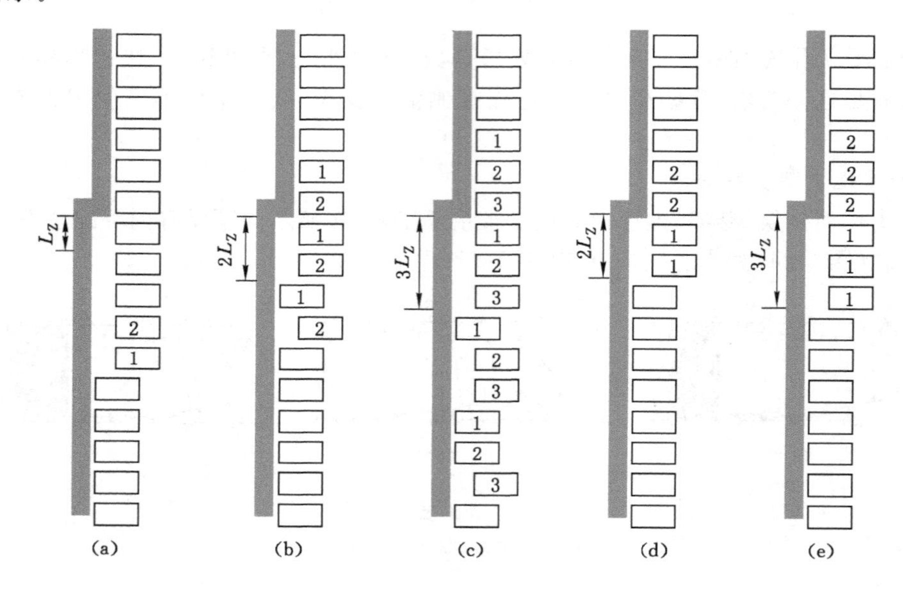

图 5-26　及时支护方式

(a) 单架依次顺序式；(b)(c) 分组间隔交错式；(d)(e) 成组整体依次顺序式

单架依次顺序式，又称单架连续式。支架沿采煤机牵引方向依次前移，移动步距等于截深，支架移成一条直线。该方式操作简单，容易保证质量，能适应不稳定顶板，在我国应用较多。

分组间隔交错式，又称分组交错式。将相邻的2～3架支架分为一组，组内的支架间隔交错前移，相邻组间沿采煤机牵引方向顺序前移，组间的一部分支架平行前移。该方式移架速度快，适用于顶板较稳定的高产综采工作面。

成组整体依次顺序式，又称成组连续式。该方式按顺序每次移一组，每组2～3架，一般由大流量电液阀成组控制。适用于煤层地质条件好、采煤机牵引速度高的综采工作面。

（四）端头支护方式

综采工作面上下端头处的暴露面积大、暴露时间长，该处又布置有大功率输送机机头或机尾，在下出口还搭接有转载机，均需要有较大的空间。该处的顶板维护效果直接影响安全生产和设备效能发挥，因而必须选择合适的支护方法。

综采工作面端头支护方式一般采用专用自移式端头液压支架支护，如图 5-27 所示，有时可用工作面中部液压支架进行端头支护，如图 5-28。

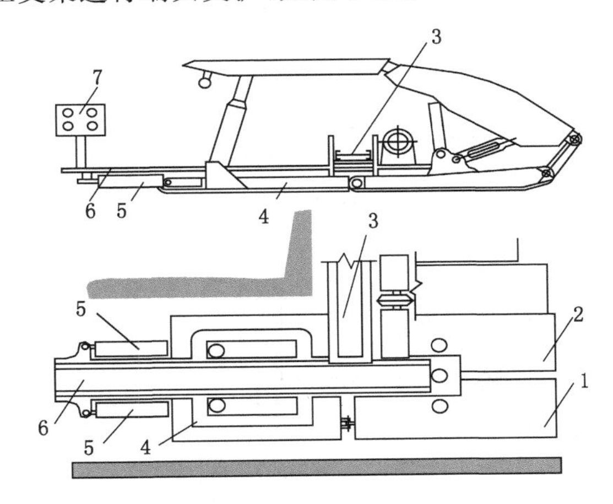

图 5-27　自移式端头液压支架端头支护

1，2——端头支架掩护梁；3——工作面输送机机头；4——滑板；5——推移千斤顶；6——转载机机尾；7——液压控制阀组

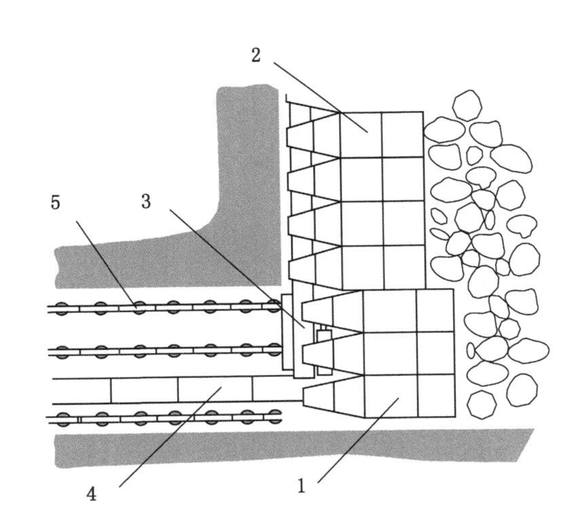

图 5-28　工作面中部液压支架端头支护

1——端头处支架；2——中间支架；3——刮板输送机机头；4——转载机机尾；5——平巷超前支护

四、综采工作面主要设备配套

（一）综采工作面的设备配套关系

综采配套设备的重点是工作面“三机”——采煤机、刮板输送机和液压支架的配套。

滚筒采煤机、刮板输送机和液压支架相互之间有着密切的联系。滚筒采煤机以输送机机槽为轨道，沿工作面运行割煤，其自身无进刀能力，只有与推移输送机工序相结合才能进刀；而输送机自身无前移能力，只有与液压支架相配合，才能完成推移动作；液压支架也要借助输送机完成移架动作。因此，要想充分发挥综采设备的效能，采煤机、刮板输送机和液压支架之间在性能参数、结构参数，工作面空间尺寸以及相互连接部分的形式、强度和尺寸等方面必须相互匹配。

1. 综采工作面“三机”配套关系尺寸

采煤机、刮板输送机和液压支架间的配套尺寸关系如图 5-29 所示。

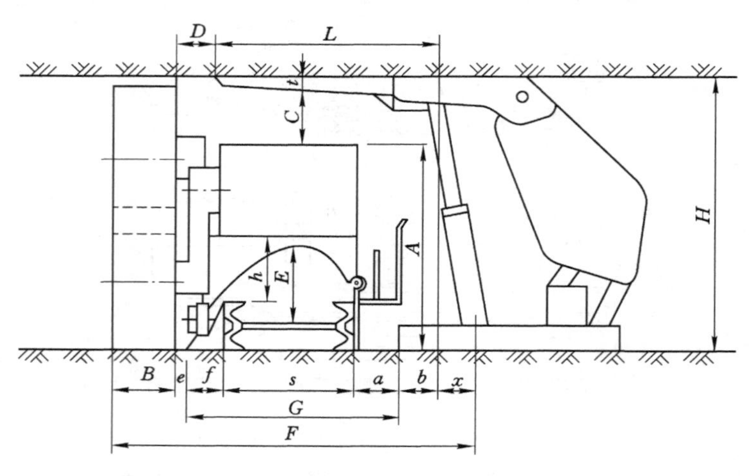

图 5-29 综采设备配套尺寸关系

(1) 工作面机道宽度

支架前柱到煤壁的无立柱空间距离 F 为机道宽度，从安全角度考虑，F 应愈小愈好，其尺寸组成如下：，

$$F = B + e + G + b + x \tag{5-1}$$

式中 B——截深，即采煤机滚筒的宽度。

e——煤壁与铲煤板之间的空隙距离，为了防止采煤机在输送机弯曲段工作时滚筒切割铲煤板，此空隙距离 $e=100\sim200$ mm。

x——立柱斜置产生的水平增距，它可按立柱最大高度的投影计算。

G——输送机宽度，其组成为 $G=f+s+a$，其中 f 为铲煤板的宽度，一般为 150～240 mm；s 为输送机中部槽的宽度，由输送机型号确定；a 为电缆槽和导向槽的宽度，通常为 360 mm。

b——前柱与电缆槽之间的距离，为了避免输送机倾斜时挤坏电缆和司机的操作安全，通常此距离应大于 200～400 mm。

(2) 支架最小高度

支架最小高度 H 为：

$$H = A + C + t \tag{5-2}$$

式中 t——支架顶梁厚度；

A——采煤机机身高度、输送机高度和采煤机底托架高度 h(自输送机中部计算起)之和，但底托架高度要保证过煤高度 $E>250\sim300$ mm；

C——采煤机机身上部的空间高度，此空间高度一是为了司机便于观察和操作，二是为了留有顶板下沉量，以便采煤机能顺利通过。

(3) 人行道宽度

人行道的位置可在前后柱之间，也可在前柱与输送机之间，根据选择的开采设备而定。根据《煤矿安全规程》的规定，人行道宽度≥700 mm。

(4) 端面距

端面距是液压支架顶梁梁端与煤壁之间正常情况下的空顶距离。综采工作面开采必须保留一定端面距，以防采煤机割煤和在机槽不平直或斜切进刀时滚筒切割顶梁。端面距的大小主要由液压支架结构决定，并和采煤机、运输机的配合以及采高有关，一般在150～300 mm之间，采高小时端面距较小，采高大时端面距则较大。

(5) 移架千斤顶的行程

移架千斤顶的行程应比采煤机截深大100～200 mm，以保证在支架与输送机不垂直时也能移机、拉架够一个截深。

2. 综采工作面“三机”性能配套

采煤工作面“三机”性能配套，主要解决各设备性能间相互制约的问题，从而充分发挥设备性能，以满足生产的需要。如采煤机底托架与输送机槽的匹配效果，采煤机摇臂与输送机机头、机尾的匹配(满足自开切口的需要)，输送机挡煤板与液压支架推移千斤顶的连接方式等。

3. 综采工作面设备生产能力配套

(1) 采煤机的选型与生产能力

采煤机是综采生产的中心设备，在综采设备选型中首先要选好采煤机。国内外制造的采煤机均已成系列，选型的主要依据是煤层采高、煤层截割的难易程度和地质构造发育程度等。主要应确定的参数是采高、牵引速度、电动机功率，这三个参数决定着采煤机的生产能力，其余参数均与这三个主要参数成一定比例关系。选型中还应根据所开采煤层的特性，综合考虑其他的参数。

(2) 综采工作面输送机的选型与生产能力

综采面输送机选型应符合以下原则：① 输送机的结构尺寸应与所选采煤机有严密配套关系，确保采煤机能以输送机为轨道往返运行割煤；② 机槽及其所属部件的强度应与所选采煤机的重量及运行特点相适应；③ 运输能力与采煤机的割煤能力相适应，保证采煤机与输送机二者都能充分发挥生产潜力；④ 输送机结构尺寸与液压支架的结构尺寸配套合理。

(3) 液压支架移架方式与综采面生产能力相适应

对液压支架的性能的基本要求是有效支护顶板，并能快速移设。移架速度是液压支架生产能力的体现，但设备定型后，单架移架速度对采煤机牵引速度的适应性有限，一般是通过选择合理移架方式而适应顶板特性和综采面生产能力的要求。

(4) 工作面供风能力要满足生产能力的要求

综采工作面风速规定不超过4 m/s，在工作面采高和架型一定的条件下，其过风断面也是定值，因此工作面所能达到的供风量是有限的。采煤机割煤时工作面风流中的瓦斯含量不能超过《煤矿安全规程》的规定。在瓦斯涌出量较大的综采工作面，必须根据工作面的瓦斯涌出速度确定采煤机割煤时的牵引速度，使工作面保持均衡生产。如果采煤机割煤过快，可造成工作面风流中瓦斯超限而断电停机，工作面断断续续割煤，不能保持均衡连续生产，对于工作面的生产和安全均是不利的。

工作面刮板输送机、平巷中的转载机、破碎机和可伸缩带式输送机等设备的能力均应大于采煤机的生产能力，且要考虑生产不均衡系数，由工作面向外逐渐加大，逐级留出20%～30%的富余系数。

（二）综采设备的服务时间配套

采煤机、液压支架和刮板输送机服务时间的配套，是指“三机”大修周期应相互接近，否则要在工作面生产过程中交替更换设备或进行大修，或部分设备带着故障运转，这将对工作面正常生产造成影响，也会对设备造成损坏。

目前，我国液压支架在工作面运行1～2 a后（设备较新时一般为2 a）应升井大修，采煤机、刮板输送机亦可同时大修。

（三）综采面的其他设备配套

在煤层较厚、煤较硬、煤的块度过大时，工作面或转载机上应设置破碎装置。设备配套还 应考虑端头支护、转载机、带式输送机、喷雾泵、乳化液泵等的选择，同时还应考虑工作面与平巷的连接方式、巷道断面及布置、通风要求及移动变电站容量等问题。

任务实施

（1）进行生产矿井综采工作面实习实训。

（2）根据设计采煤工作面的开采条件，分析采用综合机械化开采的优越性。明确综采工作面主要设备类型，选择确定采煤机的工作方式，掌握采煤机进刀过程，绘制综采工作面设备布置图。

（3）根据设计工作面的围岩性质和开采条件，对综采工作面进行架型和规格的选择，确定综采工作面支架的工作方式，确定端头支护、两巷超前支护形式。

（4）根据开采煤层厚度、煤的硬度、围岩性质液压支架类型与规格，根据设备配套手册，选择配套的运输机与其他开采设备，进行各设备能力计算。

思考与练习

1. 简述综采工作面“三机”配套关系及尺寸。
2. 简述液压支架的类型及适用条件。
3. 简述液压支架的移架方式。
4. 简述综采工作面支护方式。

任务四　长壁放顶煤采煤法

知识要点

放顶煤开采矿压显现特点；放顶煤液压支架；综采放顶煤工艺。

技能目标

熟悉放顶煤的基本类型；熟悉放顶煤工艺过程；掌握放顶煤开采技术措施。

任务导入

对于厚煤层的开采方法，主要有倾斜分层开采、综采大采高开采与放顶煤开采。放顶煤采煤法的实质就在厚煤层开采时，沿煤层（或分段）底部布置一个采高 2～3 m 的长壁采煤工作面，用常规方法进行回采，利用矿山压力的作用或辅以人工松动方法使支架上方的顶煤破碎成散体后由支架后方（或上方）放出，并予以回收的一种采煤方法。

任务分析

通过学习放顶煤采煤法的具体内容，熟悉放顶煤适用条件、放顶煤开采的主要开采方式；熟悉放顶煤开采工作面主要设备、主要工艺流程；根据条件确定放煤步距、放煤方式。

相关知识

放顶煤采煤法是我国目前开采厚煤层的主要方法，这种采煤方法具有掘进率低、效率高、适应性强及易于实现高产高效等优势，在我国得到了广泛的发展。目前，我国放顶煤开采技术已处于世界领先水平。

一、放顶煤采煤法基本特点

综合机械化放顶煤工作面设备布置如图 5-30 所示。其工艺过程如下：在煤层（或分段）底部布置的综采工作面中，采煤机割煤后，液压支架及时支护并移至新的位置，随后将工作面前部刮板输送机推移至煤壁，然后操作后部刮板输送机，使用千斤顶，将后部刮板输送机前移至相应位置。

采煤机割过 1～3 刀后，按规定的放煤工艺要求，打开放煤窗口，放出已松散的煤炭，待放出的煤炭中含矸量超过一定限度后，及时关闭放煤口。完成上述采放全部工序为一个放顶煤开采工艺循环。

二、放顶煤采煤法类型

1. 按煤层赋存条件和采放次数分类

（1）一次采全厚放顶煤开采

如图 5-31(a)所示，一次采全厚放顶煤开采是沿煤层底板布置一个放顶煤开采长壁工作面一次放出顶煤全厚度。这种方法一般适用于厚度 6～12 m 的缓斜厚煤层，是我国目前使用的主要方法。其优点是，回采巷道掘进量及维护量少；工作面设备少；采区运输、通风系统简单；生产集中。缺点是，煤质较软时，工作面运输平巷及回风平巷维护较困难。

（2）预采顶分层网下放顶煤开采

如图 5-31(b)所示，预采顶分层网下放顶煤开采是沿煤层顶板布置一个普通长壁工作面，进行铺网预采顶分层，而后沿煤层底板布置放顶煤工作面，将两个工作面之间的煤在网下放出。这种方法一般适用于厚度大于 12 m，直接顶坚硬或煤层瓦斯含量高，需要预先排放瓦斯的缓斜煤层。其优点是，由于顶层铺设金属网，可以减少放煤的含矸量。其缺点是开

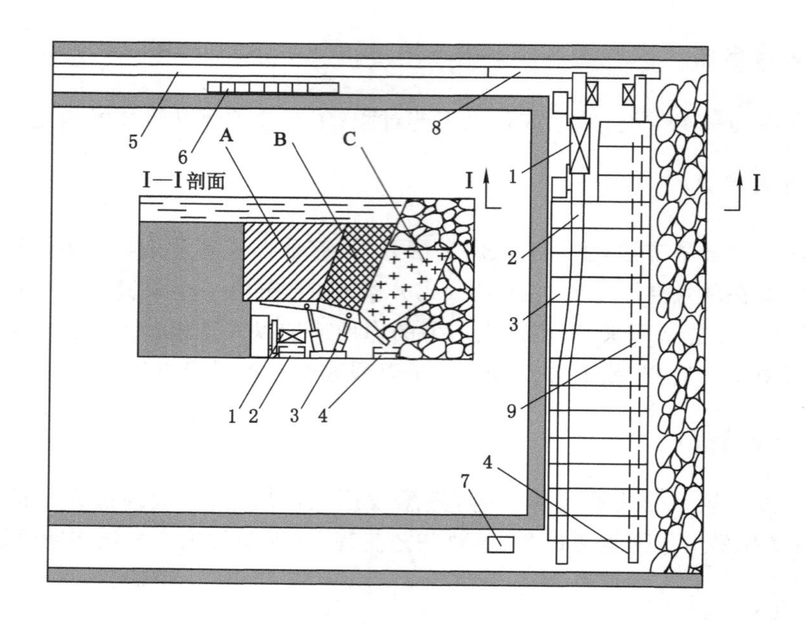

图 5-30 综采放顶煤工作面设备布置

1——采煤机；2——前部刮板输送机；3——放顶煤液压支架；4——后部刮板输送机；
5——平巷带式输送机；6——泵站、移动变电站等；7——绞车；8——转载机；9——破碎机；
A——不充分破碎煤体；B——较充分破碎煤体；C——待放出煤体

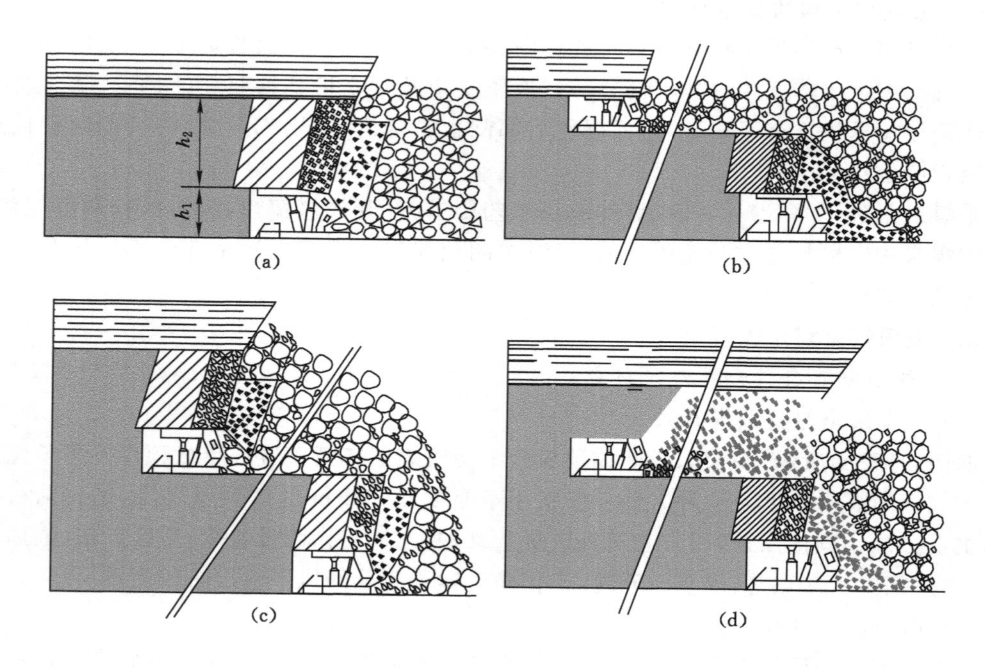

图 5-31 综采放顶煤按煤层赋存条件和采放次数分类

(a) 一次采全厚放顶煤；(b) 预采顶分层网下放顶煤；(c) 倾斜分层放顶煤；(d) 预采中分层放顶煤

采顶分层后一般矿山压力减弱，不利于顶煤的破碎，常有大块煤需要人工预裂。当煤层中瓦斯含量较大或有突出危险时，预采顶分层可起到预先释放瓦斯的作用，便于进行瓦斯抽采。

(3) 倾斜分层放顶煤开采

如图 5-31(c)所示，当煤层厚度在 15 m 以上时，可将煤层自顶板至底板分成若干个 8～12 m 的分段，然后自上而下依次进行放顶煤开采。

(4) 预采中分层放顶煤

如图 5-31(d)所示，预采中分层放顶煤是先在中分层布置普通的采煤工作面，该工作面上部顶煤冒落，只采不放，堆积于采空区；下分层布置综放工作面，采底煤后，将中分层之上的实体煤和破碎顶煤一并放出。这种方法，顶煤采出率较低，同时在防止煤层自燃方面难度较大，在我国较少采用。

2. 按放煤设备分类

按液压支架与刮板输送机配合的数量，有单输送机和双输送机之分。采用不同的支架，配合使用输送机数目不同。

采用高位放煤液压支架，如图 5-32 所示，在支架前端只铺设一部输送机；顶煤从掩护梁上方窗口放入，通过架内溜煤板装入支架前方的输送机。这种支架控顶距小、稳定性好，运输系统和工作面端头维护简单。其缺点是通风断面小，煤尘大，采放不能平行作业，放煤期间行人困难。由于放煤窗口高，冒落在架后的顶煤无法回收，因而降低了采出率。目前这类支架已很少使用。

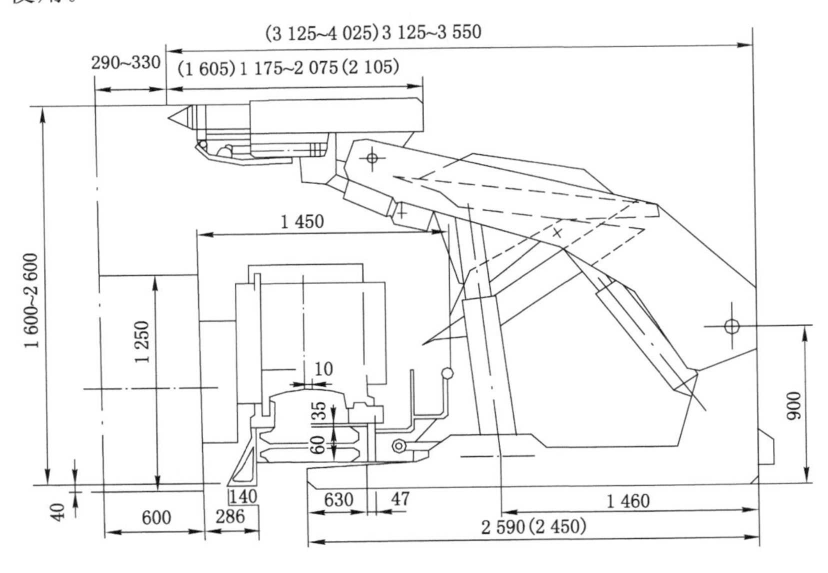

图 5-32　高位放顶煤液压支架

中位放顶煤液压支架的放煤窗口设在掩护梁下部，如图 5-33 所示，支架前端和后端分别铺设前后两部输送机，后部输送机铺在液压支架底座上。与高位放顶煤支架相比，支架的稳定性好，煤尘较小，采放可平行作业，回收率较高，但后部空间小，大块煤通过困难，移架阻力较大，冒落于支架后方窗口以下的顶煤也不能回收。这类支架已逐步被低位放煤支架所取代。

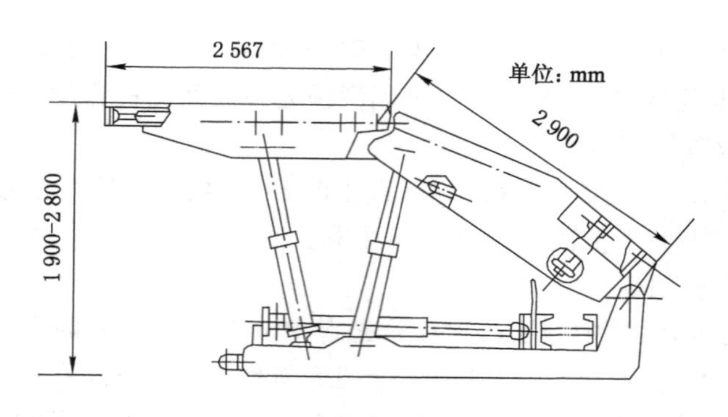

图 5-33 中位放顶煤液压支架

双输送机低位放顶煤支架，如图 5-34 所示，其主要优点是顶梁较长，一般有铰接前梁、伸缩梁和护帮板，控顶距大，可提高顶煤冒放性，有利于中硬顶煤破碎。后输送机铺在底板上，使放煤口加大且位置降低，能够最大限度地回收顶煤，采出率高，放煤时煤尘小。

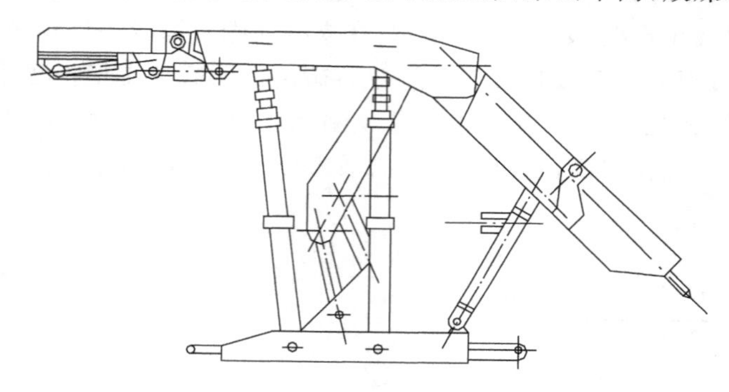

图 5-34 低位放顶煤液压支架

三、综放工作面矿压显现规律及顶煤破碎机理

1. 综放工作面矿压显现规律

尽管综放工作面采放的高度比普通综采的采高成倍增加，采空区冒落的煤矸厚度也随之增大，但综放工作面的矿压显现比想象得要缓和一些，并没有随采厚加大而大幅度增加。

(1) 支架阻力不高

支架工作特性普遍表现为初撑特性，阻力缓慢上升或阻力下降。支架的初撑力不大，软煤工作面的平均初撑力仅为硬煤的 51.7%。工作阻力亦较小，多数未达到额定工作阻力，仅为额定工作阻力的 55.3%，而软煤工作面支架的平均工作阻力仅为硬煤工作面支架的 55.6%。其原因可能是，支架上方和后方形成了一定空间，使顶煤和顶板有充分的空间移动和垮落，支架仅承受破碎顶煤的压力。

(2) 支架前柱阻力一般大于后柱

支架前柱的平均工作阻力为后柱的 1.16 倍，硬煤工作面支架前柱工作阻力平均为后柱的 1.02 倍，中硬煤工作面支架前柱的工作阻力平均为后柱的 1.23 倍。主要原因是：支架上方及前方的煤体在支承压力作用下提前破碎，使采场破断垮落的层位向上发展，上覆岩体对煤体的合力作用点向煤壁前方转移，使工作面前方煤体内的支承压力影响区远离煤壁；顶煤上方的下位岩体对支架上方顶煤体的合力作用点也随支架的支撑力中心前移。

(3) 工作面来压不明显

大量实测资料表明，放顶煤开采工作面的顶板来压强度低于其他开采方法的来压强度，有些放顶煤工作面甚至未见初次来压和周期来压。这是由于顶煤裂隙逐渐发育，支承压力向煤体深部转移，来压时的峰值位置远离工作面，同时应力集中系数变小，从而工作面支架在来压时的工作阻力比分层开采有所缓和。

2. 顶煤破碎规律

工作面煤层的开采造成煤壁前方应力集中，即形成支承压力。随工作面的推进，顶煤又先后承受顶板和支架的作用。顶煤破碎是支承压力、顶板活动(回转)及支架支撑共同作用的结果。其中支承压力对顶煤具有预破坏作用，是顶煤实现破碎的关键；顶板回转对顶煤的再破坏作用使顶煤进一步破碎，但它是以支承压力的破煤作用为前提的；而支架仅对下位2～3 m范围的顶煤作用较为明显。

支架反复支撑的实质是对顶煤多次加载和卸载，使顶煤内的应力发生周期性的变化，形成交变应力作用促使顶煤破坏发展。据顶煤的变形和破坏发展规律，沿推进方向可将顶煤分为四个破坏区，依次为完整区、破坏发展区、裂隙发育区和垮落破碎区，如图5-35所示。

图5-35 顶煤破坏区

由于工作面不断向前推进，顶煤也将依次经历完整区、破坏发展区、裂隙发育区到垮落破碎区，由放煤口放出。

四、放顶煤开采工艺流程及参数

1. 放顶煤开采流程

放顶煤采煤法按其设备有单输送机高位放顶煤、双输送机中位放顶煤和双输送机低位放顶煤几种方法。目前，低位放顶煤应用最为广泛，现以一次采全厚低位放顶煤开采为例，简述其工艺流程。

(1) 采煤机割煤

放顶煤综采工作面一般采用双滚筒采煤机沿工作面全长截割煤体，工作面两端采用斜切进刀方式。截深一般为0.6～0.8 m，采高2.4～2.8 m。采煤机落煤由滚筒螺旋叶片、挡煤板及前输送机铲煤板相互配合，落下的煤装入前输送机运出工作面。

(2) 移架

为维护端面顶煤的稳定性，放顶煤液压支架一般均有伸缩前探梁和护帮板。在采煤机割煤后，立即伸出伸缩前探梁支护新暴露顶煤。采煤机通过后，及时移架，同时收回伸缩前梁,并用护帮板护住煤壁。

(3) 推移前部输送机

移架后,即可移置前输送机。若采用一次推移到位,可以在距采煤机约 15 m 处逐节一次完成输送机的推移。若采用多架协调操作,分段移输送机,可在采煤机后 5 m 左右开始推移输送机,每次推移不超过 300 mm,分 2～3 次将输送机全部移近煤壁,并保证前输送机弯曲段不小于 15 m。输送机推移后呈直线状,不得出现急弯。

(4) 放顶煤

应根据架型、放煤口位置及几何尺寸、顶煤厚度及破碎状况,合理确定循环放煤步距。多为“一刀一放”或“两刀一放”,可以从工作面一端开始,顺序逐架依次放煤,如果顶煤厚度较大也可采用多轮放顶煤。单轮放煤时掌握好“见矸关口”的尺度。有些煤矿规定:矸石占放出物的 1/3 时停止放煤。

若遇到大块煤不易放出,可反复伸缩插板,小幅度上下摆动尾梁,使顶煤破碎后顺利放出。放煤结束后关好放煤口并确保过煤高度不小于 500 mm。放煤与移架间距应不小于 20 m。

(5) 拉移后输送机

放完顶煤后依次顺序拉移后输送机,严禁相向操作。拉移一般滞后放煤的液压支架 10～15 m,并要确保弯曲段长度。

2. 放顶煤开采工艺及参数

放顶煤工艺及参数主要包括初末采放煤工艺、放煤步距、放煤方式、采放比等。

(1) 初采和末采放煤工艺

在我国推行放顶煤开采的初期,为防止顶板垮落对采煤工作面造成威胁,通常采取初采推进 10～20 m 不放顶煤,但实践证明这个措施的实际意义并不大。事实上,目前大多数综放工作面,推过切眼后即放顶煤,这不仅有效地提高了煤炭的采出率,而且对顶煤的冒落也是有利的。

最初的放顶煤工作面,通常在工作面收作前提前 20 m 左右铺双层网停止放煤,或将沿底板的工作面向上爬至沿顶板时再收作,这样造成了大量的煤炭损失。为此,近年来在综放开采的实践中普遍缩小了不放顶煤的范围,一般可提前 10 m 左右停止放顶煤并铺顶网,但应保证撤架空间处于稳定的顶板下,同时能够有效防止后方矸石的窜入。

(2) 放煤步距

如图 5-36 所示,在工作面推进方向上,两次放顶煤之间工作面的推进距离,称为循环放煤步距。

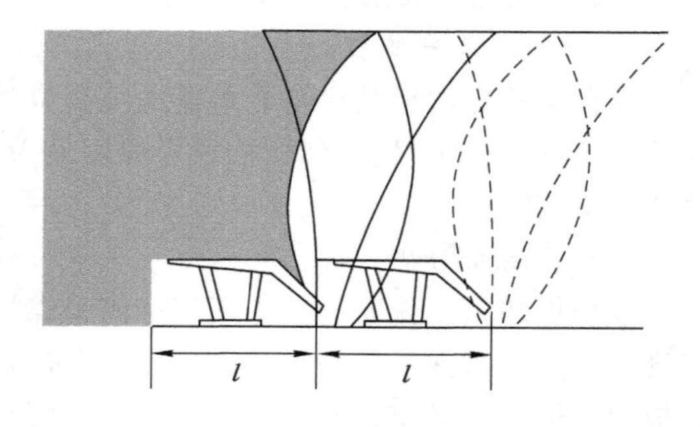

图 5-36 循环放煤步距

合理选择放煤步距,对于提高采出率、降低含矸率十分重要。它与顶煤厚度、松散程度和放煤口的位置有关,还与顶煤冒落时的垮落角有关,最佳的放煤步距应是顶煤垮落后能从放煤口全部放出的距离。合理的放煤步距应使顶煤上方的矸石与采空区后方的矸石同时到达放煤口,这样才能最大限度地放出顶煤。

如图 5-37 所示,放煤步距过小,当支架前移后顶煤 A 完全垮落,顶煤上方和后方基本被矸石包围，打开放煤口放煤时，破碎顶煤与矸石一同向放煤口移动，由于放煤步距较小、顶煤尚未全部放出，但采空区后方矸石已到达放煤口，一部分顶煤遂被支架隔在上方，从而造成煤炭损失。

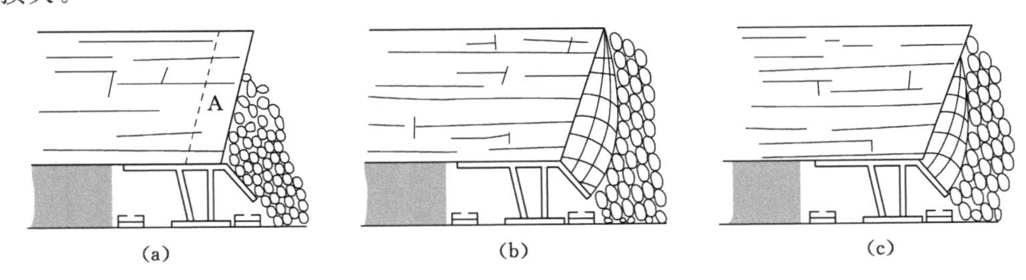

图 5-37　放煤步距较小时顶煤移动规律

如图 5-38 所示，放煤步距过大，预计放出的煤体 A 体积亦比较大。在支架不断前移时，堆积在采空区的待放破碎顶煤范围也比较大，打开放煤口放煤时，随着顶煤不断放出，上方矸石也不断向放煤口移动，由于待放的顶煤较多，在上方矸石到达放煤口后其后面仍有一部分顶煤未被放出，亦会造成顶煤损失。

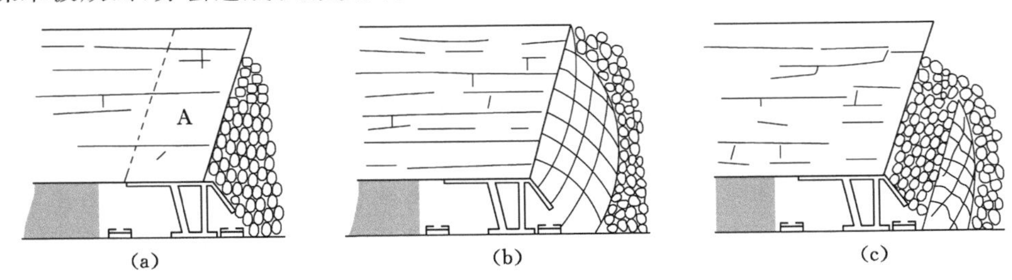

图 5-38　放煤步距较大时顶煤移动规律

合理的放煤步距与顶煤厚度、采煤机截深、破碎煤体的特性（黏结性、含水性、破碎顶煤块度）等多因素有关，确定时必须综合考虑。

综放工作面的放煤步距应与移架步距或采煤机截深成倍数关系，一般有“一刀一放”、“两刀一放”或“三刀一放”3 种组合。一般情况下，顶煤厚度大时，放煤步距应大一些；反之，应取小值。

根据理论推导及我国放顶煤工作面的实际情况，确定放顶煤步距时可借鉴下述经验公式：

$$L = (0.15 \sim 0.21)[(H - M) - h] \tag{5-3}$$

式中　L——放顶煤步距，m；

H——煤层厚度，m；

M——采煤机割煤高度，m；

h——放煤口至煤层顶部的垂高，m。

(3) 放煤方式

放煤方式不仅对工作面煤炭采出率、含矸率影响较大，同时还会影响到总的放煤速度、正规循环的完成以及工作面能否实现高产。放煤方式主要包括放煤顺序和一次顶煤的放出量，由此组成不同的放顶煤方式。

① 单轮顺序放煤

单轮顺序放煤方式是一种常见的放煤方式，从端头处可以放煤的 1 号支架开始放煤，一直放到放煤口见矸，顶煤放完后关闭放煤口，再打开 2 号支架放煤口，2 号支架放完后再打开 3 号支架放煤口，直到最后支架放完煤为一轮。这种放煤方式的优点是操作简单，工人容易掌握，放煤速度也较快。放煤时，坚持“见矸关门”的原则，但并不是见到个别矸石就关门，只有矸石连续流出，顶煤才算放完。见到矸石连续放出，必须立即关门，否则大量矸石将混入煤中，造成含矸率增加。

为提高单轮顺序放煤的速度，实现多口放煤，可采用单轮顺序多口放煤方式。多个放煤口同时顺序单轮放煤方式可将放煤能力提高，而含矸率反而可能降低。实际操作中，经常 2～3 个放煤口同时放煤，三个放煤工同时工作，第一个放煤工负责顺序打开放煤口放煤，第二个放煤工负责中间支架的正常放煤，第三个放煤工负责在放煤中出现混矸时，关闭后面的放煤口。这种放煤方式当顶煤强度不大、放煤流畅、煤流均匀时，可获得较高的产量和较低的混矸率。双放煤口同时放煤适用于煤层厚度小于 8 m 的工作面；多口放煤滞后关闭放煤口的方式适用于 8～10 m 的厚煤层。

② 多轮顺序放煤

多轮顺序放煤是将放顶煤工作面分成 2～3 段，段内同时开启相邻两个放煤口，每次放出 1/3 到 1/2 的顶煤，按顺序循环放煤，将该段的顶煤全部放完，然后再进行下一段的放煤，或者各段同时进行。多轮顺序放煤的优点是，可减少煤中混矸，提高顶煤回收率。其主要缺点是，每个放煤口必须多次打开才能将顶煤放完，总的放煤速度较慢；每次放出顶煤的 1/2 或 1/3，操作上难以掌握。对于煤层厚度大于 10 m 的工作面采用多轮顺序放煤，混矸率较低；顶煤太厚的工作面移架后中部顶煤冒落破碎情况一般较差，多轮放煤可使上部顶煤逐步松散，有利于放煤。目前，我国高产长壁放顶煤工作面很少使用这种放煤方式。

③ 单轮间隔放煤

单轮间隔放煤是指间隔一架或若干支架打开一个放煤口。每个放煤口一次放完，见矸关门，如图 5-39 所示。具体操作时，先顺序放 1、3、5 等单号支架的煤，相邻两架支架间将形成脊背高度较大、两侧对称、暂放不出的脊背煤。放单号放煤口时，一般不混矸。放完全或部分单号支架后，在顺序打开 2、4、6 等双号支架放煤口，放出单号架之间的脊背煤。这是常见的单轮间隔一架的放煤方式，当煤层厚度大于 12 m 时，可采取间隔两架或三架打开放煤口再放脊背煤的放煤方式。单轮间隔放煤的主要优点是，扩大了放煤间隔，避免矸石窜入放煤口，减少混矸；顶煤放出率高于上述两种放煤方式，工作面理想采出率接近 90%；单轮间隔放煤可实现多口放煤，提高了工作面产量和加快了放煤速度，易于实现高产高效。

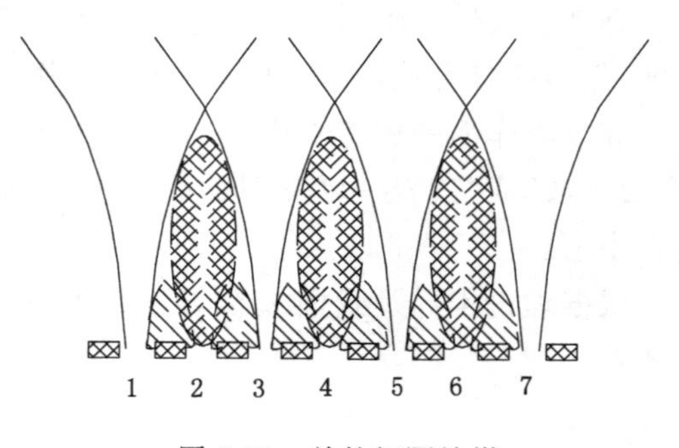

图 5-39 单轮间隔放煤

(4) 采放比

采放比是指放顶煤工作面采煤机机采高度（或爆破高度）与顶煤高度之比。合理的采放比应根据煤层厚度、煤的硬度和节理发育程度以及工作面推进速度等因素确定。

顶煤放出前破碎松散需要一定空间，采高较小、顶煤高度过大将使顶煤破碎不充分、放出困难。当采煤机采高为 2.5～3.0 m 时，按顶煤松散系数计算，低位放煤支架的顶煤厚度应小于 8～10 m。另外，采高较大、顶煤高度过小，将形成无规则冒落，混矸严重，且架前易超前冒顶，增大含矸率。

采放比理想的状态是所放顶煤充分松散破碎后增加的高度等于底层工作面采高。对于一次采全厚综放开采，根据煤层厚度不同，我国的采放比一般在 1∶1～1∶2.8 之间。

我国近水平、缓(倾)煤层综放工作面，根据已有经验，煤质中硬以下、节理发育时，以采放比为 1∶1～1∶2.4 为宜，即采高 2.5～3.0 m，放煤高度为 2.5～7.2 m，采放高度为 5.0～10.2 m；煤质中硬以上、节理发育时，采放比以 1∶1～1∶1.7 为宜，即采高为 2.5～3.0 m，放煤高度为 2.5～5.2 m，采放高度为 5.0～8.2 m。

《煤矿安全规程》规定，采放比小于 1∶3 的，严禁采用放顶煤开采。

任务实施

(1) 根据煤层赋存条件，合理选择放顶煤方式。明确综放工作面主要设备，明确综放工作面工艺流程。

(2) 根据开采条件，合理确定放煤步距、放煤方式、采放比等工艺参数。

思考与练习

1. 简述放顶煤开采类型。
2. 简述综采放顶煤液压支架类型及应用。
3. 简述综采放顶煤工艺过程。
4. 简述放煤步距、放煤方式的确定依据。

任务五 厚煤层其他开采方法

知识要点

分层开采工艺特点；分层开采人工假顶；大采高开采工艺特点。

技能目标

熟悉分层开采工艺特点；掌握大采高开采工艺特点；掌握分层开采与大采高开采技术措施。

任务导入

分层开采、大采高、放顶煤是开采厚煤层的三种常用方法。分层开采是将近水平、缓倾斜及中倾斜厚煤层平行于煤层斜面划分为若干个 2.0～3.0 m 的分层进行开采。大采高一次采全厚采煤法是采用机械一次开采厚度 3.5～6.0 m 的长壁采煤法。

任务分析

分层开采工艺与设备与单一煤层开采没有大的区别，主要特点就是第一分层开采后，下分层是在垮落的岩石下进行回采。为保证下分层采煤工作面的顺利、安全开采，上分层开采时必须铺设人工假顶或为形成再生假顶创造必要条件。下分层开采时，必须制定工作面顶板管理措施，注意顶板的及时维护和控制，确保下分层采煤工作面的安全开采。

大采高综采工作面采煤工艺与一般综采基本相同，但由于设备高度大，煤壁易片帮，管理难度较大，也有着与一般综采不同的特点。

相关知识

分层采煤法曾在我国开采厚煤层广泛采用，是将厚煤层划分为若干个分层，分层之间以人工假顶或再生顶板隔离。大采高采煤法是近几年随着大采高液压支架、大功率采煤机和强力刮板输送机的出现而产生的采煤方法，该方法已在我国许多矿区得到了应用。

一、分层开采工艺特点

（一）顶分层开采工艺特点

顶分层工作面的顶板是煤层的原生顶板，底板是煤层，其采煤工艺与中厚煤层长壁采煤法基本相同。为了隔离顶分层开采后冒落的矸石与下面的煤层，并为下分层安全开采创造条件，顶分层开采时增加了为下分层铺设人工假顶或形成再生顶板的工作。

1. 人工假顶

人工假顶有竹笆或荆笆假顶、金属网假顶或塑料网假顶等。竹笆或荆笆假顶由于强度低、易腐烂，现已基本不用，因此，人工假顶主要是金属网或塑料网。

（1）金属网假顶

金属网假顶一般用12～14号镀锌铁丝编织而成，为加强网边抗拉强度，常用8～10号铁丝织成网边。常见的网孔形状有正方形、菱形和蜂窝形等，如图5-40所示。网孔尺寸一般为20 mm×20 mm或25 mm×25 mm。

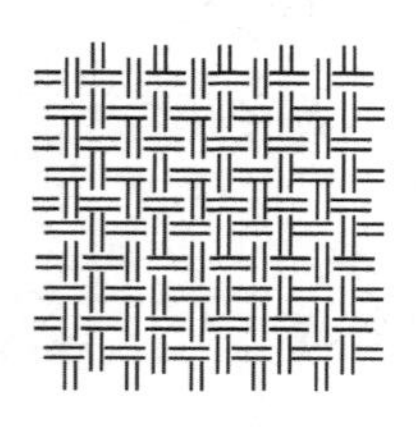  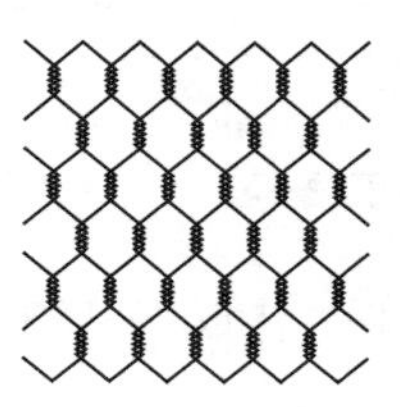

图5-40 金属网网孔形状

金属网假顶强度较高、柔性大、体积小、重量轻，便于运输和在工作面铺设且耐腐蚀，使用寿命长，铺设一次可服务几个分层。因此，目前在分层工作面得到广泛应用。由于菱形网在承载性能方面优于相同直径铁丝编成的经纬网，因此菱形网使用较多。

普采和炮采工作面的金属网需要人工铺设，综采工作面的金属网可以人工铺设或由液压支架自动铺设。金属网可以沿工作面底板铺设，也可以沿工作面顶板铺设。

人工铺顶网时，紧跟采煤机割煤后暴露的顶板将金属网卷沿着平行于工作面的方向展开，用铁丝与原先的金属网连成一体。金属网长边搭接、短边对接。长边用12号或14号铁丝 单丝或双丝每隔100 mm左右连一扣，连好网后移液压支架或挂梁支柱。

与铺底网相比，铺顶网可以同时服务于上下分层工作面的顶板管理，顶板较破碎情况下效果明显。铺顶网工作面放顶时，金属网将采空区与工作空间隔开，可阻挡采空区矸石向工作面窜入，工作面浮煤均位于金属网下，不与顶板矸石混杂，在下分层开采时这些煤可一并采出。

综采工作面利用液压支架机械化铺设金属网工艺已有很大发展。机械化铺网有两种方式：第一种是铺设顶网，一般是在液压支架的前探梁或顶梁下增设托架，如图5-41(a)所示。将金属网卷装在托架上，网从托梁前端绕过后被紧压在顶板上，当支架前移时网卷自行展开，一卷网铺完后再换装上新网卷，并将新网的网边与旧网的网边连接。连网工作在支架托梁下方由手工完成，铺设的顶网长边垂直于工作面方向。这种方式的主要缺点是连网必须在靠近煤壁的托梁下方由手工完成，效率较低。由于网在靠近煤壁处下垂，当采高较低时，托梁下方没有足够的空间安置金属网卷，并且金属网卷有碍于采煤机顺利通过。

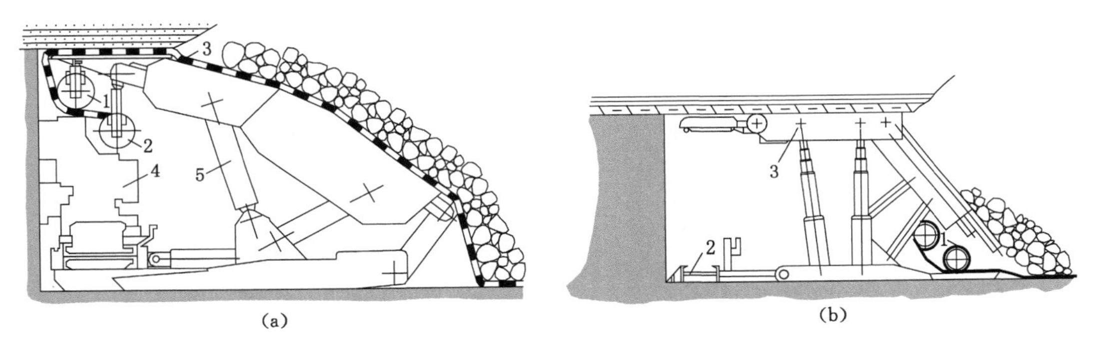

图5-41　液压支架机械化铺顶底网

(a) 铺顶网

1——网卷1；2——网卷2；3——金属网；4——采煤机；5——支架

(b) 铺底网

1——网卷；2——输送机；3——支架

第二种机械化铺网方式，是利用液压支架铺底网。支架后端掩护梁下(有的支架则在底座前端)安设有架间网和架中网的网卷托架，前后排网卷交错间隔安放，网片长边搭接150～200 mm，短边搭接500 mm左右。支架前移时，网卷在底板上自行展开，如图5-41(b)所示。连网工作在掩护梁下进行，与采煤作业互不干扰。

(2) 塑料网假顶

塑料网假顶由聚丙烯树脂塑料带编织而成，其铺设方法与金属网假 顶基本相同。塑料网网带宽13～16 mm、厚0.8～0.9 mm，网片通常有5.6 m×0.9 m和2.0 m×0.9 m两种尺寸。塑料网较轻，其质量只有相同面积金属网的1/5左右，具有无味、无毒、阻燃、抗静电、柔性大、耐腐蚀等优点。

2. 再生顶板

顶分层开采期间，含泥质成分较高的直接顶垮落后，在上覆岩层压力作用下，加上顶分层回采时向采空区注水或灌浆，冒落矸石经过一段时间后就能重新胶结成为具一定稳定性和强度的再生顶板，下分层即可在再生顶板下直接回采，不必铺设人工假顶。再生顶板形成的时间和整体性与岩层的成分、含水性和顶板压力大小等因素有关，一般至少需要 4～6 个月，有的甚至需要 1 年时间。下分层采煤工作面的滞后上分层开采时间应大于上述时间。

（二）假顶下采煤工艺特点

（1）假顶下的支护及顶网管理

在人工假顶或再生顶板下采煤时，顶板是已垮落的岩石，故周期来压不明显，顶板管理的关键是护好破碎顶板。

假顶下护好破碎顶板的技术措施是：选用浅截深采煤机并及时支护。在单体支柱工作面，一般采用正倒悬臂错梁齐柱支护方式，割煤后及时挂梁支护。当工作面片帮严重时，为防止顶网下沉冒顶，应提前在煤壁处预掏梁窝，挂上铰接顶梁、打贴帮柱进行超前支护。

我国有的煤矿采用 Π 形长钢梁组成对棚在工作面交替迈步前移护顶，如图 5-42 所示。这种钢梁对金属网假顶有较好的整体支护性能，能及时支护裸露的顶板，在移梁时有相邻顶梁支护顶板，可较好地解决中下分层顶网下沉和出现网兜等问题。

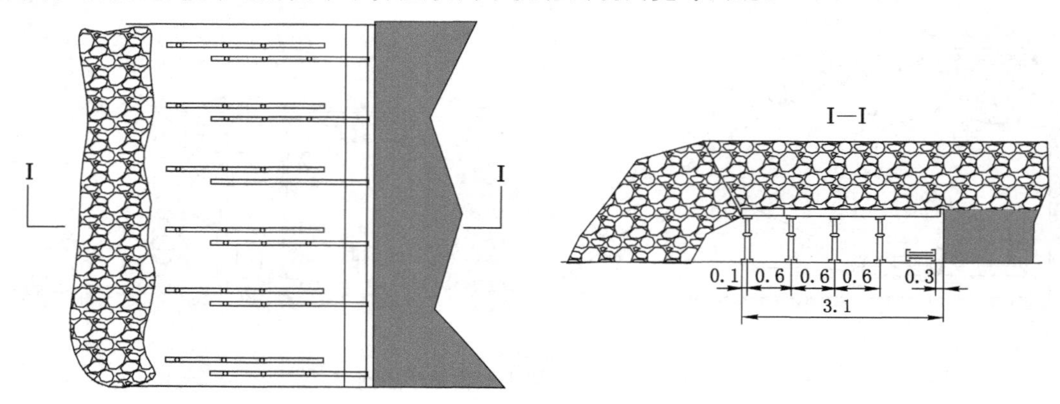

图 5-42　Π 形长钢梁对棚网下支护

假顶下的综采工作面宜选用掩护式或支撑掩护式支架，并尽量缩小端面距。采煤机割煤后，应紧追采煤机擦顶移架、及时支护，其滚筒距顶网不应小于 100 mm，以免在煤壁处出现网兜或割破顶网。发现金属网有破损时应及时补网。

（2）假顶下的放顶工艺

由于人工假顶或再生顶板易下沉，故放顶时通常采用无密集支柱放顶。假顶在工作面放顶线处下落时对工作面支架的牵动力较大，往往会造成支架倾斜、歪扭，甚至造成支架被大面积推倒的冒顶事故。因此，在单体支柱工作面应注意加强支柱的稳定性，一般可沿放顶线最后一排支柱下支设单排或双排抬棚或打斜撑，以抵抗金属网下落时对支架产生的水平推力。放顶时可用木柱斜撑顶网，使其缓慢下沉到底板。沿放顶线倒悬臂铰接顶梁的梁头容易挂破顶网，在放顶前应先用戴帽点柱将其替换。

初次放顶时应特别注意加强对顶网的管理，开帮进度不宜太大，工作面可架设适量的木垛、抬棚、斜撑等以增加支架的稳定性。为防止金属网对支架产生过大的牵制力，可先在底板上加铺一层底网，然后沿放顶线将顶网剪断，使顶网沿放顶线呈自然下垂状态。

二、大采高开采工艺特点

大采高一次采全厚采煤法，是采用机械一次开采全厚达到和超过 3.5 m 的长壁采煤法。受工作面装备稳定性限制，多用于倾角较小的煤层，受采高限制，一般采用综采工艺。

大采高综采工作面一般装备成套设备，其特征是大功率采煤机、强力双中链刮板输送机和双伸缩立柱掩护式液压支架配套。

20 世纪 80 年代我国在邢台东庞矿试验大采高工艺成功，其典型配套产品经不断改进，特征为：MXA-300/4.5 型采煤机，功率 300 kW，牵引速度 0～8.6 m/min；SGZC-730/400 型侧卸式双中链刮板输送机，功率 2×160 kW，链速 1.08 m/s；BY3600-25/50 型二柱掩护式液压支架，支撑高度为 2.5～5.0 m，该支架装有可伸缩的前探梁和两段护帮板，能够防止片帮。该套设备年产能力可达到 255 万 t。

2012 年以来，我国神东大柳塔煤矿开采倾角 1°～3°、平均厚度为 6.94 m 的厚煤层。其配套装备有 JOY7LS8 电牵引采煤机，最大采高 7.0 m，截深 0.865 m，牵引速度 0～25 m/min；液压支架型号为 ZY16800/32/70D，支撑高度为 3.2～7.0 m，架中心距 2.05 m，工作阻力为 16 800 kN；中双链刮板输送机，中部槽长 2.05 m，电动机功率为 4 800 kW，运输能力为 6 000 t/h。

1. 大采高综采工作面矿压显现特点

大采高综采长壁工作面开采后，垮落带高度随采高增大而增加。如垮落的直接顶岩层不能填满采空区而在坚硬岩层下方出现较大的自由空间，折断后的基本顶在其回转运动过程中往往对下位岩层和工作面支架形成冲击载荷并在工作面前方煤体中形成较高的支承压力，同时在工作面引起强烈的周期来压。因此，大采高工作面基本顶来压更为剧烈，局部冒顶和煤壁片帮现象更为严重，煤壁片帮范围随采高增大而增加。因此，大采高工作面支架工作阻力一般均比较高。

2. 大采高综采工艺措施

(1) 控制初采高度

为了有利于在开切眼中进行大采高液压支架、采煤机、输送机等设备安装，开切眼的高度一般不宜超过 3.5 m，初采高度与开切眼高度一致。自开切眼开始，工作面保持初采高度推进，待直接顶初次垮落后，将采高逐渐加大至正常采高。在工作面和回采巷道均沿煤层底板布置、回采巷道高度小于工作面设计采高的情况下，一般通过工作面两端的 5～6 架支架，由巷道高度向设计采高平缓过渡。为使采空区顶板尽快冒落，根据顶板条件，在开切眼内可采用退锚杆和退锚索的措施，必要时也可以采用爆破措施。

(2) 防止煤壁片帮

工作面容易出现煤壁大面积片帮，片帮后端面距加大，顶板失去煤壁支撑，常造成冒顶事故。生产中应通过加固煤壁、改变工作面推进方向、及时打开护帮板等措施防止煤壁片帮。

(3) 液压支架防倒、防滑

大采高综采工作面的装备重量大，工作面倾角稍大时输送机和液压支架的下滑及支架倾倒问题很突出。要满足大采高综采工作面对煤层倾角的要求，应采取如下措施：首先是有条件时可以选择宽度为 1.75 m 或 2.05 m 的支架。其次，还应加强对工作面排头、排尾的三架液压支架控制，用顶梁千斤顶、底座和后座千斤顶进行锚固，防止倒架。再有，工作面端头应采用专用的端头支架，其应具有防倒防滑装置，并能够实现自移、推移输送机机头和转载机的功能，能与平巷的断面形状和支护形式相适应。

任务实施

根据煤层厚度，结合分层开采、放顶煤开采、大采高开采优缺点及适用条件等因素合理选择开采方法。明确各种开采方法的工艺流程及工艺特点。

思考与练习

1. 什么是再生顶板？
2. 简述顶分层采煤工艺特点。
3. 简述假顶下采煤工艺特点。

任务六 薄煤层工作面机采工艺特点

知识要点

薄煤层开采设备及特点；薄煤层开采工艺特点。

技能目标

掌握薄煤层滚筒式采煤机开采工艺过程；掌握刨煤机开采工艺过程。

任务导入

对于薄煤层工作面，由于作业空间范围狭小，无法像中厚煤层条件下布置大型设备，薄煤层工作面设备结构与一般综采有所不同。本节任务将主要介绍薄煤层各种开采方法及相应技术特点。

任务分析

针对薄煤层开采条件下，不同开采方式对应的机械设备类型、适用条件以及工艺特点进行分析，明确各开采方式工艺特点。

相关知识

厚度小于 1.3 m 的煤层称为薄煤层，其中厚度小于 0.8 m 的煤层习惯上称为极薄煤层。

与厚煤层和中厚煤层相比，薄煤层开采工作面普遍存在作业空间小，工作条件差，工作面单产低，煤质相对较硬，截齿、刨刀消耗较大等问题。

目前，国内外薄煤层开采较成熟的工艺有滚筒采煤机普采、滚筒采煤机综采、刨煤机普采、刨煤机综采、螺旋钻采煤机钻采、连续采煤机房柱式开采、爆破挡装自移式液压支架支护开采、爆破挡装单体液压支柱支护开采等工艺方式。

从国内外的开采实践来看，发展机械化是薄煤层安全高效开采的唯一途径，关键是工作面装备高性能的薄煤层生产设备，提高可靠性，向机械化、自动化和无人化方向发展。

一、薄煤层滚筒采煤机采煤工艺的特点

对薄煤层滚筒采煤机的要求是：机身矮以保证有足够的过机高度，并应尽可能短以适应煤层的波状起伏；功率不低于 100 kW，以形成较强的割煤、破岩和过断层能力；要有足够的过煤高度；尽可能实现工作面自开切口进刀；结构简单、可靠，便于维护和安装。

薄煤层滚筒采煤机分为骑输送机式和爬底板式两类，如图 5-43 所示。

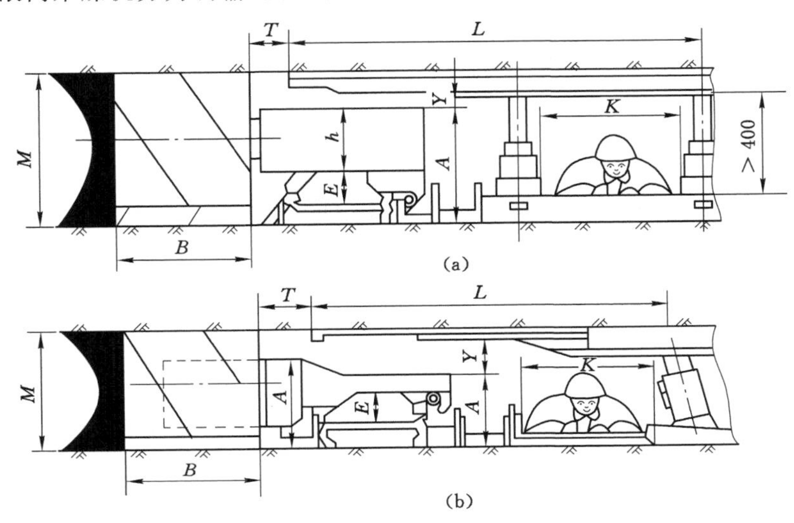

图 5-43　薄煤层采煤机

(a) 骑输送机式；(b) 爬底板式

骑输送机式采煤机由输送机机槽支承和导向，当电动机功率为 100 kW 时，其高度 $A=350$ mm，过煤空间高度 $E\geqslant 160$ mm，过机空间富余高度 $Y\geqslant 90$ mm，输送机中部槽高 180～200 mm。这种采煤机只能开采厚度大于 0.8 m 的煤层。

国内薄煤层滚筒采煤机以骑输送机式为主，该类采煤机正向双截割滚筒、大功率、大截深、高可靠性、多电动机、无链电牵引、交流变频调速方向发展。为解决装机功率、机面高度和过煤空间之间的矛盾，截割电动机直接横向布置在摇臂上，简化了传动系统，缩短了机身，提高了装机功率，使整机结构得到优化。

爬底板式采煤机机身位于滚筒开出的机道内，可利用的空间高度不包括刮板输送机溜槽的高度，与骑输送机式相比过煤空间高，电动机功率可以增大，具有较大的生产能力，同时工作面过风断面大、工作安全，可用于开采 0.6～0.8 m 的薄煤层。这类采煤机装煤效果差，结构较复杂，在输送机导向管和铲煤板上均有支承点和导向点，采煤机在煤壁侧也需设支承点。

薄煤层工作面顶板活动不剧烈，矿压显现相对缓和，要求的支架工作阻力相对较低。综采工作面液压支架在最低状态时，必须保证顶梁下面要有高 400 mm、宽 600 mm 的人行道。液压支架的特点是，结构紧凑，一般不设活动的侧护板，多为两柱掩护式；顶梁和底座厚度小，强度高，多为分体底座，以便于排矸；重量轻；大流量电液控制系统，以提高移架速度；通常为单向或双向邻架控制，以保证安全和减小劳动强度；为减小控顶距，一般为滞后支护。

薄煤层机采工作面一般配备轻型、双边链、矮机身可弯曲刮板输送机。

为保证较大的作业空间，薄煤层综采工作面采煤机有时要割一定厚度的底煤。

二、薄煤层刨煤机采煤工艺的特点

刨煤机采煤是利用带刨刀的煤刨沿工作面往复落煤和装煤，煤刨靠工作面输送机导向。刨煤机结构简单可靠，便于维修；截深小（一般为 5～10 cm），只刨落煤壁压酥区表层，故刨落单位煤量能耗少；刨落煤的块度大，煤粉及煤尘量少，劳动条件好；司机不必跟机作业，可在平巷内操作，移架和移输送机工人的工作位置相对固定，劳动强度小。因此，刨煤机对于开采薄煤层是一种有效的落煤和装煤机械。

刨煤机可用于普采工作面，也可用于综采工作面。刨煤机综采工作面布置如图 5-44 所示。

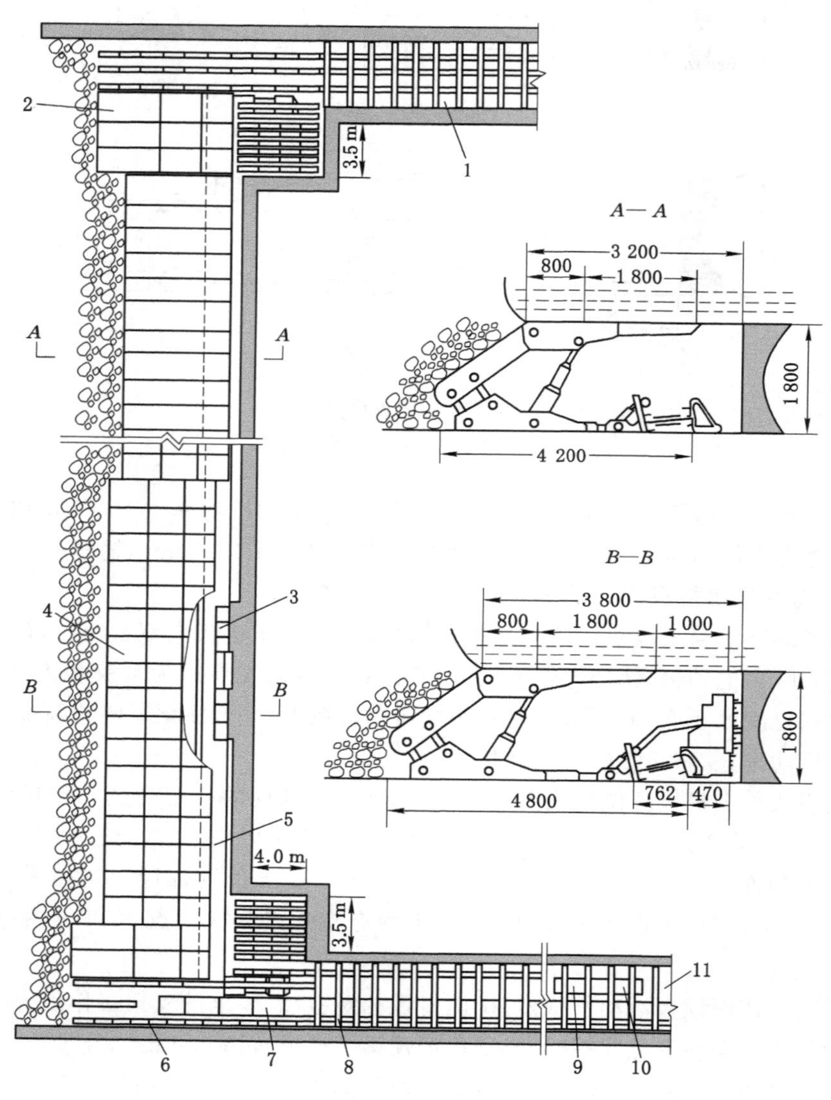

图 5-44　刨煤机综采工作面布置

1——回风平巷；2——端头液压支架；3——滑行刨煤机；4——工作面液压支架；5——刮板输送机；6——单体金属支架；7——桥式转载机；8——工字钢支架；9——乳化液泵站；10——移动变电站；11——运输平巷

近年来，我国逐渐发展了自动化综采刨煤机工艺系统，液压支架的全部动作由 PM4 电液系统自动控制，刨煤机、输送机、转载机、破碎机等装备由 PROMS 系统控制，刨煤机装机功率达到 630 kW，平均月产在 0.14 Mt 以上。

刨煤机的适用条件如下：

(1) 煤层厚度在 2 m 以下，倾角小于 25°，最好小于 15°。

(2) 最好顶煤不粘顶板，若轻度粘顶，可人工处理；要求煤层中硫化铁块度小，含量不多，或分布位置不影响刨煤机刨煤；夹石厚度大于 200 mm 时不宜采用刨煤机。

(3) 煤层沿走向及倾斜方向无大的断层及褶曲；断层落差小于 0.3～0.5 m 时可用刨煤机，大于 0.5 m 时要超前处理。

任务实施

针对煤层厚度条件，合理选择滚筒式采煤机与刨煤机开采，结合前述综采工作面工艺流程，明确薄煤层开采工艺流程及特点。

思考与练习

1. 简述薄煤层滚筒采煤机采煤工艺的特点。
2. 简述薄煤层刨煤机采煤工艺的特点。

任务七 倾斜长壁采煤法工艺特点

知识要点

倾斜长壁开采工艺特点；仰斜开采顶板管理特点；倾斜长壁采煤法主要适用条件。

技能目标

掌握倾斜长壁开采工作面工艺特点；掌握倾斜长壁开采安全技术措施。

任务导入

倾斜长壁开采是指采煤工作面沿煤层走向布置，沿煤层倾斜方向向上或向下推进的开采方式。倾斜长壁采煤工作面的开采工艺与走向长壁采煤工作面的开采工艺有很多相似之处，主要的区别是由于推进方向从沿走向改变为沿倾斜方向，煤壁和顶板的稳定性有所不同，采煤机的稳定性和装煤效果也有所变化。

任务分析

倾斜长壁工作面按不同的推进方向分为俯斜开采与仰斜开采。由于它们之间的推进方向不同，在工作面的管理及技术措施上也有一定的差别。应结合具体条件，对倾斜长壁工作面进行分析，并制定安全技术措施。

相关知识

一、仰斜开采的采煤工艺特点

如图 5-45 所示，由于受倾角影响，仰斜工作面的顶板将产生沿岩层层面指向采空区方向的分力，在此分力作用下顶板岩层受拉力作用，更容易出现裂隙和加剧破碎，顶板和支架有向采空区移动的趋势。因此，随着煤层倾角加大，仰斜长壁工作面的顶板更加不稳定。

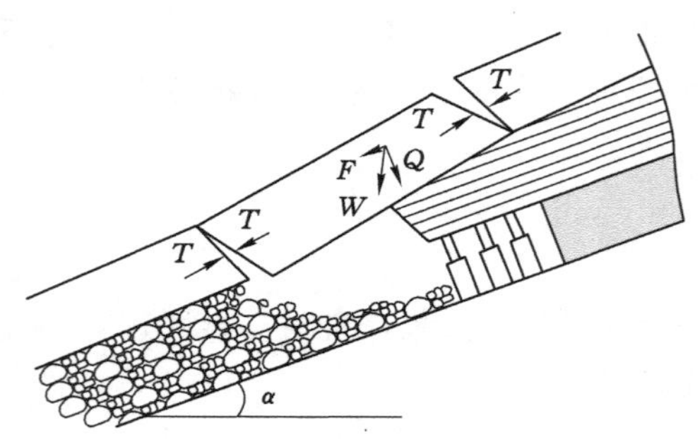

图 5-45　仰斜开采顶板受力分析

仰斜工作面采空区冒落矸石有向采空区移动的趋势，这时支架的主要作用是支撑顶板。因此，可选用支撑式或支撑掩护式支架。当倾角大于 12°时，为防止支架向采空区侧倾斜，普采和炮采工作面的支柱应斜向煤壁 6°左右并加复位装置或设置复位千斤顶，以确保支柱与煤壁的正确位置关系。

在煤层倾角较大时，仰斜工作面的长度不能过大，否则由于煤壁片帮造成机道碎煤量过多而使输送机难以启动。煤层厚度增加时，需采取防片帮措施，如打木锚杆控制煤壁片帮，液压支架应设防片帮装置等。

仰斜开采移架困难，当倾角较大时可采用全工作面小移量多次前移方法，同时优先选用配套大拉力推移千斤顶的液压支架。

仰斜开采时，水可以自动流向采空区，这有利于向采空区注浆防治煤层自燃。同时，工作面无积水，劳动条件好，设备不易受潮，装煤效果好。

当煤层倾角小于 10°时，仰斜长壁工作面采煤机和输送机工作稳定性尚好。随倾角加大，采煤机在自重影响下截煤时因偏离煤壁而减小截深，输送机也会因采下的煤滚向溜槽下侧而易造成断链事故。为此，需要采取如减小截深、采用中心链式输送机、在输送机采空区侧加挡煤板、加强采煤机的导向定位装置、推移千斤顶配备油液闭锁装置等措施。

当煤层倾角大于 17°时，采煤机机体的稳定性明显降低，甚至可能翻倒。

二、俯斜开采的采煤工艺特点

如图 5-46 所示，对于俯斜工作面，沿顶板岩层的分力指向煤壁侧，顶板岩层受压力作用使顶板裂隙有闭合趋势，这有利于顶板保持稳定。

俯斜长壁工作面采空区顶板冒落的矸石有涌入工作空间的趋势，支架除了要支撑顶板外，还要防止破碎矸石涌入。因此，要选用支撑掩护式或掩护式支架。由于碎石作用在掩护梁上，其载荷有时较大，故掩护梁应具有良好的掩护特性和承载性能。当煤层倾角较大、采高大于 2.0 m、降架高度大于 300 mm 时，易出现液压支架向煤壁侧倾倒现象。为此，移架

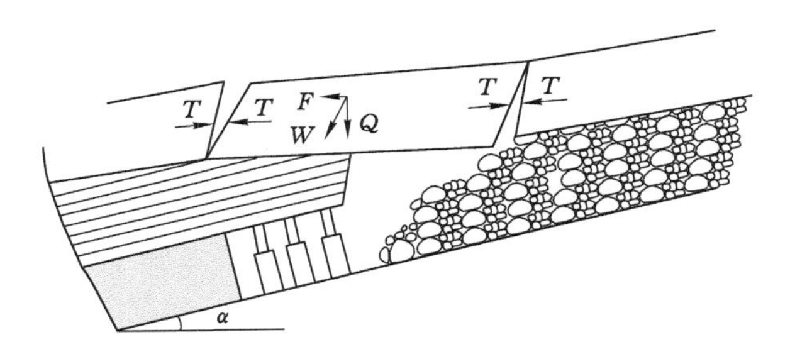

图 5-46　俯斜开采顶板受力分析

时要严格控制降架高度并收缩支架的平衡千斤顶，拱起顶梁的尾部，使之带压擦顶移架，以有效防止支架前倾。

俯斜开采时，煤壁不容易片帮，工作面不易集聚瓦斯，但采空区的水却总是流向工作面的，不利于对采空区注浆防治煤层自燃。随着煤层倾角加大，采煤机和输送机的事故亦会增加，装煤率也会降低。由于采煤机的重心偏向滚筒，俯斜开采势必加剧机组的不稳定，易出现机组掉道或断牵引链事故，并且常使采煤机机身两侧导向装置磨损严重。

当煤层倾角大于 22°时，采煤机易下滑，滚筒钻入煤壁，截割下来的煤难以装进输送机中。

三、倾斜长壁采煤法评价

倾斜长壁采煤法取消了采(盘)区上(下)山，分带斜巷通过联络巷或带区煤仓直接与运输大巷相连。同走向长壁采煤法相比，倾斜长壁采煤法有以下优点：

(1) 巷道布置简单，巷道掘进和维护费用低，投产快。

(2) 运输系统简单，占用设备少，运输费用低。

(3) 工作面容易保持等长，有利于综合机械化采煤。

(4) 通风线路简单，通风构筑物少。

(5) 对某些地质条件适应性强。如煤层顶板淋水较大或采空区需注浆防火时，仰斜开采 有利于疏干工作面积水和采空区注浆；瓦斯涌出量大或煤壁易片帮时，俯斜开采有利于工作 面排放瓦斯和防止煤壁片帮。

(6) 技术经济效果好。实践表明，其工作面单产、巷道掘进率、采出率、劳动生产率和吨煤成本等几项指标都有不错的表现。

倾斜长壁采煤法存在以下缺点：

(1) 在目前多用矿车轨道辅助运输条件下，长距离倾斜巷道常使掘进、辅助运输和行人比较困难。

(2) 在不增加工程量条件下，煤仓和材料车场的数目较多，大巷装载点多。

(3) 分带斜巷内存在下行通风问题。

四、倾斜长壁采煤法适用条件

(1) 倾斜长壁采煤法一般应用于煤层倾角小于 12°的煤层。煤层倾角越小越有利。

(2) 当对采煤工作面设备采取有效的技术措施之后，倾斜长壁采煤法可使用在 12°～17°的煤层。

(3) 对于倾斜或斜交断层比较发育的煤层，在能大致划分成比较规则带区的情况下，可采用倾斜长壁采煤法或伪斜长壁采煤法。

(4) 对于不同开采深度、顶底板岩石性质及其稳定性、矿井瓦斯涌出量和矿井涌水量的条件,均可采用倾斜长壁采煤法。

由于倾斜长壁采煤法具有诸多方面的优点,因此在条件适宜的情况下,应优先考虑采用倾斜长壁采煤法。

任务实施

结合矿井实际条件,设计倾斜长壁工作面。系统考虑倾斜长壁工作面与走向长壁工作面巷道布置特点,总结仰斜开采与俯斜开采工作面围岩移动特点和生产技术要点,合理选择倾斜长壁工作面布置形式。

思考与练习

说明倾斜长壁采煤法的优缺点及适用条件。

项目六　特殊条件开采

任务一　柱式采煤法

知识要点

房式采煤法和房柱式采煤法巷道布置；连续采煤机采煤工艺系统。

技能目标

熟悉柱式采煤法巷道布置的主要形式及参数；熟悉连续采煤机及工艺过程；掌握柱式采煤法开采技术安全措施。

任务导入

柱式采煤法作为两大采煤方法之一，在开采体系中有着重要的地位和价值。柱式体系采煤法的基本特点是，用大量巷道将待采煤层切割成若干尺寸较小的块段，短工作面采煤，利用煤柱暂时或永久支撑顶板。柱式体系采煤法有两种基本类型，即房式采煤法和房柱式采煤法。根据地质和技术条件的不同，每类采煤法又有很多变化。

任务分析

柱式采煤法采空区顶板利用采场周围或两侧的煤柱支撑，采后一般不随工作面推进及时处理采空区。本任务要掌握以下知识：

（1）柱式采煤法巷道布置。

（2）连续采煤机采煤工艺系统。

相关知识

一、柱式体系采煤法的分类

（一）房式采煤法

在煤层内开掘一系列宽度为 5～7 m 的煤房，用短工作面推进的方式开采煤房，区段内4～6 个煤房同时掘进，煤房间用联络巷连通以构成生产系统，并形成近似于长条形或矩形的煤柱，煤柱宽度由数米至二十几米不等。采完煤房后，煤柱保留下来支撑顶板岩层。这种只开采煤房不开采煤柱的采煤方法称为房式采煤法。

房式采煤法主要适用于煤层顶板稳定、坚硬的条件，根据顶板性质来确定煤房和煤柱尺寸。当为保护地面建筑采用房式采煤法时,留设的煤柱尺寸不宜太小。

(二)房柱式采煤法

房柱式采煤法的实质,是将煤层划分为若干条形块段,每一块段内开辟若干煤房,煤房间留有一定宽度的煤柱并以联络巷连通。与房式采煤法不同的是,采完煤房后,根据顶板条件有计划地回收房间煤柱,煤柱回收方式应根据煤柱尺寸、围岩条件和工艺方式的不同确定。

二、柱式体系采煤法的巷道布置特点

柱式体系采煤法一般应用于顶板稳定的近水平薄及中厚煤层。大巷布置在煤层中,一般为5～7条,用于运输、行人和通风;多条进回风巷并列形成大风量、低风速、低负压通风。

盘区一般在大巷两侧布置。盘区准备及区段回采巷道数目一般都不少于3条,一条带式输送机巷、一条进风巷、一条回风巷。准备巷道有时可达5～7条。

(一)房式采煤法巷道布置特点

图6-1为某矿井采用连续采煤机-梭车工艺系统的房式采煤法巷道布置图。主巷由5条巷道组成,盘区准备巷为3条,在盘区巷两侧布置煤房,形成区段。盘区一翼前进,另一翼后退。主巷的两侧留60 m保护煤柱。区段由6个房同时推进。房宽7 m,煤柱尺寸为8 m×8 m,区段间煤柱宽为8 m,因受地质构造影响,房长约220 m。

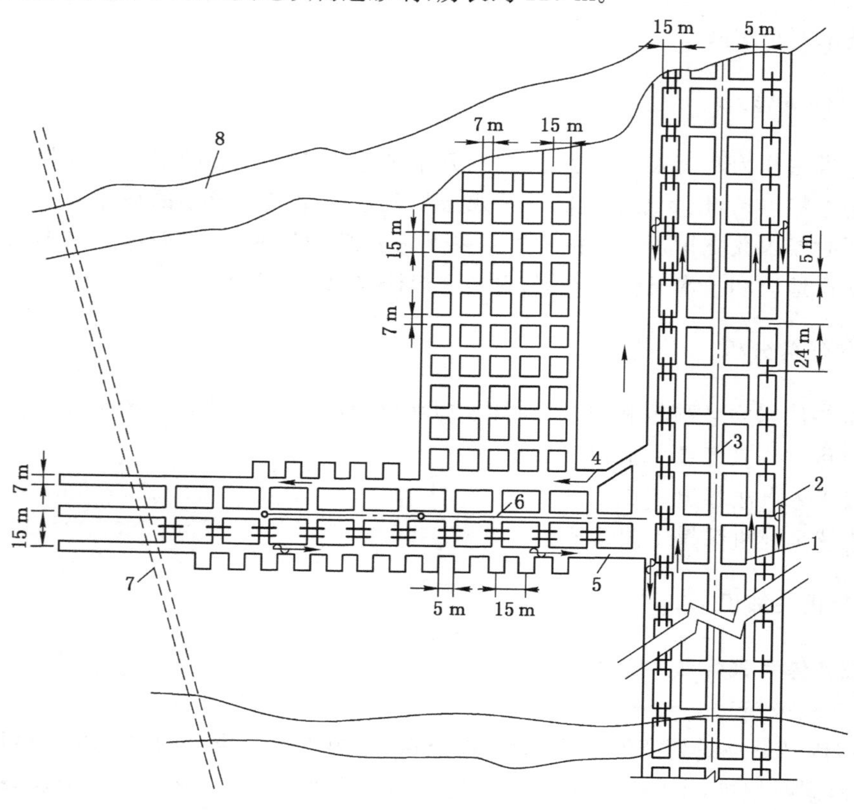

图6-1　房式采煤法巷道布置

1——进风大巷;2——回风大巷;3——运输大巷;4——盘区进风巷;
5——盘区回风巷;6——盘区运输巷;7,8——地质破坏不可采区房式采煤法根据煤柱尺寸和形状还可分为很多种形式，如长条式、切块式等，但其基本布置方式相似。

（二）房柱式采煤法巷道布置特点

1. 切块式房柱式采煤法

通常把4～5个以上煤房组成一组同时掘进，煤房宽5～6 m，煤房中心距为20～30 m，回采巷道每隔一定距离用联络巷贯通，形成方块或矩形煤柱。煤房掘进到预定长度后，即可回收煤柱。图6-2所示为一典型切块式房柱式采煤法布置方式。

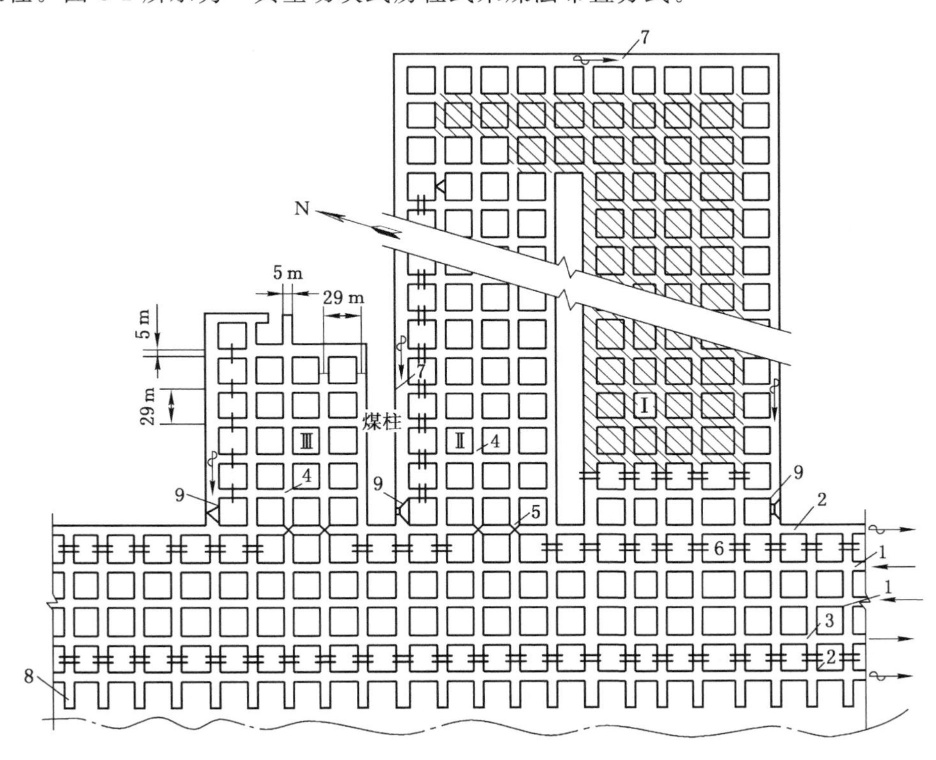

图6-2　切块式房柱式采煤法巷道布置

1——进风大巷；2——回风大巷；3——运输大巷；4——盘区进风巷；
5——风桥；6——风墙；7——回风巷；8——堆放矸石的独头短巷；9——调节风门

巷道布置采用五巷制。五条大巷均布置在煤层中，其中中间三条进风，两边各一条回风，3号为带式输送机巷。大巷一侧布置盘区，盘区内直接布置煤房，不再布置盘区准备巷。五条煤房为一组同时掘进，房宽为5 m，留方形煤柱，房与房中心距为29 m。大巷另一侧为独头短巷，以便堆放矸石不外运。盘区间留设24 m长条形煤柱。该煤柱也可在后退回收煤柱时采出。

2. 旺格维利采煤法

旺格维利采煤法是澳大利亚在房柱式开采技术上发展起来的一种高效短壁柱式采煤法，它与传统房柱式采煤法的主要区别是，采煤区段划分和区段内煤体切割及回收方法不同，煤柱回收后，顶板类似长壁工作面一样充分冒落，使煤房、煤柱的回采避开支承压力高峰区。该采煤方法因首先在澳大利亚新南威尔士州的旺格维利煤层中试采成功而得名。

旺格维利采煤法在我国神东矿区成功应用,并取得了良好的技术经济效果。神东矿区旺格维利采煤法区段的巷道布置有两种形式,一种是类似于长壁工作面布置形式,进回风平巷均以双巷布置,巷宽 4.5～5 m,巷间煤柱宽度 15～20 m,其工作面长度约 100 m,工作面煤房宽度 5～6 m,煤房间距一般小于 25 m,巷道高度与回采高度相同。巷道和煤房支护形式为树脂锚杆。其工作面系统布置如图 6-3 所示。另一种形式是在区段内集中布置三条平巷,用于进风、回风和运输。巷间煤柱、巷道宽度、煤房间距、支护形式与第一种形式相同。当工作面沿平巷单翼布置时,其长度约 100 m;当工作面沿平巷双翼布置时,其长度可达 200 m。工作面系统布置如图 6-4 所示。

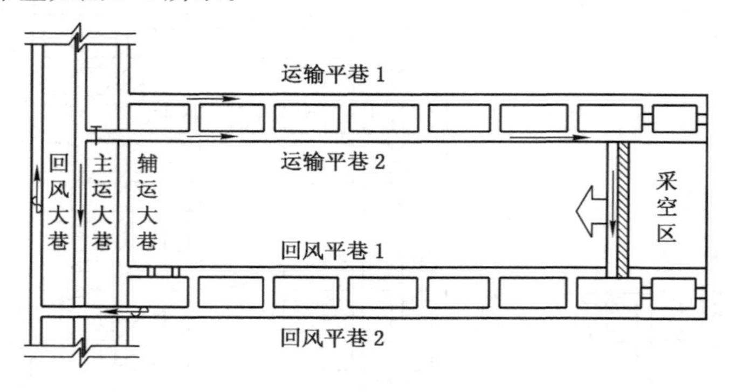

图 6-3 旺格维利工作面系统布置(一)

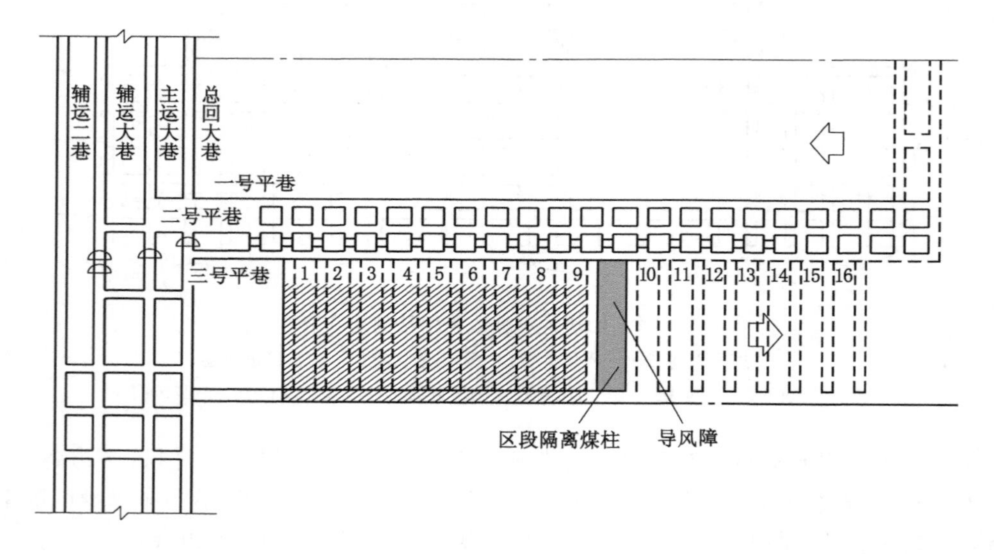

图 6-4 旺格维利工作面系统布置(二)

三、柱式体系采煤工艺

柱式体系采煤工艺按落煤方式的不同可分为两大类:一类为传统的爆破落煤工艺;另一类为连续采煤机采煤工艺。连续采煤机采煤工艺,按运煤方式的不同,可分为连续采煤机-梭车-转载破碎机-带式输送机工艺系统和连续采煤机-连续运输系统-带式输送机工艺两种系统。前者是间接运输工艺系统,后者是连续运输工艺系统。

（一）连续采煤机-梭车工艺系统

连续采煤机主要有横滚筒和纵螺旋两大类。在中厚煤层中使用的都是横滚筒采煤机，滚筒宽度 2.9～3.2 m，采煤机长 9～10 m，同时完成割煤与装煤工作。梭车容量一般为 7～16 t，车高 0.7～1.6 m，车长 8.0 m 左右，车宽 2.7～3.3 m，自重 11～18 t。为了将煤匀速送入带式输送机，在输送机前面设置了转载破碎机，以利梭车快速卸载，并破碎大块煤。锚杆机是系统中的重要设备，大多为拖电缆自行式。打锚杆是作业中耗时较多的一道工序，采煤机与锚杆机轮流进入煤房作业。先采煤到一定进度（例如 6 m），采煤机退出至另一煤房采煤，锚杆机进入进行支护。

这种工艺系统与传统工艺系统相比，机械化程度高。一般采用三班作业制，每班配备 7～9 人，工效较高。

连续采煤机-梭车工艺系统主要用于中厚煤层，也用于厚度较大的薄煤层。其工艺系统如图 6-5 所示。连续采煤机房柱式采煤实行掘采合一，一般同时掘进 3～5 条煤房。由于通风和安全的要求，还需开掘横向联络巷间隔贯通每条煤房，煤房主要采用锚杆支护。连续采煤机房柱式采煤分为煤房掘进和回收煤柱两个阶段。

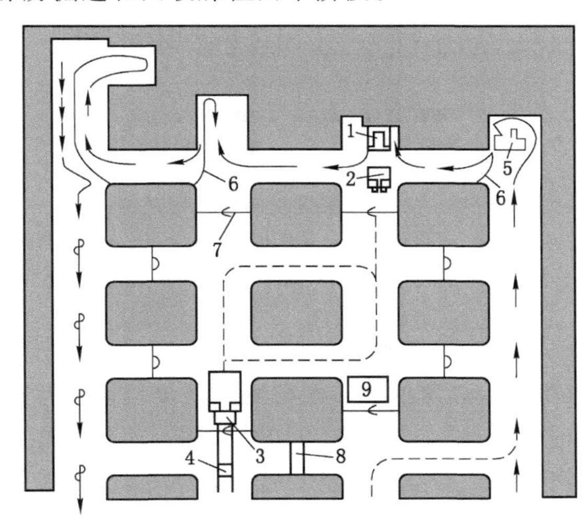

图 6-5　连续采煤机-梭车工艺系统

1——连续采煤机；2——梭车；3——转载破碎机；4——带式输送机；5——锚杆机；6——纵向风障；7——风帘；8——风墙；9——电源中心

1. 煤房掘进

图 6-6 所示为 5 条巷道（煤房）的连续采煤机煤房开掘系统。图中连续采煤机正在第 1 条煤房作业，采煤机一次向前开掘的距离，要保障采煤机司机始终处于永久锚杆支护的安全范围内，这个距离一般为 5～6 m。锚杆机在第 5 条煤房中安装锚杆，由于锚杆机紧随采煤机之后作业，连续采煤机在第 5 条煤房开掘后转移到第 1 条煤房继续作业。图中虚线为连续采煤机在第 1 煤房开掘时两台梭车的运煤路线。当连续采煤机完成第 1 条煤房的开掘作业后即转入第 2 条煤房作业，同时锚杆机在完成第 5 条煤房的作业后就可转移到第 1 条煤房钻装锚杆。当连续采煤机完成第 2 条煤房的掘进作业后，将依次转入第 3、第 4 和第 5 条煤房进行开掘作业。之后，又从第 1 条煤房开始进行下一个循环。如此循环作业，5 条煤房

推进到需要开掘联络巷时，其开掘顺序如图 6-7 所示。这时煤房和联络巷同时掘进，图中数字标明煤房和联络巷的掘进顺序，依此顺序直到掘通联络巷。当联络巷掘通后，又以正常顺序开掘 5 条煤房。

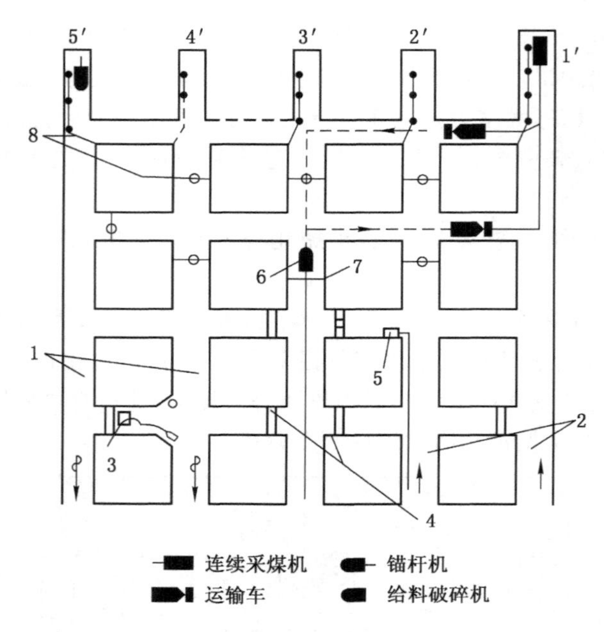

图 6-6 连续采煤机煤房开掘系统

1——回风道；2——进风道；3——蓄电池充电站；4——永久性风墙；5——采区供电中心；6——给料破碎机；7——防火墙；8——风帘

连续采煤机掘进过程可分为切槽和采垛两个工序，如图 6-8 所示。司机根据煤房中通风设施的布置，确定采煤机先沿煤房的某一侧截割。采煤机设备移动到位后开始切割正面煤壁，深度达到 5～6 m 时停止，这一工序称为切槽工序。然后采煤机退出调整到巷道另一侧，再切割剩余的煤壁，使巷道开掘至所要求的宽度，这一工序称为采垛工序。当采煤机工作时，要及时架设纵向风障等通风设施，使其端部应超前于采煤机司机，以保证工作面良好的通风条件。

连续采煤机通过扒爪装载机和中部输送机将煤装入停靠在采煤机后的梭车，见图 6-9。通常一台采煤机配两部梭车，一部在采煤机后等待装煤，另一部已装满煤炭驶向给料破碎机处，快速卸煤后再返回采煤机所在地点等待装车。两部梭车各按其线路往返穿梭行走以保证连续采煤机尽可能连续作业。在采煤机能力高的情况下也可配三部梭车。因采煤机每次开掘进度应保证采煤机司机操作位置在永久锚杆支护范围内，当采煤机完成这段距离的采掘任务后就应立即退出，转移到另一条煤房里重复作业。此时，锚杆机完成临近煤房钻锚工作，随即可转移到这条煤房进行钻眼和安装永久性锚杆。

2. 回收煤柱

煤柱回收方式因工艺方式、煤柱尺寸和围岩条件的不同而异，主要有袋翼式和外进式两种。

（1）袋翼式是使用连续采煤机采煤时的一种常用方式。这种方式是在煤柱中采出 2～3

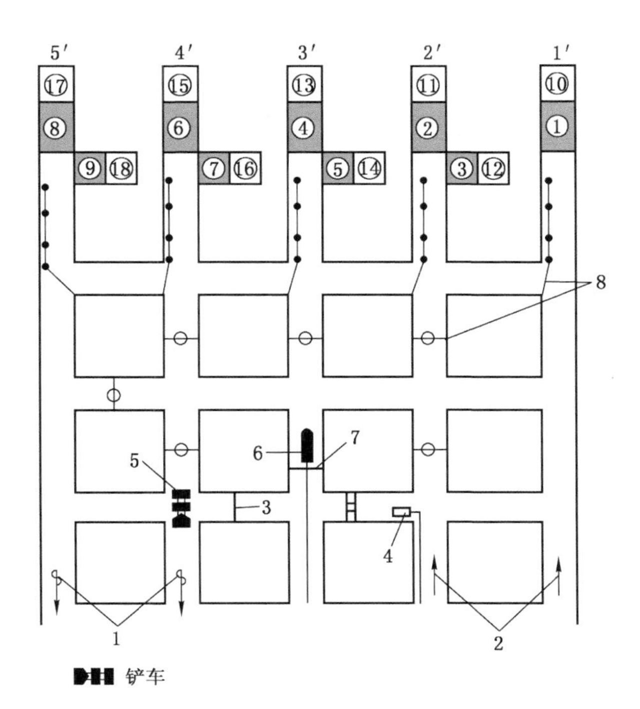

图 6-7　连续采煤机开采平巷和联络巷时的开采顺序

1——回风道；2——进风道；3——永久性风墙；4——采区供电中心；
5——铲车；6——给料破碎机；7——防火墙；8——风帘

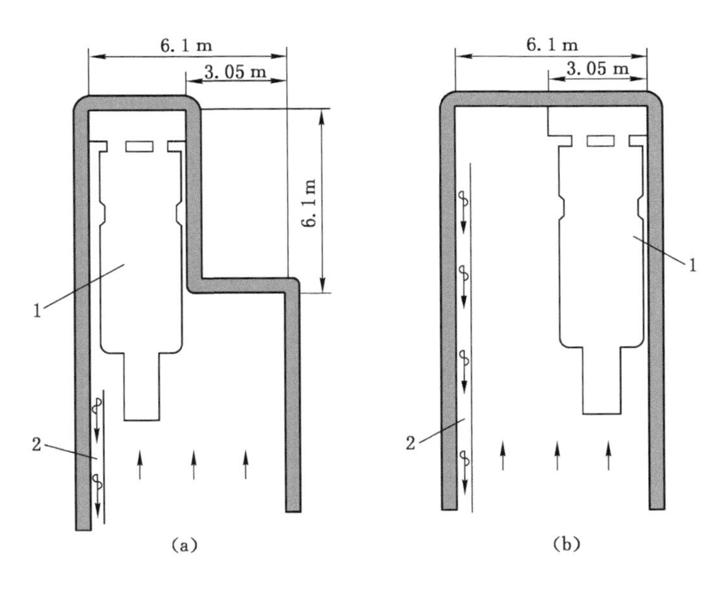

图 6-8　连续采煤机掘进顺序

(a) 切槽工序；(b) 采垛工序

1——连续采煤机；2——风障

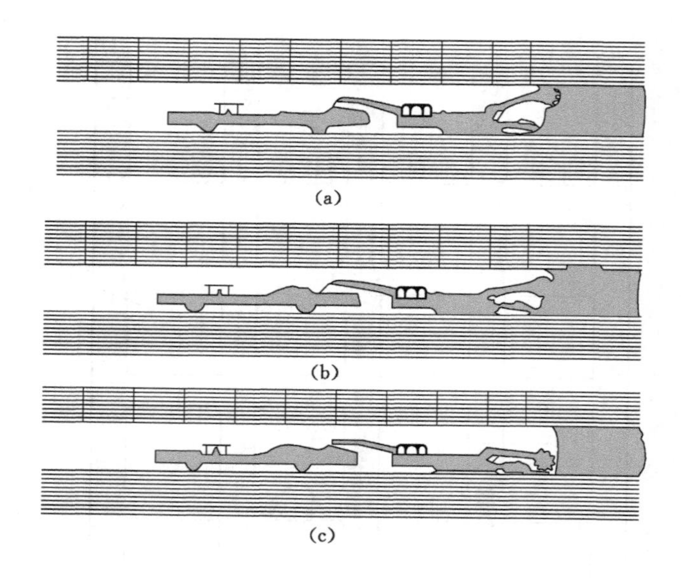

图 6-9 连续采煤机截割方式

(a) 切入;(b) 下行截割;(c) 平整底板

条通道作为回收煤柱时的通路(袋),然后回收其两翼留下的煤(翼),通道的顶板采用锚杆支护。通道不少于两条,以便连续采煤机、锚杆机轮流进入通道进行采煤工作。当穿过煤柱的通道打通时,连续采煤机斜过来对着留下的侧翼煤柱采煤,侧翼采煤时不再支护,边采边退出,然后顶板冒落。为了安全,在回收侧翼煤柱前,在通道中近采空区一侧打一排支柱。如图 6-10 所示,图中数字表示连续采煤机在煤柱中的采煤顺序。当进至 16 后,采煤机转至另外的房(柱)内工作。

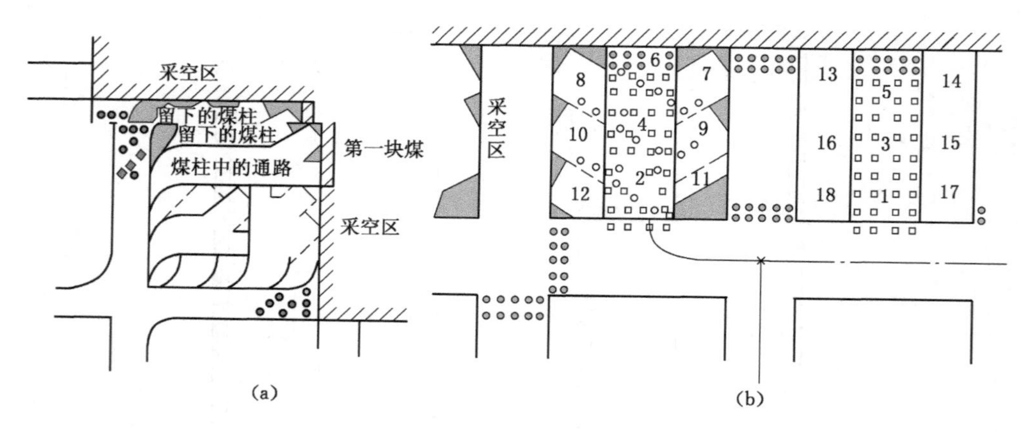

图 6-10 袋翼式煤柱回收

7,8,9…——煤柱回收顺序

(2) 外进式:当煤柱宽 10～12 m 左右时,可直接在房内向两侧煤柱进刀,如图 6-11 所示。

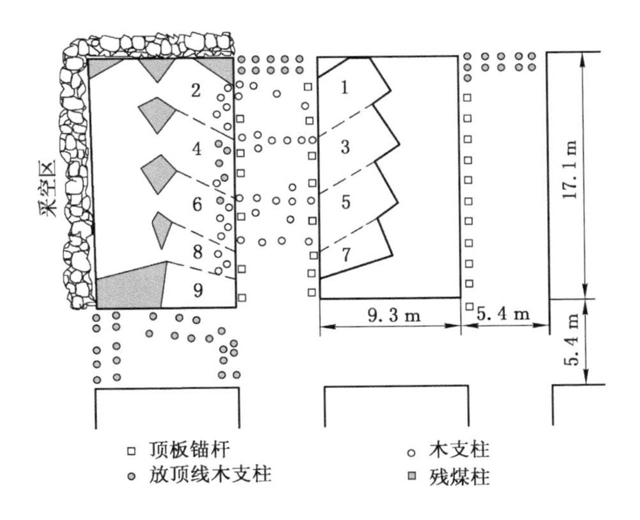

图 6-11　外进式回收煤柱

1,2,3,…——煤柱回收顺序

（二）连续采煤机-连续输送机工艺系统

这种系统是将采煤机采落的煤，通过多台输送机转运至带式输送机上。图 6-12 所示为某矿采用的这种工艺系统。所用采煤机为 MK-22 型，采用纵向螺旋滚筒，滚筒长 1.2 m，一般可钻进 1.1 m。两滚筒一上一下（前上后下）向左（向右）摆动割煤，最大摆动角度为 90°，不挑顶，不卧底。其割煤方式如图 6-13 所示。

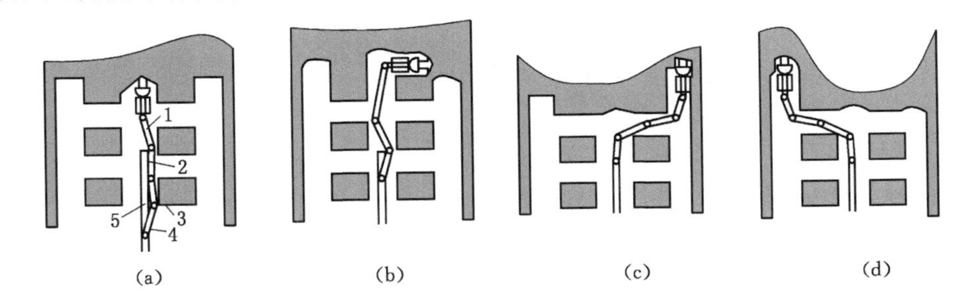

图 6-12　连续采煤机-连续输送机工艺系统

1——桥式转载机；2～4——万向接长机；5——带式输送机

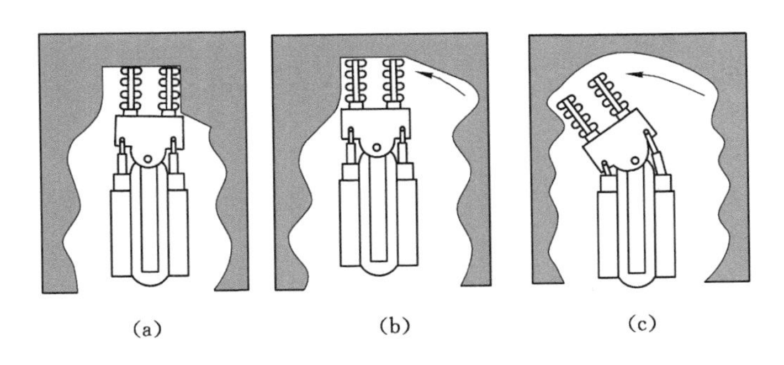

图 6-13　MK-22 型采煤机割煤方式

(a) 采煤机向右割煤；(b) 采煤机依枢轴转，向左清浮煤；(c) 采煤机向左割煤，然后回中位，割完一刀

连续运输设备由一台桥式转载机和三台万向接长机(自行输送机、互相铰接)、一台特低型带式输送机组成。

由于薄煤层巷道低,条件较差,为方便运送人员、设备和材料及清扫浮煤,设一台铲车。连续采煤机采煤后,若顶板不太稳固,可先用金属支柱临时支护,永久支护采用金属锚杆或树脂锚杆,边打锚杆边回撤临时支柱。一台采煤机配备两台顶板锚杆机,进行顶板打眼和安装锚杆。

连续采煤机-连续输送机工艺系统主要用于薄煤层,在中厚煤层的使用也呈上升趋势。连续运输系统克服了梭车间断运输产生的影响,有利于在薄煤层中应用。

四、柱式体系采煤法适用条件及评价

1. 柱式体系采煤法的优缺点比较

柱式体系采煤法有以下优点:① 设备投资少,一套柱式机械化采煤设备的价格为长壁综采的四分之一到五分之一;② 采掘可实现合一,建设期短,出煤快;③ 设备运转灵活,搬迁快;④ 巷道压力小,便于维护,支护简单,可用锚杆支护顶板;⑤ 由于矸石量很少,矸石可在井下处理不外运;⑥ 采用连续采煤机采煤,机械化程度高,效率较高。

主要缺点如下:① 采区采出率低,一般为50%~60%,回收煤柱时可提高到70%~75%;② 采房柱及回收煤柱时,出现多头串联通风;进回风巷并列布置,通风构筑物多,漏风大,通风条件差。

2. 柱式体系采煤法的应用条件

柱式体系采煤法在我国一些矿区应用取得了良好的效果。但这种采煤方法对煤层地质条件要求较高。

柱式体系采煤法适用于以下条件:

(1) 开采深度较浅,一般不宜超过300~500 m。

(2) 地质构造简单的薄及中厚煤层。

(3) 顶板稳定适宜锚杆支护,煤层倾角在10°以下。

(4) 底板较平整,不太软,且顶板无淋水。

(5) 瓦斯含量低、不易自然发火的煤层。

任务实施

本任务通过对柱式采煤体系的理论学习、实际生产矿井现场参观及顶岗实习,掌握柱式体系的巷道布置特点和采煤工艺过程。

思考与练习

1. 简述柱式采煤体采煤法巷道布置特点。

2. 结合实例绘制房式采煤法和房柱式采煤法的巷道布置图,分组讨论连续采煤机煤房掘进过程和煤柱回收。

3. 比较连续采煤机-连续输送机工艺系统和连续采煤机-梭车工艺系统采煤工艺的特点。

任务二　急倾斜煤层采煤法

知识要点

急倾斜煤层开采的特点；急倾斜煤层巷道布置特点。

技能目标

熟悉急倾斜煤层开采巷道布置特点；熟悉急倾斜煤层开采工艺特点。

任务导入

急倾斜煤层由于倾角大，在采区巷道布置、采煤工作面生产工艺和安全管理方面和缓倾斜煤层开采有很大的不同。

任务分析

本任务针对急倾斜煤层的开采特点，全面分析不同煤层赋存条件下急倾斜煤层巷道布置及生产工艺特点，重点阐述急倾斜煤层开采方式及工艺过程。

相关知识

一、急倾斜煤层开采巷道布置

（一）急倾斜煤层开采的特点

急倾斜煤层由于倾角大，在采区巷道、采煤方法、安全生产等方面具有以下主要特点：

(1) 由于煤层倾角大，采煤工作面采下的煤炭能沿煤层底板自动下滑，从而简化了工作面的装运工作。但下滑的煤块和矸石容易砸伤人员、撞倒支架，不利于安全生产。

(2) 由于倾角大，煤层顶板压力垂直作用于支架上的分力比缓斜煤层要小，而沿倾斜作用的分力要大，支架稳定性差，回采和支护工作较为复杂。

(3) 垂直岩层层面方向的压力减小，使煤层顶板不易冒落，且冒落步距较大，工作面一般不出现明显的周期来压。

(4) 煤层开采后不但使顶板发生移动冒落，底板也会发生移动垮落。对于近距离煤层群，上部煤层的开采可能会破坏下部煤层。因此在开采顺序方面，不论上行或下行开采，为使开采时顶、底板移动不破坏未采煤层，必须使上、下煤层之间有适当的距离（图 6-14）。

先采上部煤层时，要求：

$$M_1 > \frac{\sin(\alpha - \lambda)}{\sin\lambda}h \quad 或 \quad h < \frac{\sin\lambda}{\sin(\alpha - \lambda)}M_1 \tag{6-1}$$

先采下部煤层时，要求：

$$M_2 > \frac{\sin(\alpha + \beta)}{\sin\beta}h \quad 或 \quad h < \frac{\sin\beta}{\sin(\alpha + \beta)}M_2 \tag{6-2}$$

如煤层间距小，则应缩小区段的高度 h，并合理确定区段的开采顺序，避免上下煤层开采时互相影响。

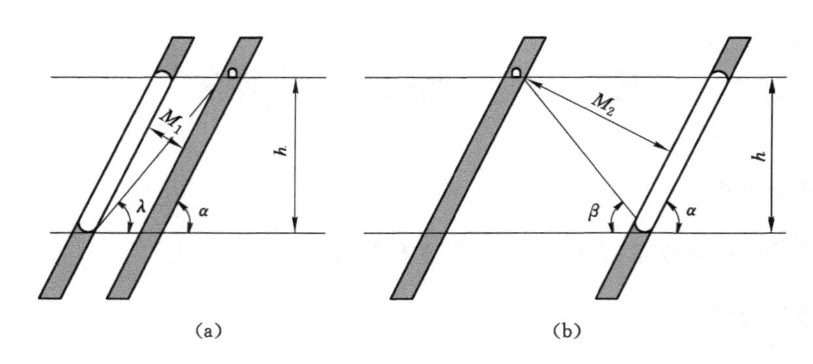

图 6-14 开采急倾斜煤层群上下煤层顶、底板移动的相互影响

(a) 上层开采底板移动影响下层；(b) 下层开采顶板移动影响上层；

M_1、M_2——上下煤层间距；α——煤层倾角；

h——区段(或阶段)垂高；β、λ——顶底板岩层移动角

(5) 采煤工作面的行人、运料、破煤、支护、采空区处理等工序的操作都比较困难，不利于机械化开采。

(6) 采区上山眼一般布置 3～5 条，分别用于溜煤、运料、溜矸和行人等。

(7) 急倾斜煤层的采煤工程图纸一般采用立面投影图或层面图。

(二) 采区巷道布置

图 6-15 所示为急倾斜单一薄及中厚煤层采区巷道布置图。在采区中央沿煤层倾斜方向掘进 3～5 条上山眼，分别用于溜煤、运料、行人、排矸以及回风等。当工作面涌水量大时，还需设置泄水眼。采区溜煤眼应靠近采区运输石门，沿倾斜方向成直线，坡度要均匀一致，以保证溜煤顺畅；溜煤眼下端与采区煤仓相连，采区煤仓穿过底板与采区运输石门连通；采区运料眼与行人眼分别布置在石门两侧，运料眼要直通回风水平；行人眼一般紧靠溜煤眼设置，在与联络平巷交接处要左右错开 2～3 m，并在行人眼上口设置防坠栏，以保证行人安

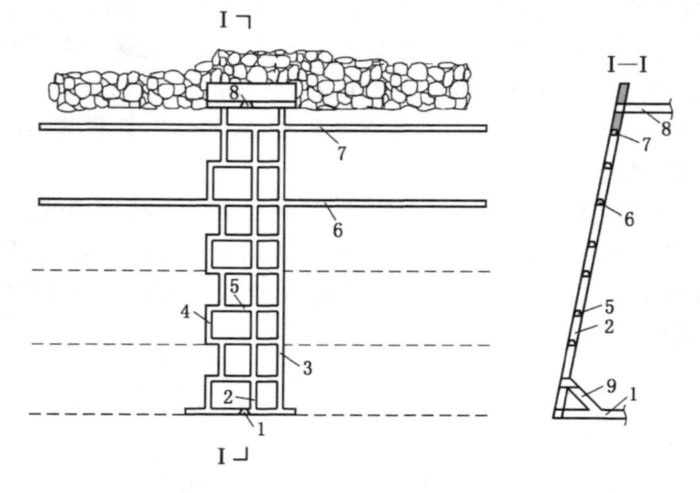

图 6-15 急斜单一薄及中厚煤层采区巷道布置

1——采区运输石门；2——采区溜煤眼；3——采区运料眼；4——采区行人眼；5——联络平巷；6——区段运输平巷；7——区段回风平巷；8——采区回风石门；9——采区煤仓

全。上山眼的间距主要根据煤层硬度、煤层厚度、维护工程量和安装通风安全设施需要确定，一般为 8～15 m。为了保证施工、通风、运输的方便及行人安全，各上山眼间沿倾斜方向每隔 10～15 m 用联络平巷连通。采区上山眼断面多为矩形、正方形或圆形。

在采区边界布置一组由区段运输平巷至区段回风平巷的开切眼，开切眼一般应包括溜煤眼和行人眼，两眼间距一般为 5～8 m；当工作面涌水量较大时，还应增加泄水眼。

二、伪倾斜柔性掩护支架采煤法

伪倾斜柔性掩护支架采煤法是指在急倾斜煤层中，沿伪倾斜布置采煤工作面，用柔性掩护支架将采空区和工作空间隔开，沿走向推进的采煤方法。

（一）巷道布置及生产系统

伪倾斜柔性掩护支架采煤法的采区一般采用双翼布置，采区一翼走向长度取 200～500 m 或更长，区段垂高一般 30 m 左右，当煤层赋存稳定、地质构造简单时区段垂高可加大到 40～60 m。在采区运输石门和回风石门的两侧开掘一组上山眼，主要有溜煤眼、运料眼、行人眼等。需要出矸石时，还应另设矸石眼。上下眼的间距一般为 10 m 左右。为便于施工，各上山眼间沿倾斜每隔 15～20 m 掘进一联络巷。区段运输巷和回风巷由采区上山眼沿煤层走向掘进。至采区边界约 5 m 处，由下向上掘进两条间距 5～8 m 的开切眼，并沿倾斜每隔 10～15 m 开联络平巷联系。区段运输巷开掘有溜煤小眼，长度 3～5 m，间距 5～6 m。区段煤柱尺寸 2～5 m。

采区巷道及工作面布置见图 6-16。

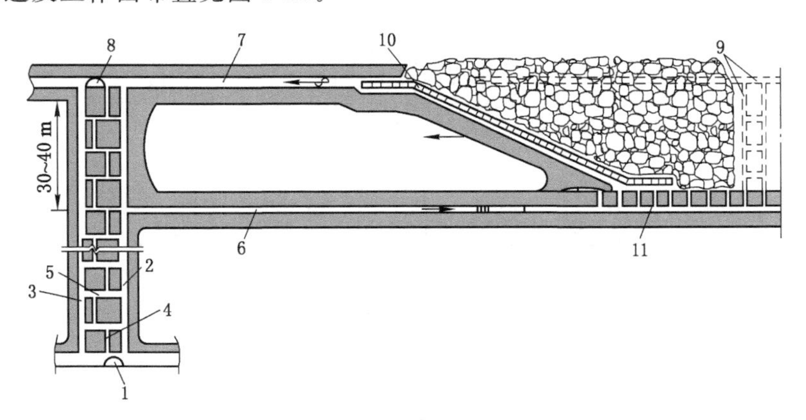

图 6-16　伪倾斜柔性掩护支架采煤法巷道布置

1——采区运输石门；2——采区溜煤眼；3——采区运料眼；4——采区行人眼；
5——联络平巷；6——分阶段运输平巷；7——分阶段回风平巷；8——采区回风石门；
9——开切眼；10——掩护支架；11——溜煤小眼

（1）运煤系统：工作面破煤后自溜到运输平巷，经运输平巷、采区溜煤眼到采区煤仓，在运输石门（或大巷）中装车外运。

（2）运料系统：支架等材料由回风石门运进，经回风平巷运到支架安装地点。

（3）通风系统：新鲜风流自采区运输石门进入，经行人上山眼、区段运输平巷到采煤工作面。污浊风流从采煤工作面经区段回风平巷到回风石门排出。

（二）掩护支架的结构

平板型支架是应用最早的一种掩护支架，其他形式的掩护支架是在平板型支架的基础上演变而成的。

平板型掩护支架结构简单，由长度比煤层厚度小 0.2～0.4 m 的直钢梁及钢丝绳构成。钢梁排列密度根据煤层厚度灵活掌握。煤厚在 2.5～4 m 时，钢梁密度为 3～5 根/m，煤厚在 4～5 m 时，钢梁密度为 5～6 根/m，钢梁可采用矿用工字钢、U 形钢及旧钢轨。钢梁的规格应根据开采煤层厚度选用不同型号。为便于运输，单根钢梁长度不宜超过 3.0～3.2 m。

钢梁垂直于煤层顶底板并放在钢丝绳上，沿走向每米布置 4～5 根，钢梁间夹方木荆条捆，使钢梁保持 200～300 mm 间距，排列好后用夹板和螺栓将钢丝绳、钢梁连接成一柔性掩护体。图 6-17 所示为平板型掩护支架结构。

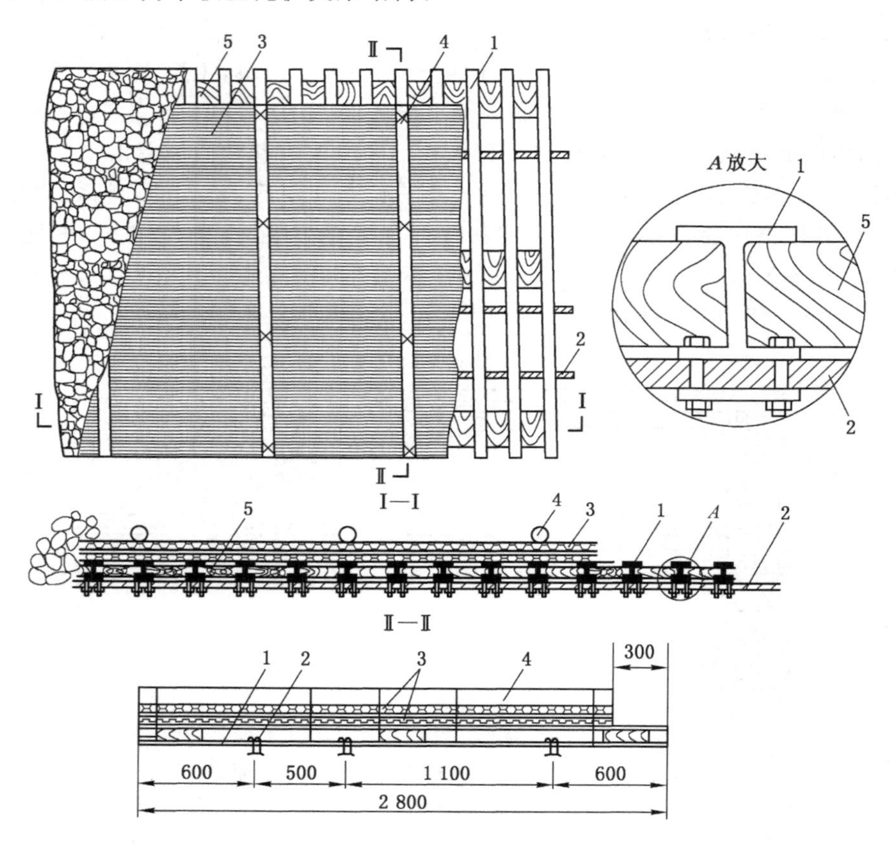

图 6-17　掩护支架结构（平板形）

1——钢梁；2——钢丝绳；3——荆笆片；4——压木；5——撑木

钢丝绳根数依据架宽确定，架宽在 2 m 以下时用 4～5 根。为了防止钢丝绳松捻，要在其两端封口，每段钢丝绳长度为 15～20 m，接头处用 5～6 个绳卡搭接。钢梁上交替铺设竹笆、荆笆或金属网，并用铁丝与钢梁拴紧，以隔离采空区矸石。竹笆、荆笆宽度应稍小于钢梁长度，以避免支架下放过程中，竹笆、荆笆挂住顶底板矸石被拉开，而发生漏矸现象。

为扩大伪斜柔性掩护支架采煤方法的使用范围，许多矿区根据开采急斜煤层的赋存条件，在平板形掩护支架基础上，开发出多种结构的掩护支架，如图 6-18 所示。

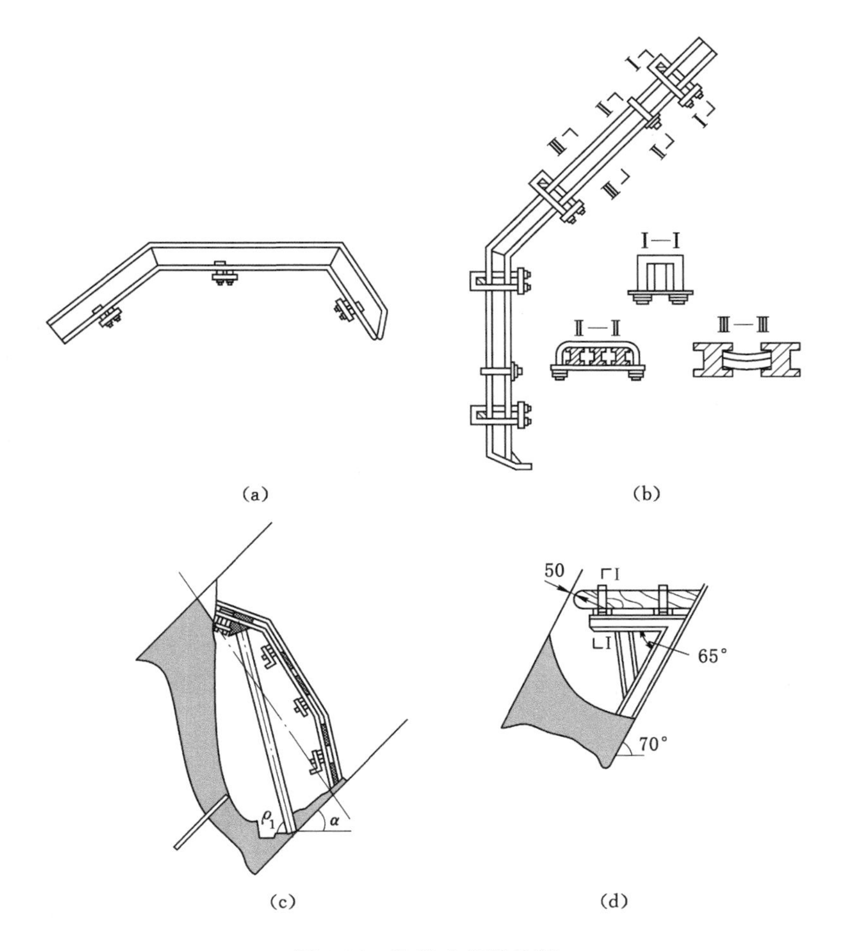

图 6-18　掩护支架结构图

(a)“八”字型掩护式支架；(b)“<”型掩护式支架；(c) 单腿支撑掩护式支架；(d)“7”字型掩护式支架

（三）伪倾斜柔性掩护支架采煤法采煤工艺

伪斜柔性掩护支架采煤法的采煤工作包括安装掩护支架、正常破煤、下放掩护支架和掩护支架拆除，可分为三个工作阶段。

1. 准备阶段

准备阶段的工作主要是扩巷、挖地沟、铺设掩护支架、调架。安装支架前，先将区段回风平巷扩至煤层顶底板，从开切眼以外 5 m 处开始挖倒梯形地沟。煤厚在 1.3～3.0 m 时，地沟深度不小于 0.8 m；厚度大于 3.0 m 时，地沟深度不小于 1 m。

扩巷及地沟挖好后，可开始安装掩护支架。第一根支架从距开切眼以外 3～5 m 的地方开始铺起，其一端紧靠顶板，垫高 0.2～0.4 m，使钢梁与水平方向呈 3°～5°，以便于支架、钢丝绳连接，利于支架下放。安装工作沿走向推进 15 m 后应将回风平巷支架拆除，使上部煤矸垮落，保证掩护支架上有 2～3 m 厚的垫层，以避免开采过程中大块顶底板岩石垮落砸坏掩护支架。若垫层厚度小于煤厚 2 倍以下时，应采用爆破方法强制放顶。为了防止掩护支架在下放过程中出现褶皱或变形，应使煤矸垮落点距伪倾斜工作面上部拐点的距离经常保持在 5 m 以上，然后就可以调放掩护支架，下放支架利用开切眼来完成。在开切眼中打眼爆破，使支架的尾端由水平状态逐步调斜下放，使其与水平面成30°～35°。在伪倾斜工作面中，应始终使每根支架垂直于煤层顶底板。

2. 正常采煤阶段

在正常采煤阶段，除了在掩护支架下破煤外，同时要在回风平巷铺设支架，在工作面下端掩护支架放平位置撤除支架。掩护支架下采煤可采用爆破方式或风镐方式破煤、铺设溜槽出煤、调整支架。炮眼布置根据架宽和煤层硬度确定。架宽在2 m以下时，布置单排地沟眼，眼距为0.5～0.6 m，眼深为1.0～1.5 m；架宽在2～3 m时，应布置双排地沟眼，眼距、眼深同上，排距为0.4～0.5 m；架宽在3 m以上，顶底煤硬度较大时，应增加帮眼，帮眼水平位置即为支架下放后的位置，炮眼深度以不超出支架的两端为限。工作面爆破后，自下而上铺设溜槽，煤炭装入溜槽自溜到下部运输平巷。随着煤层的破落，掩护支架会自动下落，操作人员应随时注意调整，使掩护支架落到预定位置。掩护支架下落一般用点柱来控制，要求掩护支架在工作面中保持平直、垂直于顶底板，并根据煤层倾角不同而保持2°～5°的仰角。

随着工作面不断向前推进，要及时拆除工作面下端的掩护支架。拆除掩护支架时，将工作面下端掩护支架放平在运输辅巷中，如图6-19所示。在放平段尾部，由地沟向煤层顶底板两帮扩巷，到支架两端露出为止。这时支架失去两侧煤台的支承，应及时打上点柱支承悬露出来的掩护支架。下部回收巷道高度不应小于1.2 m。拆架工作自最后一根钢梁开始，卸掉螺栓、夹板，将支架由溜煤小眼运出。后方应及时架设点柱维护，当达到一定控顶距时回柱放顶。

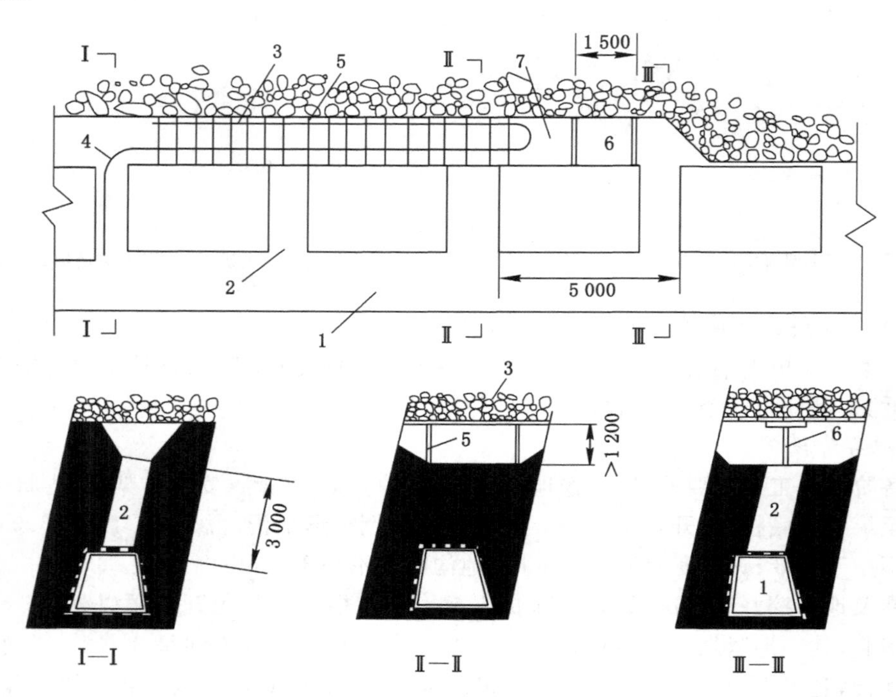

图6-19 掩护支架回收

1——区段运输巷；2——溜煤眼；3——钢梁；
4——钢丝绳；5——点柱；6——放顶点柱；7——支架放平处

3. 收尾阶段

当伪斜柔性掩护支架工作面推进到工作面停采线前，在停采线掘进两条收尾眼(其中一条可分段错开布置，如图 6-20 所示)，两眼相距 8～10 m，沿倾斜每隔 10～15 m 用联络巷连通。掩护支架铺设至收尾眼时停止铺架。利用收尾眼将工作面逐渐缩短，支架逐渐下放，保持工作面伪斜角不变，使支架下放到拆除支架处的水平位置。用上述拆架方法将掩护支架全部拆除。在拆除掩护支架过程中应始终保持支架落平部分与区段运输平巷不少于 3 个溜煤眼相通，以满足通风、行人和拆架的需要。但最多不超过 5 个溜煤眼，避免压力过大给拆除掩护支架造成困难。

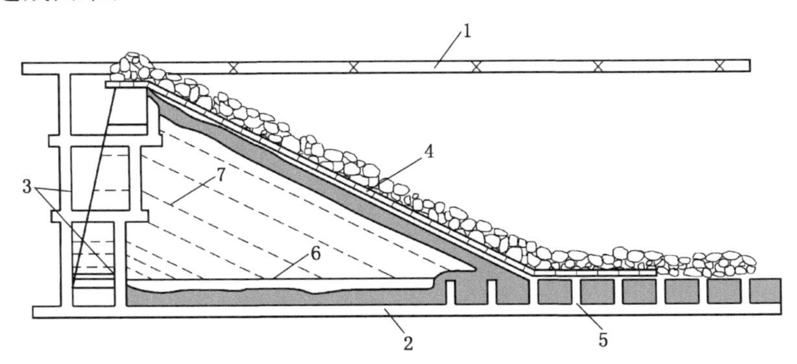

图 6-30 掩护支架工作面收尾

1——区段回风巷；2——区段运输巷；3——收尾眼；4——采煤工作面；
5——溜煤眼；6——工作面停采线；7——支架移动轨迹

(四) 评价及适用条件

伪倾斜柔性掩护支架采煤法工作面倾角小、工作面较长，具有缓斜、倾斜煤层走向长壁采煤法巷道布置和生产系统简单、掘进率低的优点；利用掩护支架把工作空间与采空区隔开，简化了复杂繁重的顶板管理工作；工作面煤炭自溜运输，劳动强度小。

这种采煤方法存在的主要问题是：掩护支架的结构固定而不能调整，对煤层厚度、倾角等产状变化的适应性较差；在含有夹石的煤层中使用这种方法无法排除矸石，降低了煤质；工作面煤尘大，工作环境较差。

伪倾斜柔性掩护支架采煤方法一般适用于开采倾角大于 60°，厚度为 2～12 m，埋藏稳定，煤厚变化不大的急倾斜厚煤层。

三、急倾斜厚煤层分段放顶煤采煤法

厚煤层分段放顶煤采煤法是指在阶段范围内将煤层沿倾斜方向按一定高度划分为水平分段，沿分段底部布置一个采高 2～3 m 的长壁采煤工作面，利用综合机械化采煤工艺(或其他采煤工艺)进行回采，利用矿山压力的作用或辅以人工松动方法使支架上方的顶煤破碎成散体后由支架后方(或上方)放出，并予以回收的一种采煤方法。工作面长度等于煤层水平厚度。这种采煤方法具有工作面单产高、巷道掘进率低等优点，是我国开采厚度大于 15 m 的无煤与瓦斯突出急倾斜厚煤层行之有效的采煤方法。根据采煤工艺与设备的不同，放顶煤采煤法分为综合机械化放顶煤采煤法和普采(炮采)放顶煤采煤法。

任务实施

本任务通过对急倾斜煤层开采特点以及巷道布置方式的讲解及现场实习实训，掌握在急倾斜环境下开采活动应该如何布置和进行。

思考与练习

1. 结合实例分组讨论并绘制急倾斜煤层巷道布置示意图。
2. 编制伪倾斜柔性掩护支架采煤法开采安全技术措施。
3. 讨论急倾斜厚煤层分段放顶煤采煤巷道布置特点。

参 考 文 献

[1] 东兆星,吴士良.井巷工程[M].徐州:中国矿业大学出版社,2004.
[2] 郭奉贤,王春城.煤矿开采方法[M].北京:煤炭工业出版社,2014.
[3] 郭金明,张登明.采煤概论[M].徐州:中国矿业大学出版社,2014.
[4] 孟宪臣,李洪,李洪刚.煤矿开采与掘进[M].北京:煤炭工业出版社,2008.
[5] 徐永圻.煤矿开采学[M].2 版.徐州:中国矿业大学出版社,2009.
[6] 张登明.煤矿开采方法[M].徐州:中国矿业大学出版社,2009.